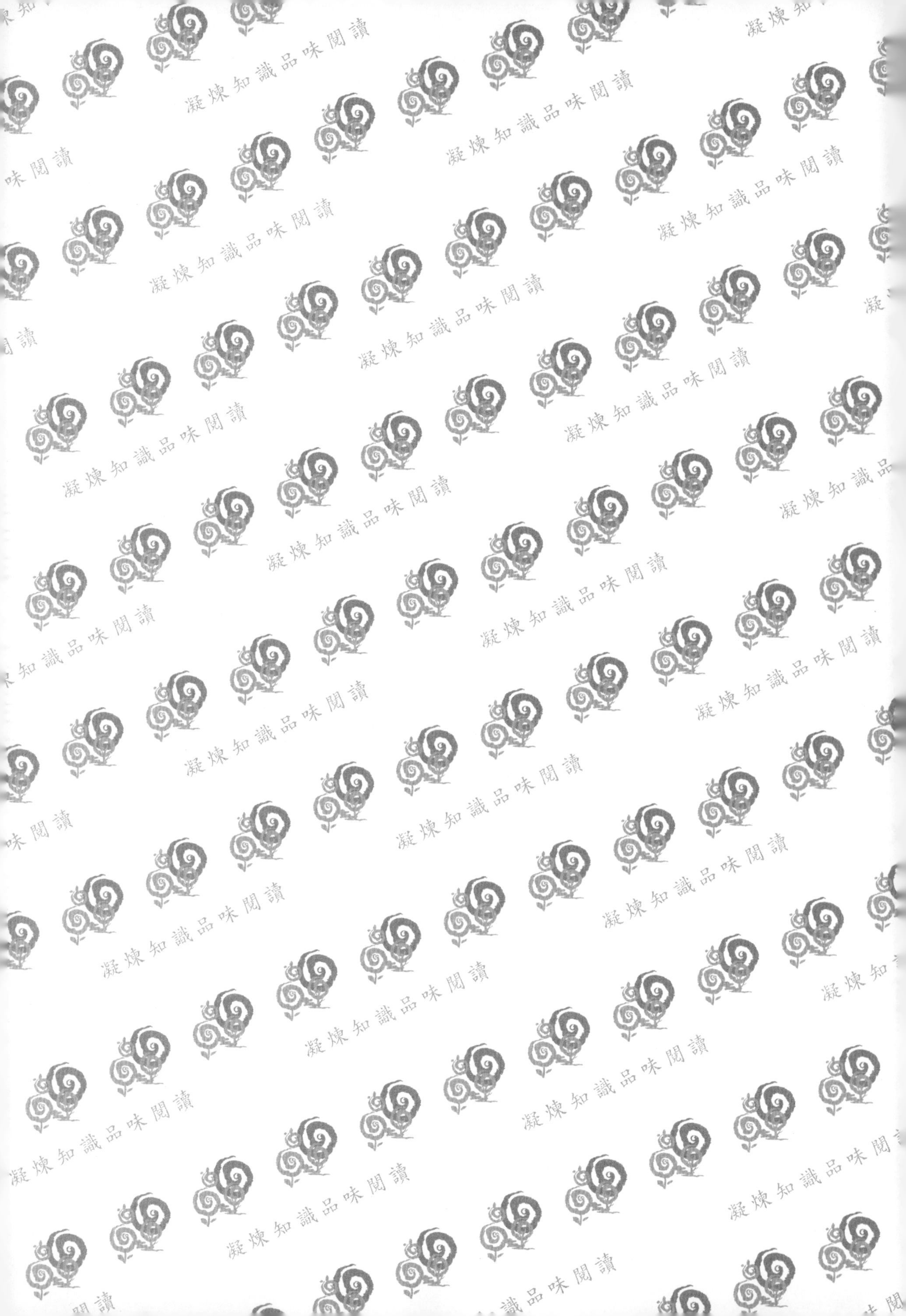

汽車噪音與振動問題之故障診斷及排除

第二版

政院國科會學術審查通過推薦出版

權使用「NSC科教叢書020」標章

隨書附多媒體教學光碟

張超群・陳文川 編著

序言

隨著生活水準的提高，人們對汽車品質和舒適性的要求也較從前嚴苛，希望汽車於使用時能保持平順與靜音。當汽車出現噪音或振動問題時，除了造成駕駛和乘客困擾外，也很可能是汽車某部位出現故障前之徵兆。因此，汽車修護場的技師是否有能力作較有系統及較有效率的診斷與維修，便成為重要的課題。此外技職院校汽車科系及車輛系的學生，也欠缺汽車噪音及振動故障排除這方面的課程和訓練。他們畢業後到修車廠當技師時，大都是憑經驗或嘗試錯誤的方法進行汽車噪音及振動問題的診斷與維修，有時花了許多時間及很大力氣，仍未能找出故障原因。

本書可作為高工汽車科及科技大學車輛類組學生或修護技師在汽車噪音及振動問題上故障排除的參考書。全書共分五章，第一章介紹振動的基本概念；第二章介紹聲音的基本概念；第三章則依引擎、底盤、車身之分類簡介常見的汽車噪音；第四章說明汽車噪音與振動問題的故障診斷程序、診斷注意事項、傳統診斷法及掌上型振動噪音分析儀法，最後敘述如何應用排除可疑系統和零組件法以縮小故障源；第五章則將汽車噪音與振動問題做有效的歸類，說明問題的徵狀、產生原理及故障排除。在附錄中我們介紹振動和噪音一些基本名詞和術語。對於只想了解汽車噪音與振動問題故障診斷和排除的學生，可直接從第三章開始讀起；對於想多瞭解一些振動與噪音原理的同學，則可從第一章讀起。限於篇幅我們只對振動和噪音的重要原理作基本介紹，讀者欲進一步瞭解，可參考相關的振動與噪音書籍。

汽車噪音與振動問題千變萬化，我們當然不可能將所有的徵狀和解決方法詳細列出，成為包治百病的書。但我們應用噪音和振動的基礎理論，介紹較有系統及效率的診斷方法，並將汽車上常出現的噪音與振動問題作系統化歸類，希望能夠對汽車噪音與振動問題的診斷及故障排除產生舉一反三的作用。

使用本書時可搭配我們所建立的汽車噪音與振動問題故障排除多媒體教學網站 (http://faculty.stust.edu.tw/~ccchang/nvh/) 或光碟片，以達到事半功倍的效果。

編者特別感謝國科會科教處提供經費補助，許哲嘉和吳宗霖兩位老師的鼎力協助，及許多專題製作學生的幫忙。尤其要感謝許家誠、韓松志、李政樂、鄭嘉皇、陳信宏、孫楷倫、陳俊安、吳綾芹、王宏文、陳英鑫、黃建璋、朱名揚、白佳立等同學的打字、繪圖及製作動畫，本書才能夠完成。

編者才疏學淺，雖經多次校稿，疏漏錯誤之處在所難免，懇請讀者先進不吝指正。

張超群　陳文川

目錄

Chapter
第一章

振動的基本概念

本章說明振動的基本概念，讓讀者了解振動的基本知識，爲故障診斷奠定學理基礎。

1-1 引言

振動（Vibration）是指物體以其平衡位置爲中心所作的往復運動。一切具有質量及彈性的物體都具有振動的性質。因此，機械在工作中或工程結構在使用中都會經歷不同程度的振動，故在設計過程中必須考慮其振動的特性。聲音也是由振動而產生，因此振動與噪音有密切的關係。在各種不同的領域中的振動現象，皆有不同的特色，但大都可用相似的力學模型來描述。質量塊、彈簧和阻尼器是振動系統的三個主要元件，質量塊是具有慣性的力學模型；彈簧通常不計其質量，它是具有彈性的模型，能夠儲存能量；阻尼器既不具有慣性，也不具有彈性，它對運動產生阻力，是耗能元件。

振動問題所涉及的內容可用圖 1-1.1 加以說明，圖中所研究的振動問題之對象稱爲系統：系統所受的激振力、初始位移、初始速度等稱爲**輸入**（Input）或**激勵**（Excitation）；系統在輸入下所產生的**輸出**（Output）稱爲系統的**響應**（Response）。例如圖 1-1.2 爲常見之彈簧-質量-阻尼器系統（Spring-mass-

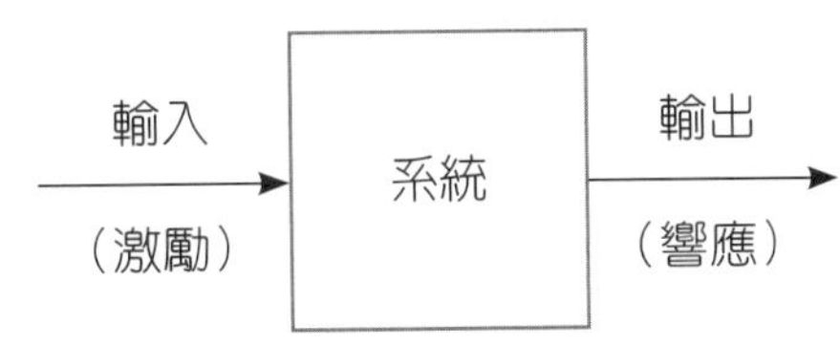

圖1-1.1　振動的方塊圖表示

damper system）的振動示意圖，圖中的外力 $F_0 \sin \omega t$ 為激勵；質量塊 m、彈簧 k、阻尼器 c 為振動系統；位移 x 為響應。又例如圖 1-1.3 所示為汽車在不平路面行駛，研究乘坐舒適性的振動模型，汽車是一個振動系統，路面的不平度是激勵，而汽車的上下跳動、俯仰運動（Pitch）和側傾運動（Roll）便是響應。

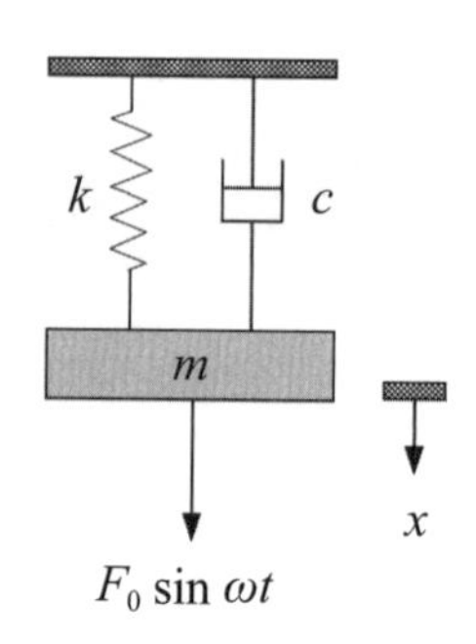

圖 1-1.2　彈簧-質量-阻尼器振動系統

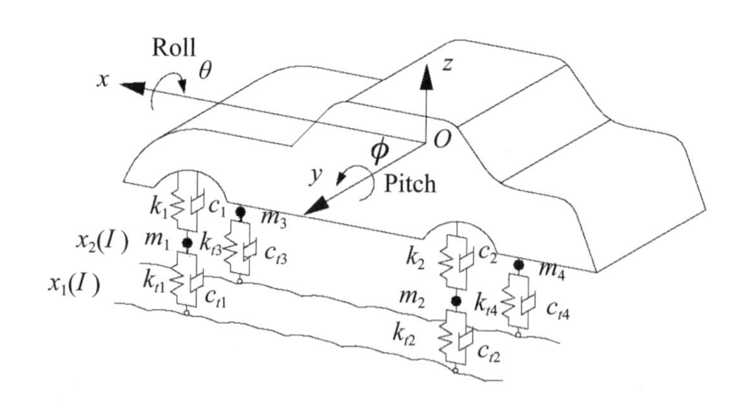

圖 1-1.3　汽車乘坐舒適性振動模型

振動問題的研究主要包括：

(1) 已知激勵，設計系統，使其響應滿足某種特定的要求，稱為振動設計。例如已知路面不平度（激勵），設計汽車懸吊系統來滿足汽車操控性和舒適性的要求，便是振動設計。

(2) 已知系統與響應，研究激勵是什麼，稱為振動環境預測。例如將汽車視為系統，當汽車發生異常振動（響應），尋找故障源（激勵），可歸入為此類問題。

(3) 已知激勵及系統，求響應，稱爲振動分析。例如已知圖1-1.2之激勵爲 $F_0 \sin \omega t$，質量塊 m、彈簧 k、阻尼器 c 爲振動系統，求位移 x（響應），便是振動分析。

(4) 已知激勵和響應，識別系統，稱爲系統識別（System identification）。

1-2 振動的分類

振動可依圖 1-1.1 所示之方塊圖加以的分類，簡述如下：

1-2.1 依對系統的輸入類型

(1) 自由振動（Free vibration）

自由振動是系統受初始條件（初始位移及初始速度）作用所產生的振動；或原有外激振力取消後的振動。例如圖 1-4.4 所示的彈簧-質量-阻尼器系統的振動，便是自由振動。

(2) 強迫振動（Forced vibration）

強迫振動是系統在外激勵作用下所產生的振動。例如圖 1-1.2 所示的振動，便是強迫振動；又例如輪胎的不平衡，旋轉時所產生的離心力，對汽車造成的振動，也是強迫振動。

(3) 自激振動（Self-excited vibration）

自激振動是系統在輸入與輸出之間有反饋特性，並有能量補充而產生的振動。汽車的低速擺振（Shimmy）便是自激振動的一個例子。

1-2.2 依系統的輸出（振動規律）

(1) 簡諧振動（Simple harmonic motion）

簡諧振動的輸出爲時間的正弦或餘弦函數的振動。例如圖 1-3.1 所示彈簧-質量系統（Spring-mass system）的振動就是簡諧振動，因質量 m 的位移是時間的正弦或餘弦函數。

⑵ 週期振動（Periodic vibration）

週期振動的輸出爲時間的週期函數，即經過相等的時間間隔後，振動又重複。鐘擺的擺動可視爲週期振動的一個例子。

⑶ 暫態振動（Transient vibration）

暫態振動的輸出爲時間的非週期函數，且存在的時間很短。例如以手敲擊桌面所產生振動，桌面的振動不久後便停止，這種振動就是暫態振動。

⑷ 隨機振動（Random vibration）

隨機振動的輸出不是時間的確定性函數，因而不可預測，只能用機率統計的方法來研究。例如路面的不平度不能用確定性函數描述，它引起的振動就是隨機振動。

1-2.3 依系統的自由度

⑴ 單自由度系統（Single degree-of-freedom system）

單自由度系統的振動只需用一個獨立座標來描述。例如圖 1-1.2 所示的彈簧-質量-阻尼器系統，只需要一個座標 x 便可描述質量塊 m 的運動。

⑵ 多自由度系統（Multidegree-of-freedom system）

多自由度系統的振動需用兩個以上的獨立座標來描述。構成此類系統的元件有質量塊、彈簧與阻尼器，因此亦稱爲離散系統（Discrete system）。例如圖 1-2.1 所示的彈簧-質量-阻尼器系統，需用座標 x_1 和 x_2 描述其運動，故其自由度爲 2。

⑶ 連續系統（Continuous system）

彈性體（如板、樑等）的振動需用無限多個獨立座標來描述。彈性體的質量、彈性和阻尼是連續分布的，故稱連續系統。此類系統亦稱無限自由度系統，以區別於上述單自由度和多自由度系統。例如圖 1-2.2 所示之音叉的振動，就是屬於連續系統的振動。

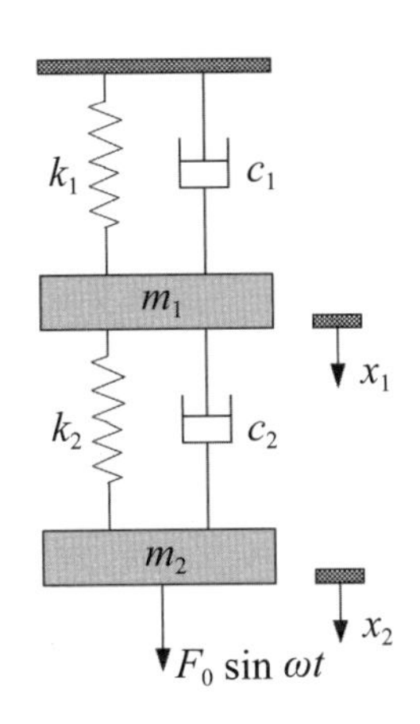

圖 1-2.1 雙自由度彈簧-質量-阻尼器系統

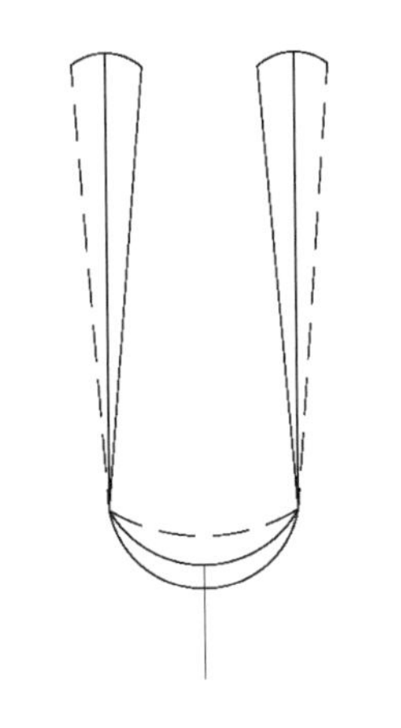

圖 1-2.2 音叉的振動

1-2.4 依描述系統的微分方程

(1) 線性振動（Linear vibration）

線性振動可用常係數線性微分方程來描述。例如單自由度系統彈簧-質量系統的振動方程爲 $m\ddot{x} + kx = 0$，這是常係數線性微分方程，故爲線性振動。

(2) 非線性振動（Nonlinear vibration）

非線性振動需用非線性微分方程來描述，即微分方程中含有非線性項。例如對含有非線性軟彈簧的彈簧-質量系統的振動方程可寫成 $m\ddot{x} + ax - bx^3 = 0$，因方程含非線性項 bx^3，故爲非線性振動。

1-3 簡諧振動

振動是一種來回的往復運動，因此具有頻率的特性，頻率代表振動的快慢；而振動又是在一定距離內運動，故具有振幅，它代表振動的強度；此外振動又與起始位置有關，故用相位代表某瞬間振動體與固定位置的關係或是某瞬間兩個振動體位置的相對關係。本節用簡諧振動來說明這些觀念。

簡諧振動是週期振動中最簡單的一種，它可用掛在一個很輕彈簧上的質量塊 m 的運動來說明，如圖 1-3.1 所示。將質量塊離開它的靜平衡位置後再釋放，它將上下振動。如果在質量塊上放一個小光源，則質量塊的振動能用一條作等速運動的感光紙帶記錄下來。這種運動過程可用正弦函數表示爲

$$x = A\sin\frac{2\pi}{T}t \tag{1-3.1}$$

式中 A 爲**振幅**（Amplitude），表示質量塊離開平衡位置的最大距離；T 爲**週期**（Period），表示質量塊往復振動一次所需的時間，或者說當 $t=T$ 時，運動將重複。

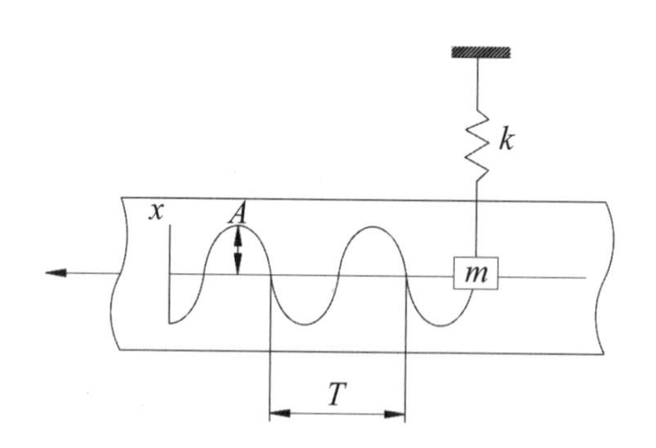

圖 1-3.1 簡諧運動的顯示與記錄

上述簡諧振動還可以看作一個作等速圓周運動的點在直徑上投影的結果。如圖 1-3.2 所示，長爲 A 的直線段 $\overline{OP}$，從水平位置開始，以等角速度 ω 繞 O 點逆時針旋轉。在任一時刻 t，$\overline{OP}$ 在鉛垂直徑上的投影爲

$$x = A\sin\omega t \tag{1-3.2}$$

式中 ω 的單位爲弳度／秒（rad/s）；ωt 稱爲**相位**（Phase），表示 $\overline{OP}$ 在時刻 t 的轉動角度。因 $\overline{OP}$ 轉過 2π 爲一週期，上式應滿足

$$A\sin\omega(t+T)=A\sin(\omega t+2\pi)$$

所以，$\omega T=2\pi$ 或 $\omega=\dfrac{2\pi}{T}$，代入（1-3.2）式，可得到和（1-3.1）式同樣的結果。

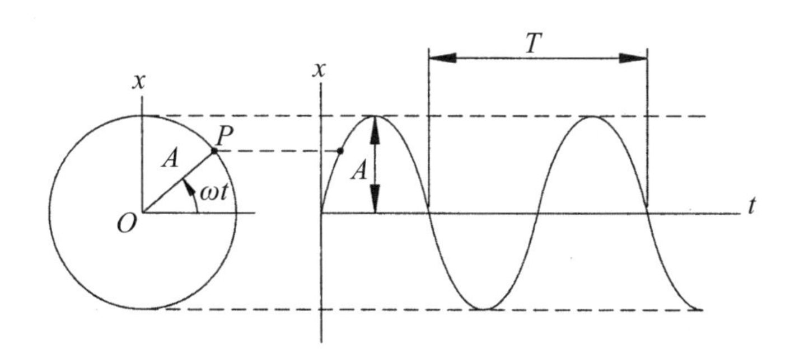

圖 1-3.2　簡諧振動表為等速圓周運動點的投影

在週期振動中，週期的倒數稱爲**頻率**（Frequency）f，即

$$f=\frac{1}{T} \tag{1-3.3}$$

f 的單位爲 1／秒亦稱爲赫茲（Hz），即每秒振動的次數。它與 ω 的關係爲

$$\omega=2\pi f \tag{1-3.4}$$

在振動中常將 ω 稱爲**圓頻率**（Circular frequency），它代表每秒相位的改變量。

如果振動開始時質量塊不在平衡位置，則其位移表達式將具有一般形式：

$$x=A\sin(\omega t+\phi) \tag{1-3.5}$$

式中 ϕ 稱爲**初相位**（Starting phase），也稱**相位角**（Phase angle），可表示質量塊的初始位置，而 $\omega t+\phi$ 稱爲**相位**（Phase），如圖 1-3.3 所示。

圖 1-3.4 所示爲四個振幅相等但初相位不同的正弦波 A、B、C、D，它們的相位角分別爲 $\phi=0°$、$90°$、$180°$ 及 $270°$。

圖 1-3.5 所示爲兩個振幅相等但相位不同的正弦波，圖中正弦波 A 的相位領先正弦波 B 的相位 $90°$。

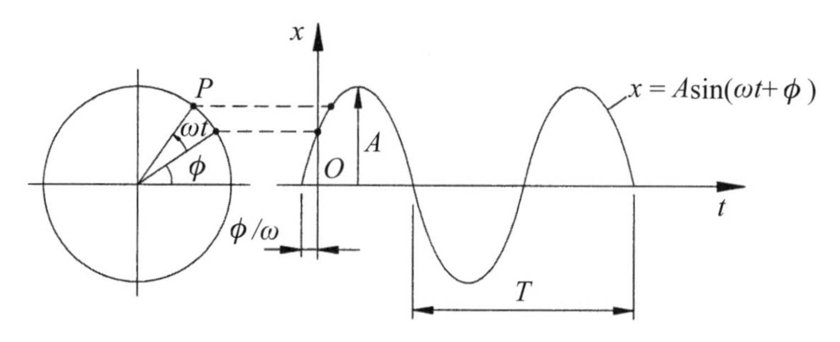

圖 1-3.3　簡諧振動之波形

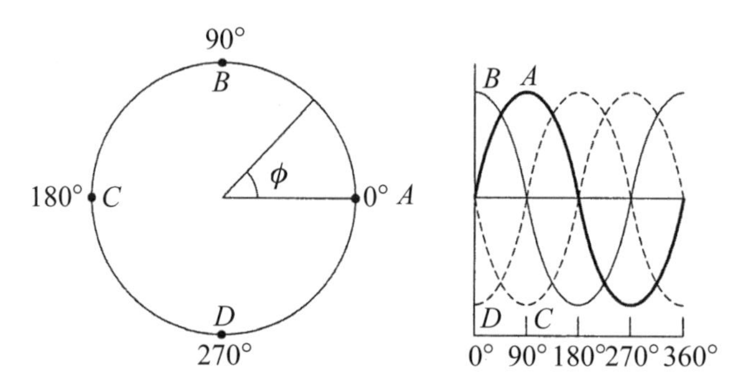

圖 1-3.4　相位角不同之正弦波

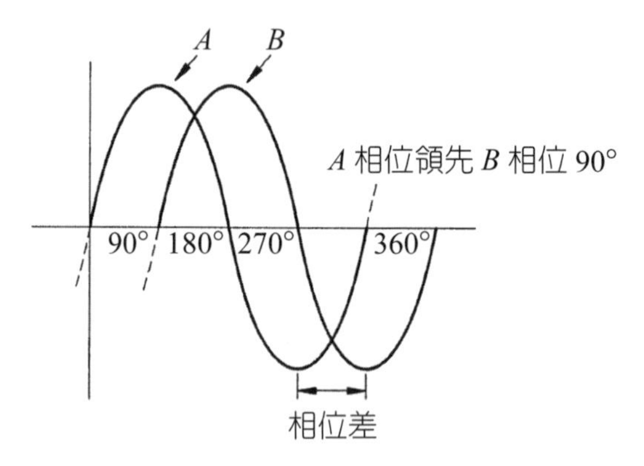

圖 1-3.5　正弦波 A 的相位領先正弦波 B 的相位 90°

只要將（1-3.5）式對時間 t 求一次及二次微分，即得簡諧振動的速度 v 和加速度 a：

$$v=\frac{dx}{dt}=\dot{x}=A\omega\cos(\omega t+\phi)=A\omega\sin\left(\omega t+\phi+\frac{\pi}{2}\right) \tag{1-3.6}$$

$$a = \frac{d^2x}{dt^2} = \ddot{x} = -A\omega^2 \sin(\omega t + \phi) = A\omega^2 \sin(\omega t + \phi + \pi) \qquad (1\text{-}3.7)$$

可見，只要位移是簡諧函數，速度和加速度也是簡諧函數，而且與位移具有相同的頻率。但是速度與加速度的相位分別比位移超前 $\pi/2$ 和 π，如圖 1-3.6 所示，圖中只關心相位關係，忽略位移、速度和加速度的振幅。

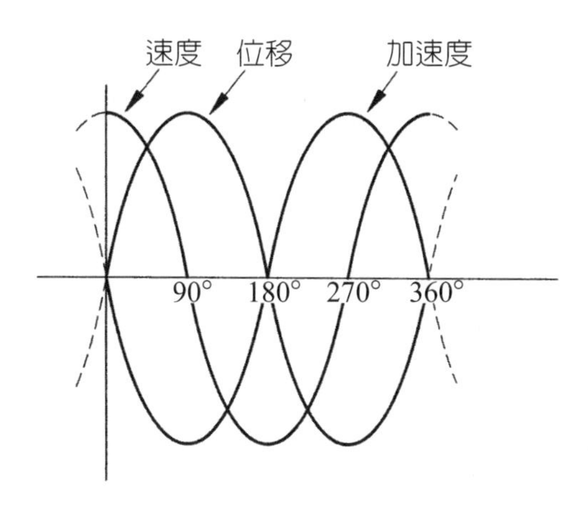

圖 1-3.6　速度、加速度和位移的相位差

圖 1-3.7 顯示彈簧-質量系統以初始位移 x_0、初始速度 v_0作簡諧振動，位移 x（見方程 1-3.5）、速度 v（見方程 1-3.6）、加速度 a（見方程 1-3.7）的關係圖，從圖中等速圓周運動的箭頭可更清楚地看出速度和加速度的相位分別超前位移 90° 和 180°。

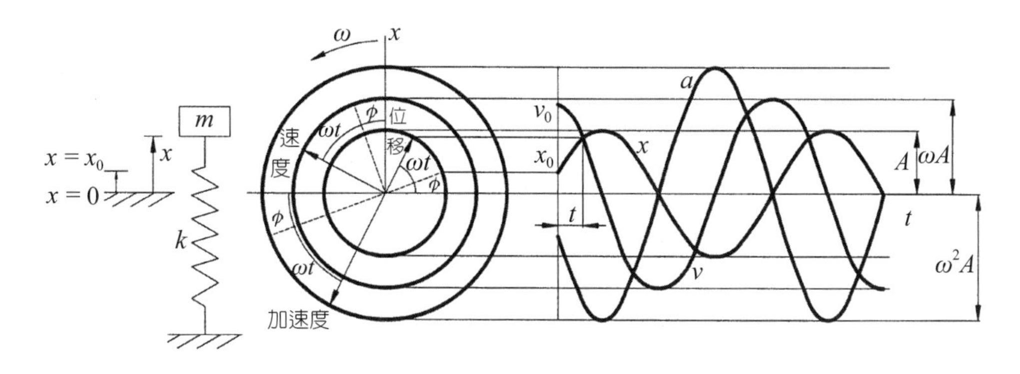

圖 1-3.7　簡諧振動位移、速度與加速度的關係

從（1-3.7）和（1-3.5）式可得

$$\ddot{x} = -\omega^2 x \tag{1-3.8}$$

$$\ddot{x} + \omega^2 x = 0 \tag{1-3.9}$$

這表明在簡諧振動中，加速度 $\ddot{x}$ 的大小與位移 x 成正比，但其方向和位移相反。（1-3.9）式給我們一個提示：如果一個系統的運動微分方程可寫成（1-3.9）式的形式，則不必解微分方程，我們就知道系統作簡諧振動。

例題 1-3-1

某振動的位移 x 與時間 t 的關係可寫成

$$x = 0.2\sin(15t + 0.3)\ (\text{m})$$

求 (a) 振幅；(b) 振動圓頻率；(c) 振動頻率；(d) 振動週期；(e) 相位角。

振動位移 x 與時間 t 的關係為 $x = A\sin(\omega t + \phi)$，

$$x = 0.2\sin(15t + 0.3)$$

比較得知：

(a) 振幅 $A = 0.2\ \text{m}$

(b) 振動圓頻率 $\omega = 15\ \text{rad/s}$

(c) 振動頻率

$$f = \frac{\omega}{2\pi} = \frac{15}{2 \times 3.14} = 2.39\ \text{Hz}$$

(d) 振動週期

$$T = \frac{1}{f} = \frac{1}{2.39} = 0.42\ \text{sec}$$

(e)相位角

$$\phi = 0.3\ \text{rad} = 0.3 \times \frac{180°}{3.14} = 17.2°$$

圖 1-3.8 所示為 $x = 0.2\sin(15t + 0.3)$ 的圖形。

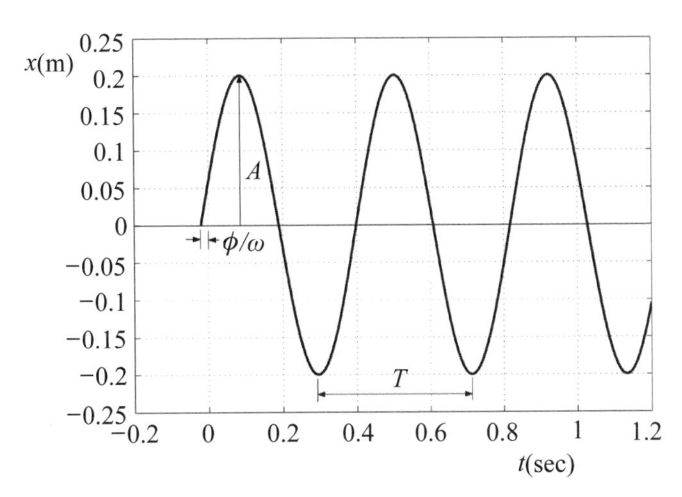

圖 1-3.8　位移 x 與時間 t 的關係

1-4 單自由度系統的自由振動

系統的振動只需用一個獨立座標來描述的自由振動，稱爲單自由度系統的自由振動，它是離散系統振動中最簡單的一種。描述離散系統的振動，通常採用質量塊、彈簧和阻尼器作爲振動系統的元件，以下簡介這三種元件的性質：

(1) 質量塊

質量塊（Mass）在振動系統中被抽象成不具有彈性、不損耗能量，但具有動能的剛體。根據牛頓第二定律，質量塊受到 F 的力時會產生與 F 相同方向的加速度 $\ddot{x}$，兩者之間的關係爲

$$F = ma = m\ddot{x} \tag{1-4.1}$$

其中 m 爲質量塊的質量，如圖 1-4.1 所示，在公制系統中質量的單位爲 kg。

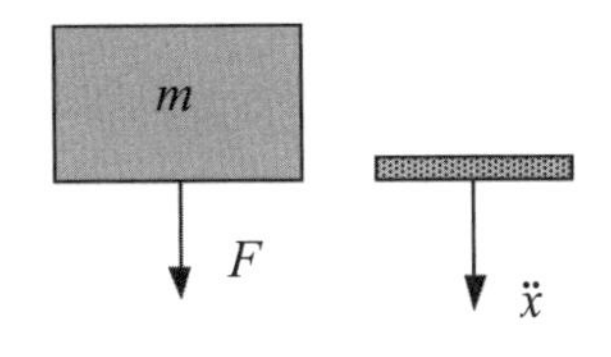

圖 1-4.1　質量塊

(2) 彈簧

離散系統的彈性被抽象成不具有質量但有彈性的彈簧，彈簧（Spring）可儲存位能，當彈簧受力 F 作用時，其產生的彈簧力 $F_s = -kx$，即 F_s 大小和位移 x 成正比，方向和 x 及 F 相反，如圖 1-4.2 所示。

(3) 阻尼器

阻尼器（Damper）不具有質量和彈性，它產生的阻尼力可消耗振動的能量，因此是耗能元件。產生阻尼的原因很多，目前關於阻尼的理論和阻尼特性的研究還不夠充分。但是在很多情況下，當振動的速度不大時，可認爲阻尼與速度的一次方成正比，這樣的阻尼稱爲**黏性阻尼**（Viscous damping）。如圖 1-4.3 所示，當阻尼器受力 F 作用時，阻尼器產生的阻尼力 F_c 爲

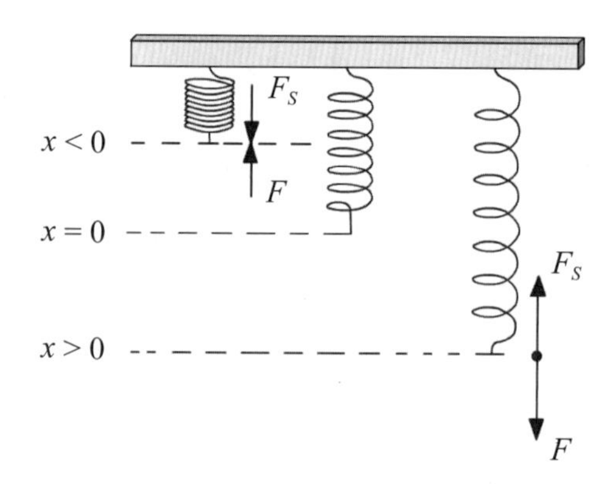

圖 1-4.2 彈簧

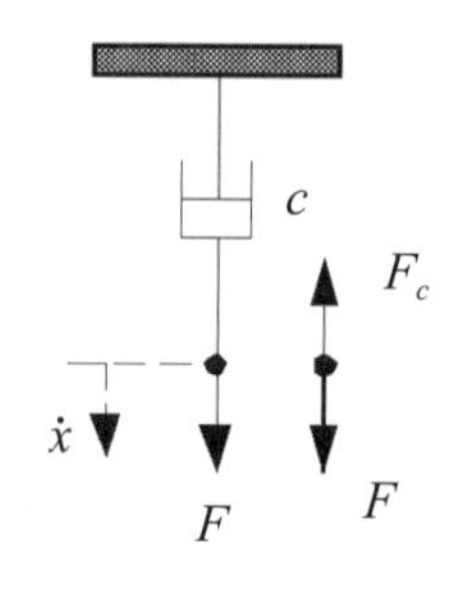

圖 1-4.3 阻尼器

$$F_c = -c\dot{x} \tag{1-4.2}$$

式中 c 稱爲黏性阻尼係數，單位爲 N · s/m，負號表示 F_c 方向和速度 $\dot{x}$ 相反。

1-4.1 單自由度彈簧-質量系統

考慮圖 1-4.4(a) 所示的單自由度彈簧-質量系統。爲了得到質量塊 m 運動的微分方程，先確定質量塊 m 的靜平衡位置 O 。設彈簧的自由長度（原長）爲 ℓ_0，彈簧在重力 mg 的作用下，彈簧的靜伸長爲 δ_s。由平衡條件，得

$$mg = k\delta_s \tag{1-4.3}$$

其中 k 爲彈簧的剛度或稱彈簧常數，其單位爲牛頓 / 米（N/m）。從上式知靜伸長量爲 $\delta_s = mg/k$，由此得平衡位置 O，選此點爲座標原點，作鉛直軸 Ox，規定向下爲正方向，如圖 1-4.4(b) 所示。設在任一時刻 t，質量塊 m 的位置爲 $x(t)$。注意，此時彈簧的伸長爲 $(x + \delta_s)$，因此作用在 m 上的彈簧力爲 $k(x + \delta_s)$，方向向上。

圖 1-4.4(c) 爲質量塊 m 的自由**體圖和**有效力**圖**（Free-body diagram and effective-force diagram），沿鉛直方向取投影，得運動方程

$$m\ddot{x} = mg - k(x + \delta_s) \tag{1-4.4}$$

因爲 $mg = k\delta_s$，（1-4.4）式可簡化爲

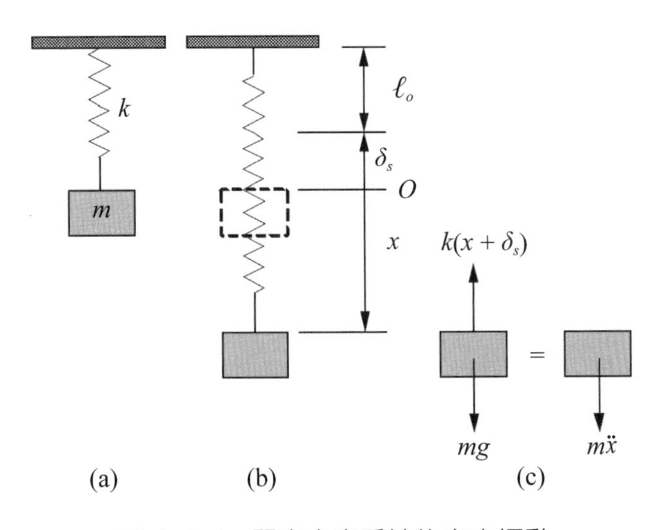

圖 1-4.4　單自由度系統的自由振動

$$m\ddot{x} + kx = 0 \quad (1\text{-}4.5)$$

（1-4.5）式就是 m 運動的微分方程。從（1-4.5）式可知，如以靜平衡位置爲座標系的原點來描述 m 的運動過程，則重力 mg 會自動抵消，在列運動方程時可不予考慮，這樣使運動方程簡化爲二階齊次式。方程（1-4.5）還可以寫成如下的標準形式：

$$\ddot{x} + \omega_n^2 x = 0 \quad (1\text{-}4.6)$$

其中

$$\omega_n = \sqrt{\frac{k}{m}} \quad (1\text{-}4.7)$$

稱爲系統的自然圓頻率（Natural circular frequency），單位爲弳度／秒（rad/s）。

方程（1-4.6）的解可寫成如下形式：

$$x = A_1 \cos \omega_n t + A_2 \sin \omega_n t = A \sin(\omega_n t + \phi) \quad (1\text{-}4.8)$$

其中振幅 A 和相位角 ϕ 是由初始條件決定的常數：由（1-4.8）式和初始條件 $x(0) = x_0$，$\dot{x}(0) = v_0$，可得

$$x_0 = A \sin\phi，A_1 = x_0 \quad (1\text{-}4.9)$$

$$v_0 = A\,\omega_n \cos\phi，A_2 = \frac{v_0}{\omega_n} \quad (1\text{-}4.10)$$

由此可求得振幅和相位角：

$$A = \sqrt{A_1^2 + A_2^2} = \sqrt{(v_0/\omega_n)^2 + x_0^2} \quad (1\text{-}4.11)$$

$$\phi = \tan^{-1}\frac{A_1}{A_2} = \tan^{-1}\left(\frac{x_0}{v_0/\omega_n}\right) \text{（rad）} \quad (1\text{-}4.12)$$

從（1-4.8）式可知質量塊的位移 x 是時間 t 的正弦函數，這種運動稱爲簡諧振動，並定義振動週期：

$$T = \frac{2\pi}{\omega_n} \text{（sec）} \quad (1\text{-}4.13)$$

同時定義振動週期的倒數爲自然頻率（Natural frequency）f_n：

$$f_n = \frac{1}{T} = \frac{\omega_n}{2\pi} \text{（Hz）} \quad (1\text{-}4.14)$$

由方程（1-4.13）及（1-4.14）得自然圓頻率和自然頻率的關係為

$$\omega_n = 2\pi f_n \tag{1-4.15}$$

從 1-3 節的分析可知，只要物體的運動方程能寫成方程（1-4.6）形式，則不必求解微分方程，立即就知道此種運動是簡諧振動，其自然圓頻率為 ω_n。

為了說明自由振動，我們將圖 1-4.4(a) 所示之彈簧–質量系統倒過來，並令 x 往上為正，配合第 1-3 節所敘述的簡諧振動是等速圓周運動的質點 P 之位置在垂直軸 x 上的投影，則自由振動可用圖 1-4.5 來描述，圖中的符號與前述之定義相同。當時間 $t = 0$ 時，質量塊 m 位於初始位置 $x = x_0$，以初始速度 v_0 向上運動，此時質點 P 之位置可用 $\overline{OP}$ 的相位角為 ϕ 確定；當時刻 t 時，m 的座標變為 $x = x(t)$，而 $\overline{OP}$ 則以等角速度轉動了 $\omega_n t$ 角度。圖 1-4.5 的右半部顯示了質量塊 m 的座標隨時間 t 的變化情形。

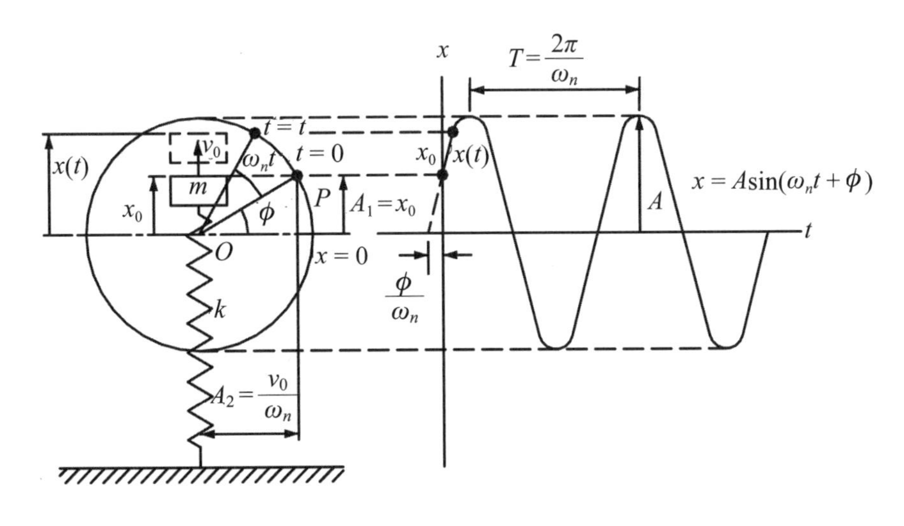

圖 1-4.5　無阻尼自由振動之說明

例題 1-4-1

圖 1-4.4 所示的彈簧–質量系統中彈簧常數 $k = 0.2$ kN/m，系統質量 $m = 2$ kg，作自由振動，初始位移 $x(0) = x_0 = 0.3$ m，初始速度 $\dot{x}(0) = v_0 = 0.5$ m/s，求 (a) 自然圓頻率；(b) 自然頻率；(c) 振動週期；(d) 振幅；(e) 相位角；(f) 振動方程及其解。

解

已知 $k = 0.2$ kN/m = 200 N/m、$m = 2$ kg、$x_0 = 0.3$ m、$v_0 = 0.5$ m/s。應用方程（1-4.11）到（1-4.15），可得

(a) 自然圓頻率：

$$\omega_n = \sqrt{\frac{k}{m}} = \sqrt{\frac{200}{2}} = 10 \text{ rad/s}$$

(b) 自然頻率：

$$f_n = \frac{\omega_n}{2\pi} = \frac{10}{2\times 3.14} = 1.6 \text{ Hz}$$

(c) 振動週期：

$$T = \frac{2\pi}{\omega_n} = \frac{2\times 3.14}{10} = 0.628 \text{ sec}$$

(d) 利用公式（1-4.10）得振幅

$$A = \sqrt{\left(\frac{v_0}{\omega_n}\right)^2 + x_0^2} = \sqrt{\left(\frac{0.5}{10}\right)^2 + (0.3)^2} = 0.304 \text{ m}$$

(e) 相位角 ϕ：

$$\phi = \tan^{-1}\left(\frac{x_0}{v_0/\omega_n}\right) = \tan^{-1}\left(\frac{0.3}{0.5/10}\right) = 1.41 \text{ rad}$$

(f) 振動方程：

$$2\ddot{x} + 200x = 0$$

其解為

$$x = A\sin(\omega_n t + \phi) = 0.304\sin(10t + 1.41) \text{ m}$$

位移 x 與時間 t 的關係，如圖 1-4.6 所示。

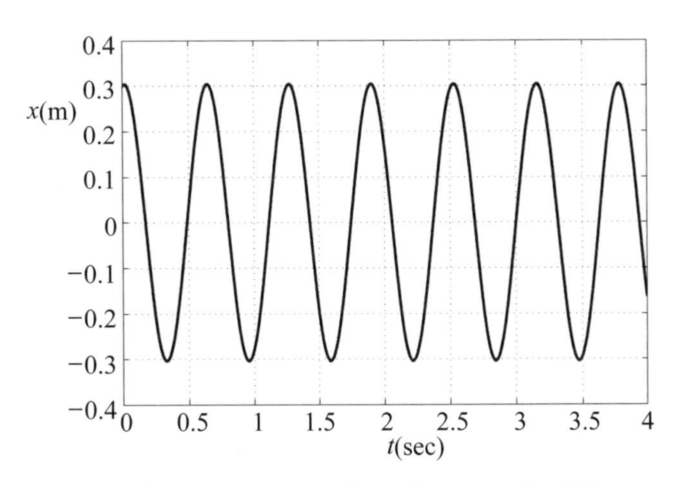

圖 1-4.6　例 1-4.1 位移 x 與時間 t 的關係圖

例題 1-4-2

圖 1-4.7 示之彈簧原長 ℓ_0，求系統縱向及橫向振動的振動方程。

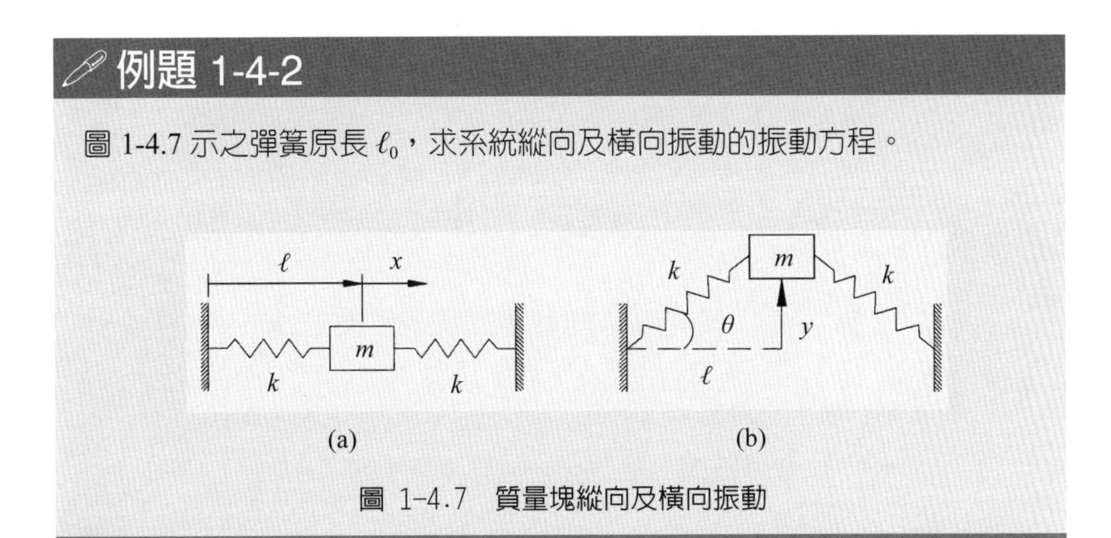

圖 1-4.7　質量塊縱向及橫向振動

解

(a) 當系統作縱向振動，質量塊從平衡位置被拉長 x 後的自由體圖和有效力圖，如圖 1-4.8 所示。

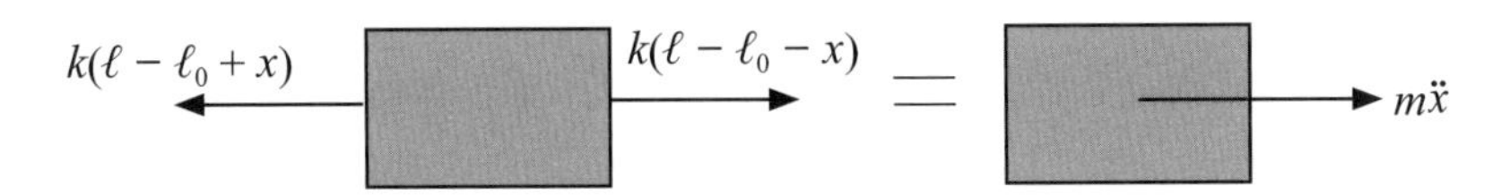

圖 1-4.8　質量塊縱向振動之自由體圖和有效力圖

投影到 x 方向可得振動方程

$$k(\ell-\ell_0-x)-k(\ell-\ell_0+x)=m\ddot{x}$$

$$m\ddot{x}+2kx=0$$

所以縱向振動自然頻率為

$$\omega_n=\sqrt{\frac{2k}{m}}\ \text{(rad/s)}，\quad f_n=\frac{1}{2\pi}\sqrt{\frac{2k}{m}}\ \text{(Hz)}$$

(b) 當系統做橫向振動時，質量塊偏離平衡位置橫向距離 y，彈簧的長度變成 $\sqrt{\ell^2+y^2}$ ，畫出質量塊的自由體圖和有效力圖，如圖 1-4.9 所示。

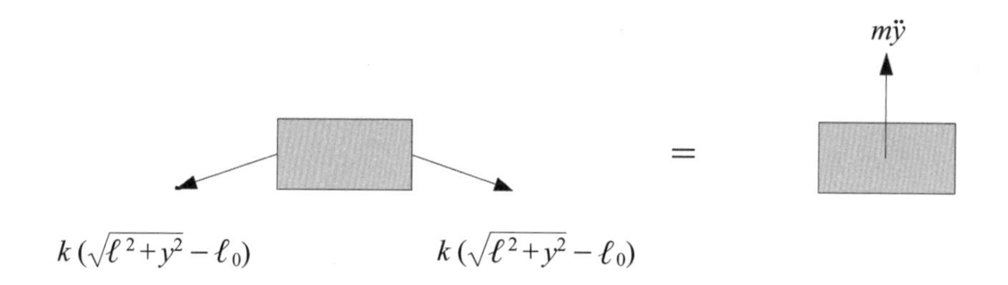

圖 1-4.9　質量塊橫向振動的自由體圖和有效力圖

投影到 y 軸，得振動方程

$$-2k(\sqrt{\ell^2+y^2}-\ell_0)\sin\theta=m\ddot{y}$$

但

$$\sin\theta=\frac{y}{\sqrt{\ell^2+y^2}}$$

代入上式得橫向振動方程

$$m\ddot{y}+2k\left(1-\frac{\ell_0}{\sqrt{\ell^2+y^2}}\right)y=0$$

1-5 阻尼系統的自由振動

1-5.1 阻尼

前面所研究的振動是無阻尼自由振動，其運動規律爲簡諧振動，所以振動的過程將隨時間無限地進行下去。但實際上自由振動振幅總是隨時間不斷減小的，直至最後振動完全停止。這說明，在實際系統中，存在某些影響振動的阻力，由於這種阻力的存在而不斷消耗能量，使振幅不斷減小。振動過程中的阻力習慣上稱爲**阻尼**（Damping），產生阻尼的原因很多，目前關於阻尼的理論和阻尼特性的研究還不夠充分。認爲阻尼力大小與速度的一次方成正比，是振動理論中應用最廣泛的一種假設。這種假設在很多問題中是合適的，並且在數學處理上極爲方便。

1-5.2 振動微分方程

一個單自由度有阻尼的系統，可用圖 1-5.1(a) 所示的模型來表示，此模型稱爲彈簧-質量-阻尼器系統。以靜平衡位置爲座標 x 原點，質量塊 m 的自由體圖和有效力圖，如圖 1-5.1(b) 所示。系統的運動方程爲

$$m\ddot{x} = -k(x + \delta_s) + mg - c\dot{x} \tag{1-5.2}$$

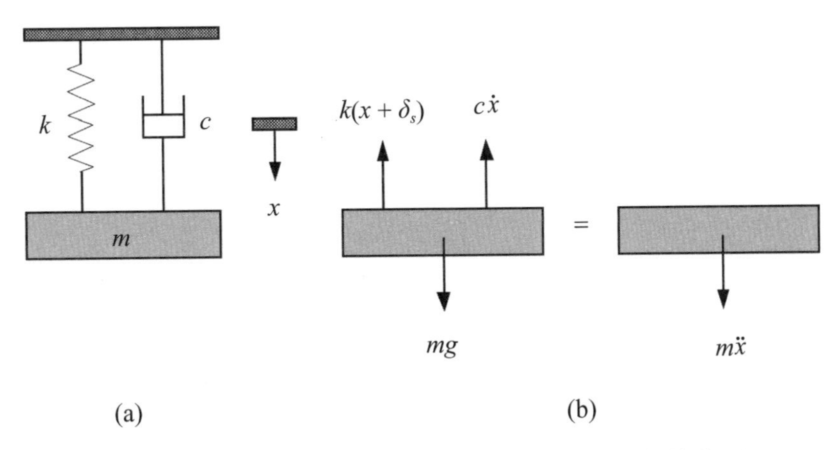

圖 1-5.1　彈簧-質量-阻尼器系統及自由體圖和有效力圖

因 $k\delta_s = mg$，（1-5.2）式變成

$$m\ddot{x} + c\dot{x} + kx = 0 \quad (1\text{-}5.3)$$

定義無阻尼自然頻率 ω_n 及**阻尼比**（Damping ratio）ζ 如下：

$$\omega_n = \sqrt{\frac{k}{m}} \quad (1\text{-}5.4)$$

$$\zeta = \frac{c}{2\sqrt{km}} \quad (1\text{-}5.5)$$

於是系統的運動微分方程（1-5.3），可寫成如下的標準形式：

$$\ddot{x} + 2\zeta\omega_n\dot{x} + \omega_n^2 x = 0 \quad (1\text{-}5.6)$$

這是一個二階齊次微分方程，其解可設爲如下形式：

$$x = Ae^{\lambda t} \quad (1\text{-}5.7)$$

代入（1-5.6）式，可得**特徵方程**（Characteristic equation）：

$$\lambda^2 + 2\zeta\omega_n\lambda + \omega_n^2 = 0 \quad (1\text{-}5.8)$$

這是一個一元二次代數方程，它的兩個特徵根爲

$$\lambda_1 = -\zeta\omega_n + \sqrt{\zeta^2 - 1}\,\omega_n \quad (1\text{-}5.9)$$

$$\lambda_2 = -\zeta\omega_n - \sqrt{\zeta^2 - 1}\,\omega_n \quad (1\text{-}5.10)$$

因此方程（1-5.6）的通解可寫成

$$x = A_1 e^{\lambda_1 t} + A_2 e^{\lambda_2 t}$$

方程的解與特徵根是實數還是複數有很大的不同，因此下面分別討論之。

1-5.3 低阻尼系統

當 $0 < \zeta < 1$ 時爲**低阻尼系統**（Underdamped system）。此情形發生於阻尼係數 c 較小，此時特徵根 λ 爲共軛複數，可寫成

$$\lambda_{1,2} = -\zeta\omega_n \pm j\sqrt{1-\zeta^2}\,\omega_n \quad (1\text{-}5.11)$$

其中 $j = \sqrt{-1}$ 爲複數。微分方程（1-5.6）的通解，可根據數學公式寫成

$$x = A\,e^{-\zeta\omega_n t}\sin\left(\sqrt{1-\zeta^2}\,\omega_n t + \phi\right) \quad (1\text{-}5.12)$$

或者寫成

$$x = A\,e^{-\zeta\omega_n t}\sin(\omega_d t+\phi) \tag{1-5.13}$$

其中 A 為振幅，$\omega_d=\sqrt{1-\zeta^2}\,\omega_n$ 稱為**阻尼自然圓頻率**（Damped natural circular frequency），ϕ 為相位角。

設初始條件為 $t=0$ 時，質量塊 m 的座標為 $x=x_0$，速度為 $v=v_0$，利用（1-5.13）式和初始條件，可以求得有阻尼自由振動中的振幅和相位角：

$$A=\sqrt{x_0^2+\left(\frac{v_0+\zeta\omega_n x_0}{\omega_n\sqrt{1-\zeta^2}}\right)^2} \tag{1-5.14}$$

$$\phi=\tan^{-1}\left(\frac{x_0\sqrt{1-\zeta^2}\,\omega_n}{v_0+\zeta\omega_n x_0}\right) \tag{1-5.15}$$

公式（1-5.13）是低阻尼系統下的自由振動表達式，它的振動週期定義為

$$T_d=\frac{2\pi}{\omega_d}=\frac{2\pi}{\omega_n\sqrt{1-\zeta^2}} \tag{1-5.16}$$

由於阻尼的存在，質量塊在每次往復運動中偏離振動中心的最大距離 $A\,e^{-\zeta\omega_n t}$ 是隨時間而縮減的，如圖 1-5.2 所示。為了描述這種縮減的快慢，引進一個稱為**對數縮減率**（Logarithmic decrement）的 δ，它表示任意兩個相繼最大偏離距離之比：

$$\delta=\ln\frac{Ae^{-\zeta\omega_n t_1}}{Ae^{-\zeta\omega_n(t_1+T_d)}}=\ln e^{\zeta\omega_n T_d}=\zeta\,\omega_n\,T_d \tag{1-5.17}$$

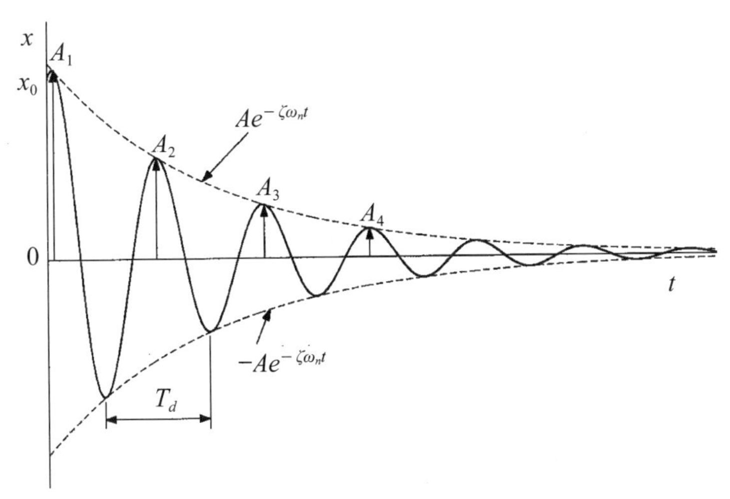

圖 1-5.2　低阻尼系統的自由振動

將（1-5.16）式代入（1-5.17）式，則對數縮減率變成

$$\delta = \frac{2\pi\zeta}{\sqrt{1-\zeta^2}} \approx 2\pi\zeta \qquad (1\text{-}5.18)$$

上式說明對數縮減率 δ 和阻尼比 ζ 之間只差 2π 倍，因此 δ 也是反映阻尼特徵的一個特徵參數。

1-5.4 臨界阻尼系統

阻尼比 $\zeta = 1$ 時稱爲**臨界阻尼系統**（Critically damped system）。此時兩特徵根相等，即 $\lambda_1 = \lambda_2 = -\omega_n$。微分方程（1-5.6）的解爲

$$x = e^{-\omega_n t}(A_1 + A_2 t) \qquad (1\text{-}5.19)$$

其中 A_1 和 A_2 爲兩積分常數，由初始條件確定。利用初始條件 $x(0) = x_0$，$\dot{x}(0) = v_0$ 代入（1-5.19）式，可解得 $A_1 = x_0$，$A_2 = \omega_n x_0 + v_0$，即

$$x = [x_0 + (\omega_n x_0 + v_0)t]\, e^{-\omega_n t} \qquad (1\text{-}5.20)$$

圖 1-5.3 所示爲臨界阻尼系統之 $\omega_n = 5$，在初始條件爲 $x(0) = 3$，$\dot{x}(0) = 5, 0, -11, -35$ 四個不同初始速度的情形下，隨著時間的增長，物體的運動將如何趨於平衡位置的示意圖。

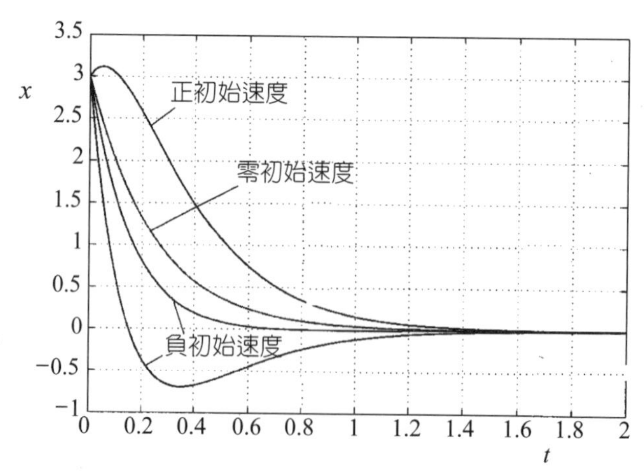

圖 1-5.3　臨界阻尼系統的自由振動

1-5.5 過阻尼系統

阻尼比 $\zeta > 1$ 時稱爲**過阻尼系統**（Overdamped system）或大阻尼系統。此時特徵根爲兩不等實根，即

$$\lambda_{1,2} = -\zeta\omega_n \pm \sqrt{\zeta^2 - 1}\ \omega_n$$

所以微分方程（1-5.6）之解爲

$$x = A_1 e^{(-\zeta + \sqrt{\zeta^2-1})\omega_n t} + A_2 e^{(-\zeta - \sqrt{\zeta^2-1})\omega_n t} \tag{1-5.21}$$

其中 A_1 和 A_2 爲兩積分常數，由初始條件確定。利用初始條件 $x(0) = x_0$，$\dot{x}(0) = v_0$，可解得積分常數

$$A_1 = \frac{v_0 + (\zeta + \sqrt{\zeta^2 - 1})\omega_n x_0}{2\omega_n\sqrt{\zeta^2 - 1}} \tag{1-5.22}$$

$$A_2 = \frac{-v_0 - (\zeta - \sqrt{\zeta^2 - 1})\omega_n x_0}{2\omega_n\sqrt{\zeta^2 - 1}} \tag{1-5.23}$$

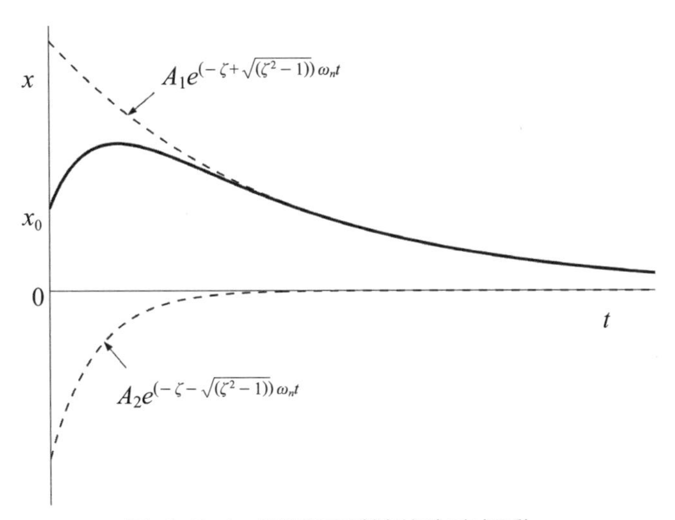

圖 1-5.4　過阻尼系統的自由振動

圖 1-5.4 所示爲過阻尼系統在某一初始條件下，隨著時間的增長，物體的運動將如何趨於平衡位置的示意圖。物體的運動情形類似圖 1-5.3 所示的臨界阻尼系統，但過阻尼比臨界阻尼晚回到平衡位置，這是因爲過阻尼的阻尼力較臨界阻尼大，所以物體較慢趨於平衡。圖 1-5.5 所示爲阻尼比 $\zeta = 1.2$ 的過阻尼

系統與臨界阻尼系統，同時以初始位置 $x(0) = 3$ m，初始速度 $\dot{x}(0) = 10$ m/s 的運動比較。

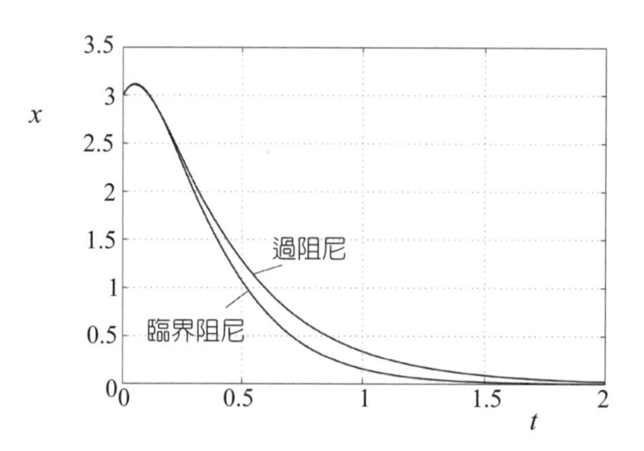

圖 1-5.5　過阻尼與臨界阻尼自由振動之比較

圖 1-5.6 所示爲各種阻尼和無阻尼自由振動的比較，圖中的初始條件爲 $x(0) = x_0$，$\dot{x}(0) = v_0$。

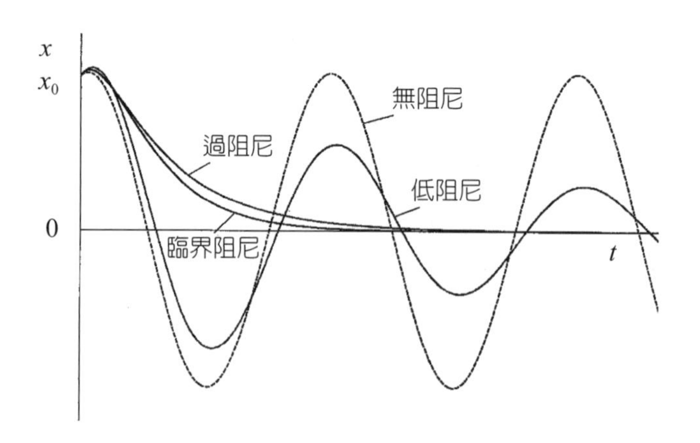

圖 1-5.6　各種阻尼與無阻尼自由振動之比較

1-6 簡諧力引起的強迫運動

1-6.1 黏性阻尼系統

彈簧-質量-阻尼器系統在週期性外力作用下，就會產生持續的穩態強迫振動。由於週期性外力可用傅立葉級數分解爲許多簡諧分量，因此，我們只需討論簡諧外力這種最簡單的情形。

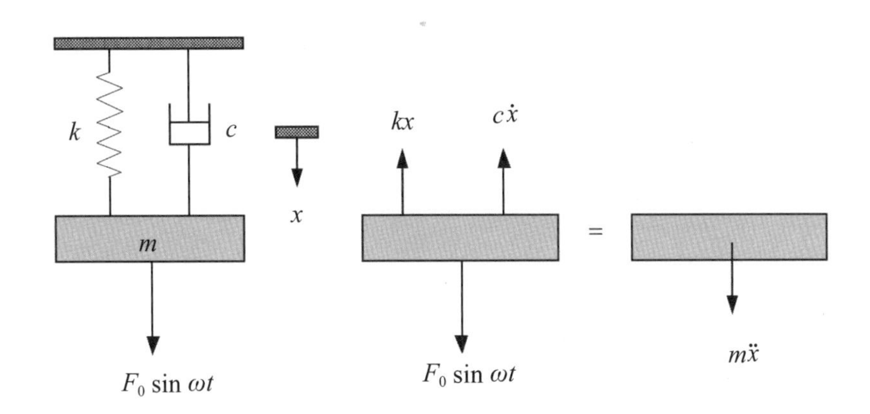

圖 1-6.1　單自由度系統的強迫振動

如圖 1-6.1 所示，一單自由度有阻尼系統，在簡諧外力 $P = F_0 \sin \omega t$ 作用下，選靜平衡位置爲座標的原點，其運動微分方程爲

$$m\ddot{x} = P - kx - c\dot{x} \tag{1-6.1}$$

或

$$m\ddot{x} + c\dot{x} + kx = F_0 \sin \omega t \tag{1-6.2}$$

利用方程（1-5.4）和（1-5.5）之無阻尼自然頻率 ω_n 及阻尼比 ζ 的定義，方程（1-6.2）可寫成如下的標準形式：

$$\ddot{x} + 2\zeta\omega_n\dot{x} + \omega_n^2 x = h \sin \omega t \tag{1-6.3}$$

其中 $h = F_0/m$，方程（1-6.3）是一個二階非齊次常微分方程，它的解由齊次方程的解 x_1 和非齊次方程的特解 x_2 疊加而成。

齊次方程的解 x_1，我們已在自由振動中討論過，對低阻尼情形，它可表示成

$$x_1 = A\,e^{-\zeta\omega_n t}\sin(\omega_d t + \phi) \tag{1-6.4}$$

其中 A 和 ϕ 是積分常數，由初始條件決定。

現在討論特解的求法。設特解爲

$$x_2 = X\sin(\omega t - \psi) \tag{1-6.5}$$

其中 ψ 表示強迫振動的位移落後於外加激振力的相位角，它的物理意義解釋如下：

將（1-6.5）式改寫成

$$\begin{aligned} x_2 &= X\sin(\omega t - \psi) = X\sin\omega(t - \psi/\omega) \\ &= X\sin\omega(t - t_\psi) \end{aligned} \tag{1-6.6}$$

方程（1-6.6）表示位移 x_2 落後激振力的時間爲 $t_\psi = \psi/\omega$。

將方程（1-6.5）代入方程（1-6.3），可得

$$\begin{aligned} &-X\omega^2\sin(\omega t - \psi) + 2\zeta\omega_n X\omega\cos(\omega t - \psi) \\ &+ \omega_n^2 X\sin(\omega t - \psi) = h\sin\omega t \end{aligned} \tag{1-6.7}$$

再將上式右端改寫成

$$\begin{aligned} h\sin\omega t &= h\sin[(\omega t - \psi) + \psi] \\ &= h\cos\psi\sin(\omega t - \psi) + h\sin\psi\cos(\omega t - \psi) \end{aligned} \tag{1-6.8}$$

於是（1-6.7）式可整理成

$$\begin{aligned} &[X(\omega_n^2 - \omega^2) - h\cos\psi]\sin(\omega t - \psi) \\ &+ [2\zeta\omega_n X\omega - h\sin\psi]\cos(\omega t - \psi) = 0 \end{aligned}$$

對於任意時刻 t，上式都應成立。由此，得

$$X(\omega_n^2 - \omega^2) - h\cos\psi = 0 \tag{1-6.9}$$

$$2\zeta\omega_n X\omega - h\sin\psi = 0 \tag{1-6.10}$$

聯立求解上兩式，得

$$X = \frac{h}{\sqrt{(\omega_n^2 - \omega^2)^2 + (2\zeta\omega_n\omega)^2}} \tag{1-6.11}$$

$$\tan\psi=\frac{2\zeta\omega_n\omega}{\omega_n^2-\omega^2} \tag{1-6.12}$$

於是振動微分方程的解為

$$x=x_1+x_2$$

$$=A\,e^{-\zeta\omega_n t}\sin(\omega_d t+\phi)+X\sin(\omega t-\psi) \tag{1-6.13}$$

上式右邊第一項稱為**暫態響應**（Transient response）；第二項稱為**穩態響應**（Steady-state response）。由於阻尼的存在，暫態響應隨時間的增加很快的消失，剩下的是穩態響應的強迫運動，如圖 1-6.2 所示。

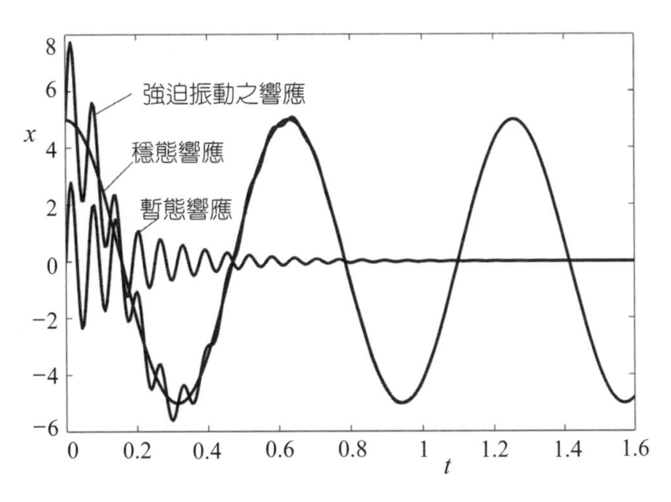

圖 1-6.2　簡諧強迫振動的時域響應圖

我們也可將方程（1-6.5）代入強迫振動方程（1-6.2），並利用 1-3 節所敘述的速度及加速度領先位移90°及180°而畫出強迫振動的力向量圖，如圖 1-6.3 所示。圖中顯示了彈簧力 kX、阻尼力 $c\omega X$、慣性力 $m\omega^2X$ 及外加激振力的振幅 F_0 和相位 ωt。利用向量的相加，可求得穩態響應振幅 X 及相位角 ψ：

$$X=\frac{F_0}{\sqrt{(k-m\omega^2)^2+(c\omega)^2}} \tag{1-6.14}$$

$$\psi=\tan^{-1}\frac{c\omega}{k-m\omega^2} \tag{1-6.15}$$

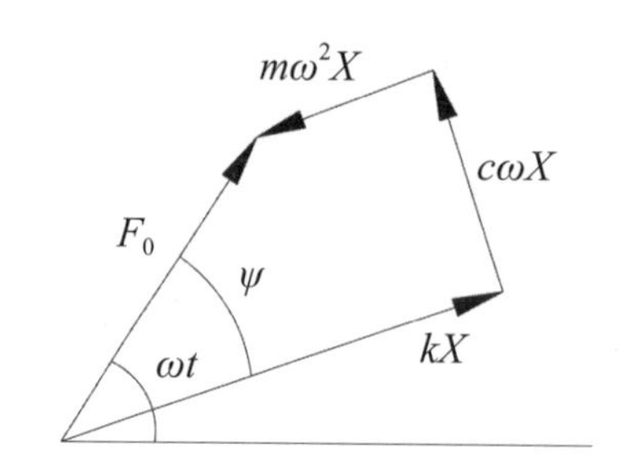

圖 1-6.3　簡諧強迫振動的力向量圖

1-6.2 頻率響應

下面只討論強迫振動的部分，爲此引入**頻率比**（Frequency ratio）r 及**靜力偏移**（Statical deflection）X_0 兩個參數：

$$r = \frac{\omega}{\omega_n} \quad (1\text{-}6.16)$$

$$X_0 = \frac{h}{\omega_n^2} = \frac{F_0}{k} \quad (1\text{-}6.17)$$

則方程（1-6.11）和（1-6.12）可寫成

$$X = \frac{X_0}{\sqrt{(1-r^2)^2+(2\zeta r)^2}} \quad (1\text{-}6.18)$$

$$\tan\psi = \frac{2\zeta r}{1-r^2} \quad (1\text{-}6.19)$$

工程中常用**放大因子**（Magnification Factor）MF 來表示強迫振動的振幅 X 與靜力偏移 X_0 的比值。由（1-6.18）式得

$$MF = \frac{X}{X_0} = \frac{1}{\sqrt{(1-r^2)^2+(2\zeta r)^2}} \quad (1\text{-}6.20)$$

方程（1-6.20）爲無因次式，寫成無因次式的好處不只在於它所表示的各物理量之間的數量關係與所選用的單位無關，更重要的是它揭示了強迫振動的振幅只決定於三個因素：靜力偏移 X_0、阻尼比 ζ 和頻率比 r。在低阻尼情形下，這三個因素中，頻率 r 比對振幅的影響最爲重要。許多工程問題中，最關心的是放大因子 MF 如何隨頻率比 r 而變化。

圖 1-6.4 畫出了放大因子 MF 隨頻率比 r 變化的一族曲線，圖中橫座標爲 r，縱座標爲 MF，ζ 作爲參數。這樣的曲線稱爲**幅頻響應曲線**（Frequency response curve），它是振動理論中最重要的曲線之一。

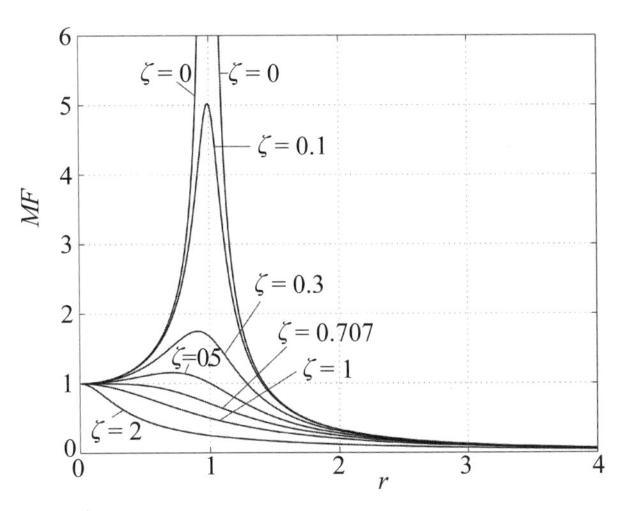

圖 1-6.4　簡諧激振的幅頻響應曲線

下面討論曲線變化情形：

(1) 低頻區

當外加激振力的頻率 ω 很低時，頻率比 r 很小，$r << 1$。由（1-6.20）式不難看出，式中分母接近於 1，於是 $MF = X/X_0 \approx 1$。這表示強迫振動的振幅 X 接近於靜力偏移 X_0，此時外加激振力的作用接近於靜力作用。從圖中可看出，當 $r << 1$時，阻尼力 $c\omega X$、慣性力 $m\omega^2 X$ 都很小，此時強迫振動的力向量圖，如圖 1-6.5 所示。因相位角 ψ 很小，激振力的振幅 F_0 近似於彈簧力 kX。

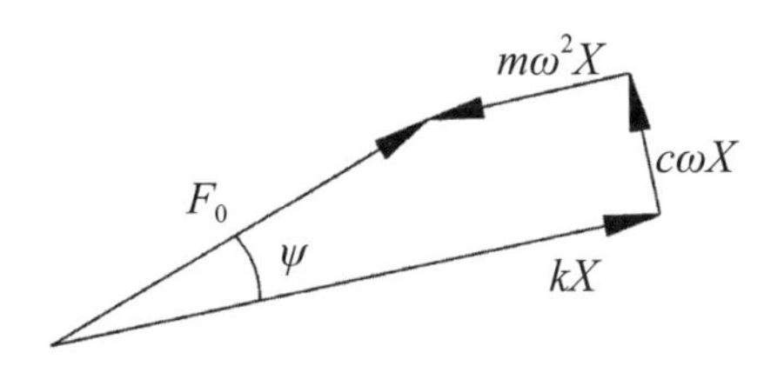

圖 1-6.5　低頻區的力向量圖

(2) 共振區

實際上最關心的問題是：在什麼情況下 MF 達到最大值，因爲這表示振幅最大。爲了求 MF 的最大值，令 $d(MF)/dr = 0$，由（1-6.20）式可證明在 $\zeta < 1/\sqrt{2} = 0.707$ 的條件下，當 $r = \sqrt{1-2\zeta^2}$ 時，MF 有最大值：

$$MF_{\max} = \frac{1}{2\zeta\sqrt{1-\zeta^2}} \tag{1-6.21}$$

在許多實際問題中，ζ 很小，$\zeta^2 << 1$，故可近似地當作 $r = 1$ 時，MF 達到最大值，並可近似地表示爲

$$MF_{\max} = \frac{1}{2\zeta} \tag{1-6.22}$$

這說明當外加激振力的頻率接近於系統的自然頻率時，強迫振動的振幅達到最大值，這種現象稱爲**共振**（Resonance）。通常以 $0.75 \le r \le 1.25$ 爲共振區。$r = 1$ 的力向量圖，如圖 1-6.6 所示，從圖中可知此時系統的慣性力 $m\omega^2X$ 與彈簧力 kX 相互平衡；激振力的振幅 F_0 與阻尼力 $c\omega X$ 相等。這表明阻尼在共振區起很大的作用，是減少振幅的重要參數。

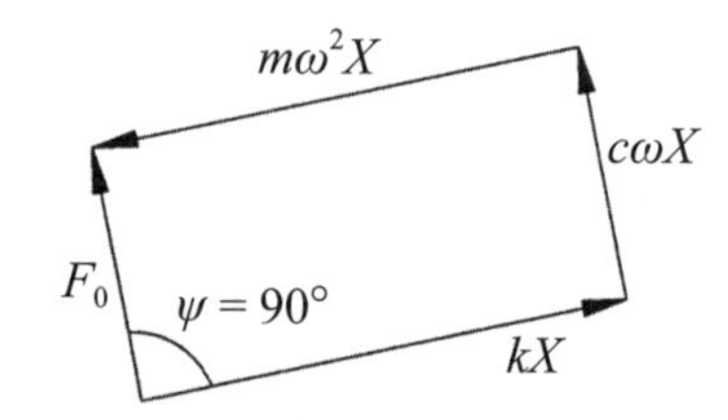

圖 1-6.6　共振時的力向量圖

(3) 高頻區

當外加激振力的頻率 ω 很高時，$r >> 1$，由（1-6.18）式可知，分母增大，MF 的值變小，力向量圖如圖 1-6.7 所示，此時 $\psi \approx 180°$ 系統的外激振力主要用來克服慣性力，且 MF 的值隨 r 的增加而趨近於零，這說明對自然頻率很低的系統，在高頻外力作用下幾乎沒有響應。

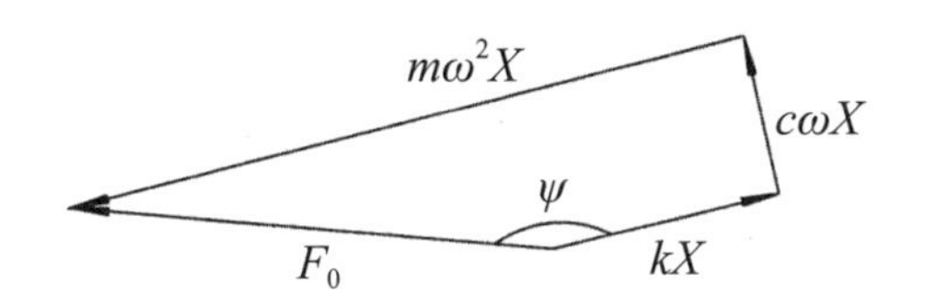

圖 1-6.7　高頻區的力向量圖

應注意，以上討論的 MF 隨 r 的變化規律都是對低阻尼（$\zeta < 1$）情形而言。如果阻尼相當大，即 $\zeta > 1/\sqrt{2} = 0.707$ 時，幅頻響應曲線不會出現上面三個不同區域的特徵，MF 開始從 1 單調下降趨近於零。因此，在 $r = 1$ 時不會出現共振。

實際上，除了振幅外，我們還常常關心強迫振動與激振力之間的相位差 ψ 如何隨 r 而變化。圖 1-6.8 畫出 ψ 隨 r 而變化的曲線，橫座標爲 r，縱座標爲 ψ，而阻尼比 ζ 作爲參數，這種曲線稱爲**相頻響應曲線**（Phase response curve）。由圖可見，相位差總在 0° 到 180° 之間變化。在低頻區，$r \ll 1$，$\psi \approx 0°$。在共振區，$r = 1$，$\psi = 90°$，這說明在共振時，系統強迫振動位移的相位比激振力的相位落後 90°。在高頻區，$r \gg 1$，$\psi \approx 180°$，這表明當激振力的頻率遠高於系統的自然頻率時，強迫振動的位移和激振力反相。

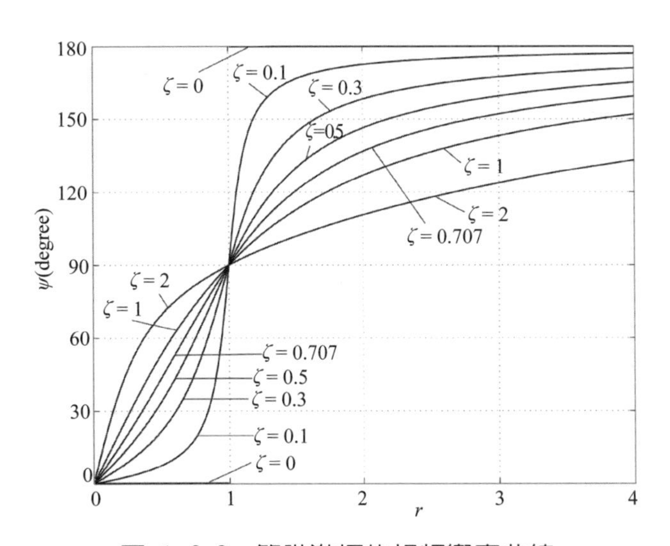

圖 1-6.8　簡諧激振的相頻響應曲線

例題 1-6-1

如圖 1-6.1 所示之單自由度振動系統，若 $m = 0.5$ kg，$c = 5$ N · s/m，$k =$ 200 N/m，激振力為 $P = F_0 \sin\omega t = 10 \sin 10t$ N，設初始條件為 $x_0 = 0.3$ m，$v_0 = 0$ m/s，求 (a) 系統的振動方程；(b) 阻尼比；(c) 阻尼自然頻率；(d) 系統的響應；(e) 假設 $P = 10 \sin \omega_n t$ 時，求系統的響應；(f) 假設 $c = 0$，且 $P = 10 \sin \omega_n t$，求振動方程及其解。

(a) 振動方程：

$$m\ddot{x} + c\dot{x} + kx = F_0 \sin \omega t$$

代入相關數據得

$$0.5\ddot{x} + 5\dot{x} + 200x = 10 \sin 10t$$

(b) 阻尼比：

$$\zeta = \frac{c}{2\sqrt{km}} = \frac{5}{2\sqrt{200 \times 0.5}} = 0.25$$

因阻尼比小於 1，所以此系統是低阻尼振動系統。

(c) 阻尼自然頻率：

$$\omega_n = \sqrt{\frac{k}{m}} = \sqrt{\frac{200}{0.5}} = 20 \text{ rad/s}$$

代入阻尼自然頻率之公式得

$$\omega_d = \omega_n\sqrt{1-\zeta^2} = 20 \times \sqrt{1-(0.25)^2} = 19.36 \text{ rad/s}$$

(d) 由方程（1-5.14）和（1-5.15），可得暫態響應的振幅 A 及相位角 ϕ：

$$A = \sqrt{x_0^2 + \left(\frac{v_0 + \zeta\omega_n x_0}{\omega_n\sqrt{1-\zeta^2}}\right)^2} = \sqrt{(0.3)^2 + \left(\frac{0+0.25\times 20\times 0.3}{19.36}\right)^2} = 0.31 \text{ m}$$

$$\phi = \tan^{-1}\left(\frac{x_0\sqrt{1-\zeta^2}\omega_n}{v_0+\zeta\omega_n x_0}\right) = \tan^{-1}\left(\frac{0.3\times 19.36}{0+0.25\times 20\times 0.3}\right) = 1.32 \text{ rad}$$

再應用方程（1-6.11）和（1-6.12），得穩態響應的振幅 X 及相位角 ψ：

$$h=\frac{F_0}{m}=\frac{10}{0.5}=20$$

$$X=\frac{h}{\sqrt{(\omega_n^2-\omega^2)^2+(2\zeta\omega_n\omega)^2}}=\frac{20}{\sqrt{(20^2-10^2)^2+(2\times0.25\times20\times10)^2}}$$

$$=0.063$$

$$\psi=\tan^{-1}\left(\frac{2\zeta\omega_n\omega}{\omega_n^2-\omega^2}\right)=\tan^{-1}\left(\frac{2\times0.25\times20\times10}{20^2-10^2}\right)=0.32\text{ rad}$$

代入（1-6.13）式得響應

$$x(t)=0.31\,e^{-0.25\times20t}\sin(19.36t+1.32)+0.063\sin(10t-0.32)\ (\text{m})$$

將響應用電腦軟體畫出，如圖 1-6.9 所示。從圖中可看出暫態響應在時間 1 秒以後便消失了，只剩下穩態響應。

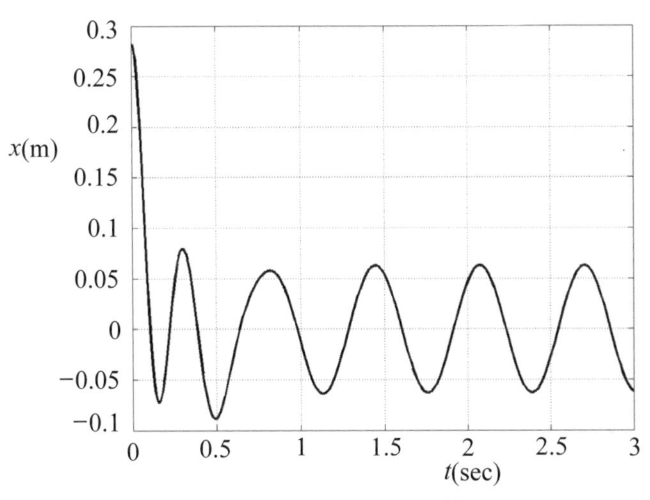

圖 1-6.9　例 1-6.1 之響應

(e) 當 $\omega=\omega_n=20$ 時，系統處於共振區，但因有阻尼振幅不會無窮大，此時

$$X=\frac{h}{\sqrt{(\omega_n^2-\omega^2)^2+(2\zeta\omega_n\omega)^2}}=\frac{20}{\sqrt{(2\times0.25\times20\times20)^2}}=0.1$$

應用前面的數據並代入方程（1-6.13），得

$$x=0.31e^{-5t}\sin(19.36t+1.32)+0.1\sin(20t-\frac{\pi}{2})$$

畫出位移 x 與時間 t 的關係，如圖 1-6.10 所示。

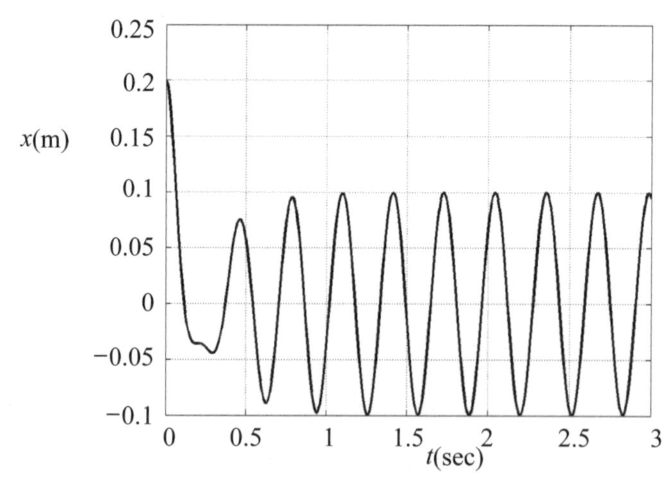

圖 1-6.10　有阻尼系統的共振現象

(f) $c = 0$，且 $\omega = \omega_n$ 時，則振動方程為

$$m\ddot{x} + kx = F_0 \sin \omega_n t$$

即

$$0.5\ddot{x} + 200x = 10 \sin 20t$$

此時振動方程的解為

$$x = x_1 + x_2 = A \sin(\omega_n t + \phi) - \frac{F_0}{2\sqrt{km}}\ t \cos \omega_n t$$

$$A = \sqrt{\left(\frac{v_0}{\omega_n}\right)^2 + x_0{}^2} = \sqrt{\left(\frac{0}{20}\right)^2 + 0.3^2} = 0.3$$

$$\phi = \tan^{-1}\left(\frac{x_0}{v_0/\omega_n}\right) = \tan^{-1}\infty = \frac{\pi}{2}$$

$$x = 0.3 \sin\left(20t + \frac{\pi}{2}\right) - \frac{10}{2\times\sqrt{200\times 0.5}}\ t \cos 20t$$

$$= 0.3 \sin\left(20t + \frac{\pi}{2}\right) - 0.5t \cos 20t$$

圖 1-6.11 畫出了例 1-6.1 中 (f) 小題之無阻尼彈簧–質量系統的共振現象，從圖中可看出振幅 x 隨時間 t 的增加，不斷的增大，直到結構破壞為止。

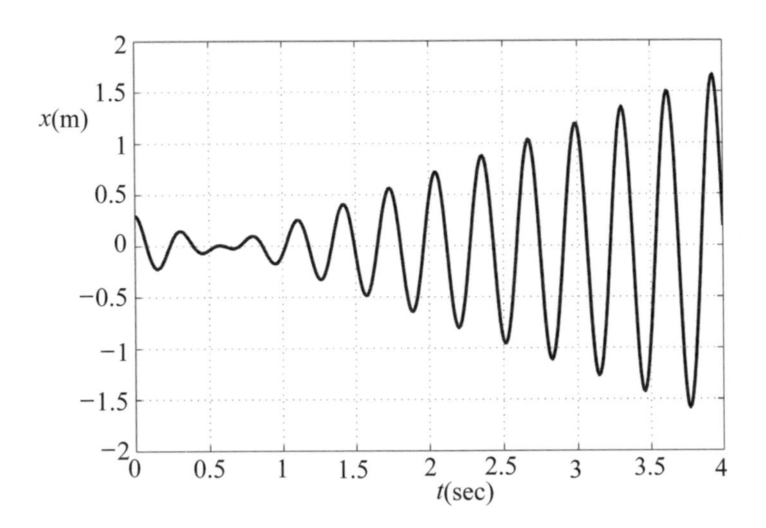

圖 1-6.11　無阻尼系統的共振現象

1-7 車速、轉速與頻率

進行汽車噪音與振動問題故障診斷時，常需要將車速或引擎轉速換算成頻率，其換算式說明如下：

(a) 轉速換成頻率：

$$\omega = \frac{2\pi n}{60} \tag{1-7.1}$$

$$f = \frac{n}{60} \tag{1-7.2}$$

式中　n：引擎轉速（rpm）

f：轉動頻率（Hz）

ω：轉動圓頻率（rad/s）

(b) 車速換成頻率：

$$f = \frac{1000 v_a}{3600} \cdot \frac{1}{2\pi r} = \frac{v_a}{22.62 r} \tag{1-7.3}$$

式中　f：轉動頻率（Hz）

v_a：車速（km/h）

r：車輪半徑（m）

(c) 車速與引擎轉速之關係：

$$v_a = 0.377\frac{rn}{i_g i_o} \tag{1-7.4}$$

式中 v_a：車速（km/h）

r：車輪半徑（m）

n：引擎轉速（rpm）

i_g：變速箱傳動比

i_o：最終傳動比

例題 1-7-1

某部車行駛時，引擎轉速 1800 rpm，求其對應的轉動頻率。

由題意知 $n = 1800$ rpm，代入公式（1-7.2），得

$$f = \frac{n}{60} = \frac{1800}{60} = 30 \text{ Hz}$$

例題 1-7-2

某車以三檔行駛其傳動比 1.2，最終傳動比 4，車輪半徑 0.3 m，車速 40 km/h，求此時的引擎轉速。

由題意知 $i_g = i_{g3} = 1.2$，$i_o = 4$，$r = 0.3$，$v_a = 40$，代入公式（1-7.4），得

$$40 = 0.377\frac{0.3n}{1.2\times 4}$$

解得引擎轉速 $n = 1697$ (rpm)。

例題 1-7-3

某車的輪胎規格為 P195/70R14，車速為 80 km/h 時，求車輪的轉動頻率。

輪胎規格 P195/70R14，其半徑 r：

$$r=\frac{195\times0.7+\dfrac{14}{2}\times25.4}{1000}=0.3143\text{ m}$$

因輪速與車速相同，以車速 $v_a=80$ km/h，代入公式（1-7.3），得車輪的轉動頻率

$$f=\frac{v_a}{22.62r}=\frac{80}{22.62\times0.3143}=11.25\text{ Hz}$$

例題 1-7-4

如圖 1-7.1 所示之機械系統中馬達轉速為 2400 rpm，求馬達、齒輪嚙合、泵、葉片之轉動頻率。

馬達頻率 = 2400/60 = 40 Hz

泵轉速 $=2400\times\dfrac{50}{200}=600$ rpm

泵頻率 = 600/60 = 10 Hz

葉片轉速與泵轉相同，為600 rpm，但因有8片葉片，故

葉片轉動頻率 = 8 × 600/60 = 80 Hz

齒輪嚙合頻率 = (2400 × 50)/60 = 2000 Hz

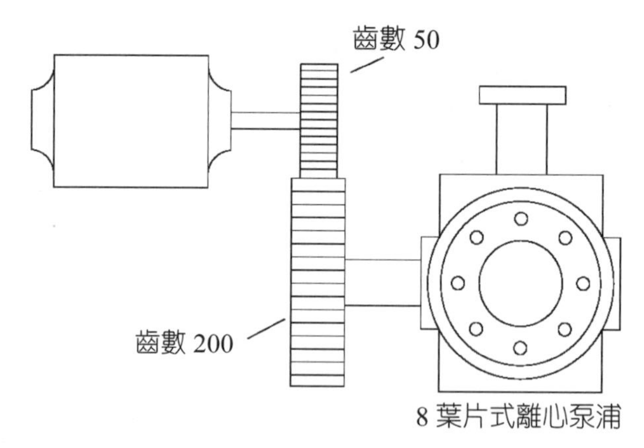

圖 1-7.1　例 1-7.4 之圖

1-8 隔振

隔振（Vibration isolation）就是將振源或聲源和其它物體用彈性體或阻尼元件連接，以減少振動能量的傳播，從而達到降低噪音的目的。

噪音控制中經常採用橡膠墊或隔振器將振源與周圍機件隔離，阻止振動波的傳遞，即降低結構振動聲的散播。例如，汽車引擎座上的橡膠墊，就是要將引擎的振動和車架隔離，以降低車架、車廂的振動及車內的噪音。因此，我們可以改善汽車用橡膠墊與**橡膠襯套**（Rubber bushing）的性能（如引擎支座橡膠墊、排氣管支架隔熱墊、懸吊系統橡膠襯套等），來達到隔振和降低噪音的目的。

設隔振裝置的自然頻率爲 f_n，激振頻率爲 f，頻率比 $r = f / f_n$，隔振的頻率響應圖如圖 1-8.1 所示，從圖中可知選用隔振器需要注意以下三點：

1. 不論阻尼大小，只有當頻率比 $r > \sqrt{2}$ 時才有隔振效果。因此橡膠墊的剛度 k 應儘可能小，但 k 值也不能太小，否則隔振器變得很柔軟，靜撓度變大，較容易搖晃，穩定性變差。
2. 當 $r > 5$ 後，即使用更好的隔振裝置，所增加的減振效果亦很有限。實用上取 r 在 2.5～5 之間即可。

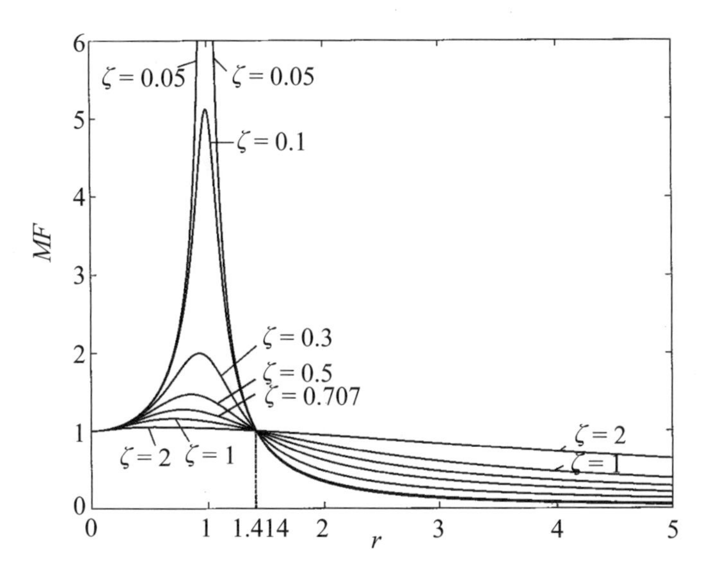

圖 1-8.1　隔振之頻率響應圖

3. 當 $r > \sqrt{2}$ 時，阻尼的增大，對隔振是不利的，應減少阻尼比 ζ，但阻尼比也不宜過小，因汽車行駛中也常遇到路面的衝擊輸入，爲避免車身作大幅度自由振動，隔振器仍需有一定的阻尼比。

例題 1-8-1

某機器的主要振動頻率為 100 Hz，求隔振器的最大自然頻率。

激振頻率 $f = 100$ Hz，頻率比 $r > \sqrt{2}$ 時才有隔振效果，即

$$r = \frac{f}{f_n} = \frac{100}{f_n} \geq \sqrt{2}$$

所以隔振器的最大自然頻率為

$$f_n = \frac{100}{\sqrt{2}} = 70.7 \text{ (Hz)}$$

1-9 減振

讓物體振動減弱的措施稱爲減振。共振使結構振動加大，增加噪音輻射量。在設計過程中，應儘可能將機器的運轉頻率與結構自然頻率錯開，以避免結構共振。如果兩者無法錯開時，可加**質量減振器**（Mass damper）或**動力減振器**（Dynamic damper）來降低結構的自然頻率而避開共振。圖 1-9.1 所示爲單自由度系統加了質量減振器的頻率響應函數圖，從圖中可見系統的自然頻率下降，因而可避開共振。圖 1-9.2 所示爲質量減振器應用於汽車油門踏板連桿上的例子。

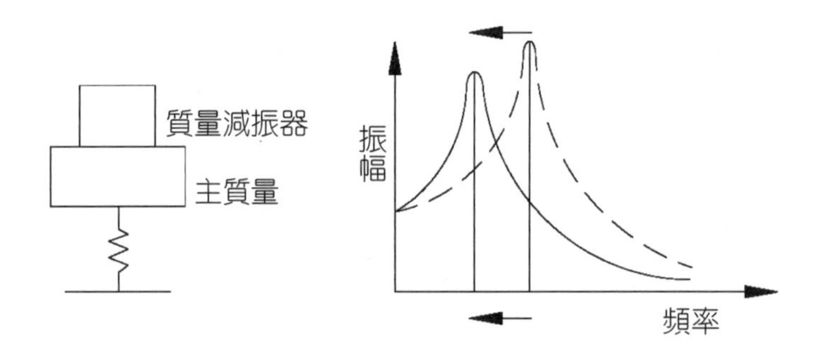

圖 1-9.1　質量減振器模型及其頻率響應函數圖

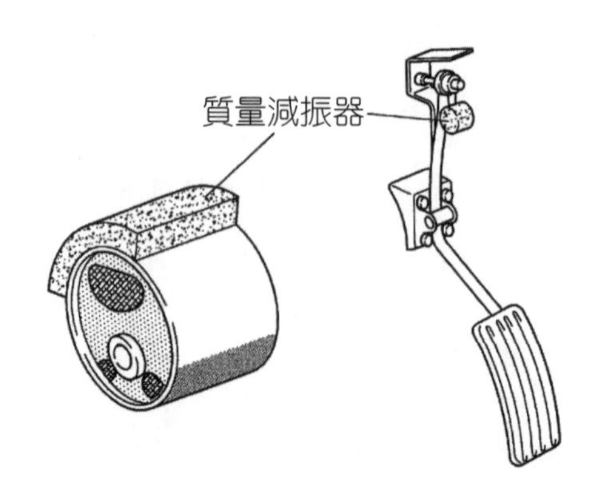

圖 1-9.2　質量減振器應用於油門踏板連桿

動力減振器（見圖 1-9.3）除了質量外，還多了彈性及阻尼，其模型如圖 1-9.4(a) 所示。動力減振器比質量減振器多了一個自由度後，系統的自然頻率變成了兩個，如圖 1-9.4(b) 所示，從圖中可知原來共振點的振幅已大幅度降低。汽車的水箱減振器就是一個應用動力減振器的例子。

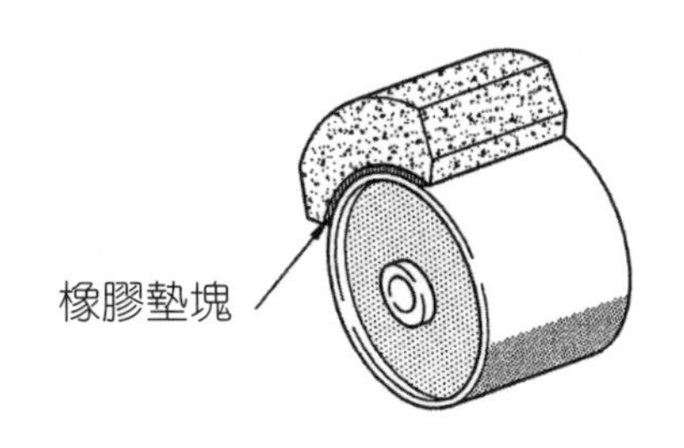

圖 1-9.3　動力減振器

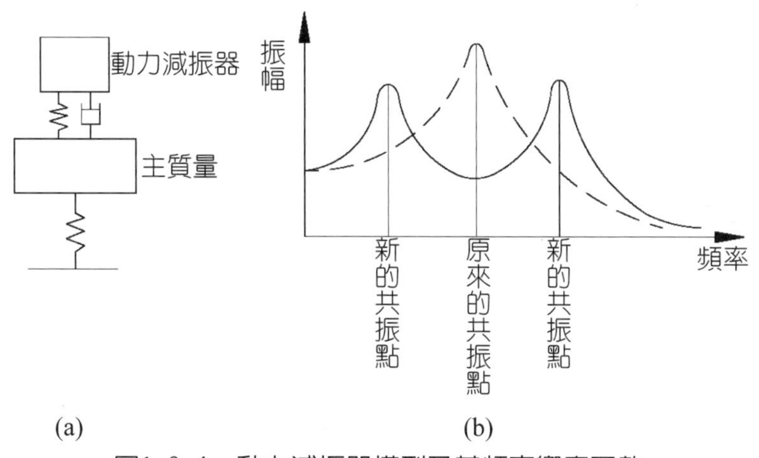

圖1-9.4　動力減振器模型及其頻率響應函數

習題

1. 何謂 (a) 頻率；(b) 週期；(c) 振幅；(d) 相位角；(e) 自然頻率？

2. (a) 振動頻率 100 Hz 表示每秒振動幾次？(b) 其振動週期爲多少秒？(c) 其振動圓頻率爲多少 rad/s？

3. 兩彈簧的彈簧常數分別爲 $k_1 = 100$ N/m，$k_2 = 300$ N/m，求兩彈簧 (a) 串聯；(b) 並聯的等效彈簧常數？

4. 若某彈簧–質量振動系統作自由振動，其質量振動的位移 x 可表示成 $x = 0.6\sin(20t + 0.5)$ m，求此系統的 (a) 振幅；(b) 自然圓頻率；(c) 自然頻率；(d) 相位角。

5. 如下圖所示的振動系統，已知 $m = 1$ kg，$k = 100$ N/m，$c = 5$ N · s/m，$F(t) = 20\sin 30t$，初始條件 $x(0) = 2$，$\dot{x}(0) = 0$，求 (a) 自然頻率；(b) 阻尼比；(c) 振動方程；(d) 暫態解；(e) 穩態解。

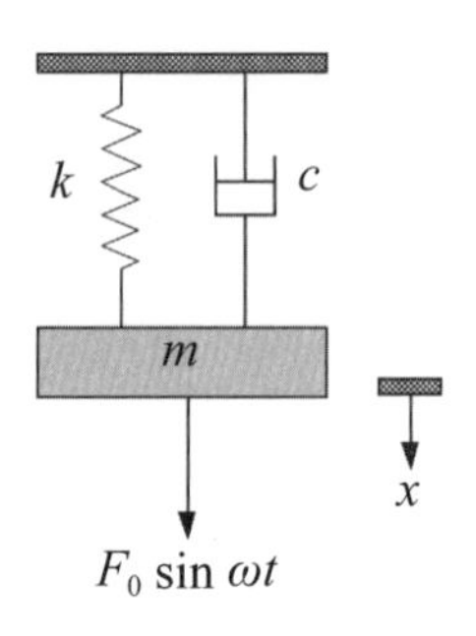

6. 下圖所示爲某振動的位移 x 與時間 t 的關係曲線，求此振動的 (a) 振幅；(b) 頻率；(c) 週期。

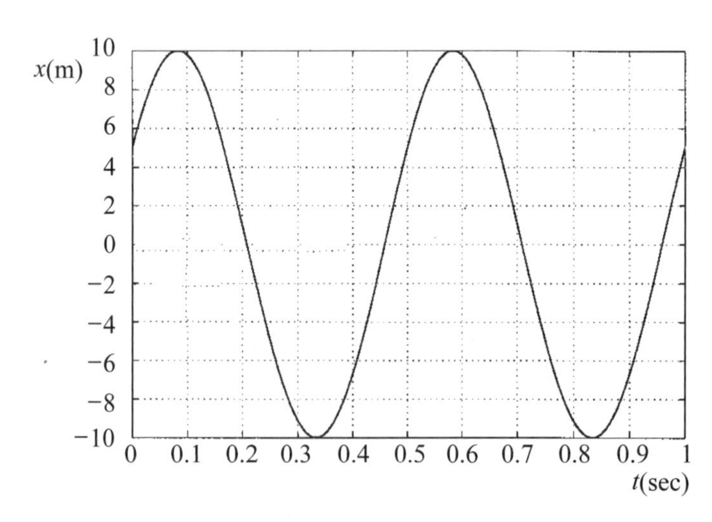

7. 某車輪胎直徑 0.62 m，引擎轉速 1800 rpm，三檔傳動比 1.5，最終傳動比 4，求 (a) 車輪轉速爲多少 rpm，相當於多少 Hz？(b) 車速。

Chapter

第二章

聲音的基本概念

2-1 引言

噪音是指不悅耳的聲音。例如，汽車、機車、火車、飛機等交通工具及機器運轉所發出的聲音，令人煩噪不安，便是噪音。

隨著生活水準的提高，人們對汽車行駛時的安靜度及聲音品質要求越來越高。為此，各汽車廠投入了大量人力和物力成立龐大的 NVH 研究部門，專門從事噪音及振動方面的研究工作。這裡的 N、V、H 分別為 Noise（噪音）、Vibration（振動）、Harshness（不舒適）的縮寫。

要作汽車噪音故障診斷，首先要了解聲音的基本性質。為此，本章介紹聲學基礎。聲學是研究聲波的產生、傳播、接收及特性的科學。聲學是一門內容廣泛的專業學科，限於篇幅，我們不可能在此詳細介紹聲學理論，只能對汽車噪音測量、控制及故障診斷和排除所涉及的最基本聲學知識作簡單的介紹，並將和汽車噪音問題故障診斷有關的一些名詞及術語作簡要的說明。

2-2 聲音的產生與傳播

用小錘敲一下音叉，音叉將以其自然頻率振動。靠近音叉的空氣會受到週期性的壓縮，而產生疏密相間的擾動，這種擾動會不斷向外傳播去出，人的耳膜受到這種擾動而發生振動，於是就聽到了從音叉發出的聲音，如圖 2-2.1

所示。

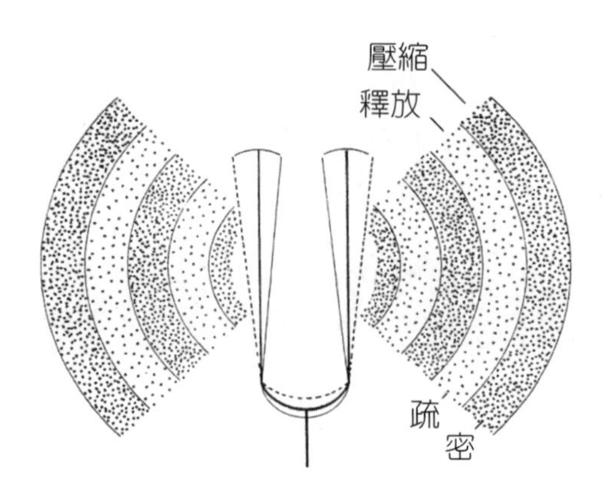

圖 2-2.1　聲波的傳播

圖 2-2.2[27] 所示爲聲波傳遞過程中空氣質點的運動情形，在第一行時間 t_0 時所有的質點皆靜止；在第二行中音叉振動施力於質點 A，使質點 A 產生振動，質點 A 的振幅取決於音叉的施力，而質點 B 仍然靜止；在第三行中質點 B 受到質點 A 的施力而產生向右運動；在後續的數行中我們可看到振動依序的傳播出去，而各個質點都以其平衡位置作來回振動。

質點

時間　A B C D E F G H I J K

t_0

t_2

t_4

t_6

t_8

t_{10}

t_{12}

圖 2-2.2　聲波的傳遞

由音叉的例子可見，聲音是振動在介質中的傳播，因而稱爲**聲波**（Sound wave）。聲波包括三個要素：(1) **聲源**（Source）；(2) **傳播路徑**（Transmission path）；(3) **接收體**（Receiver），如人耳。聲波必須經由介質（傳播路徑）才能傳播，介質可以是空氣（空氣傳音）、液體（液體傳音）、固體（固體傳音）。聲波不能在眞空中傳播，介質傳播的只是能量，介質本身並不被傳播。聲源發出的聲波，在介質中向四面八方傳播，聲波傳播的方向稱爲聲線（波線）。在某一時刻，聲波中相位相同的各點連接成的曲面稱爲**波前**（Wavefront）或波面。在均勻媒介質中，波線與波面垂直。波前爲平面的聲波稱爲平面波，波前爲球面的稱球面波。上述簡介的波線與波面的示意圖，如圖 2-2.3 所示。

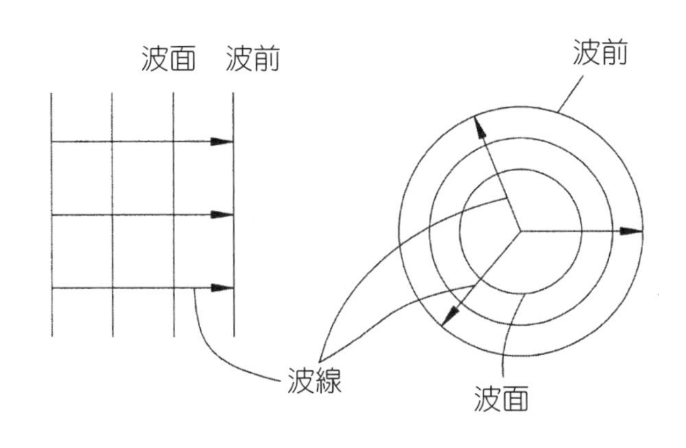

圖 2-2.3　聲波的波線與波面

聲波所波及的空間稱爲**聲場**（Sound field），聲場可分爲自由聲場、擴散聲場與半擴散場（半自由聲場）。自由聲場指介質均勻而各方向性質都相同的聲場，在自由聲場中聲波的傳播無反射或邊界的影響可不計。平面波在寬闊的戶外傳播可視爲自由聲場。與自由聲場相反，聲波在擴散聲場中幾近全反射。在大多數實際場合中聲波的傳播是部分反射的，即介於自由聲場與擴散聲場之間的，稱爲半自由聲場。

若聲波傳播的方向和介質質點振動的方向互相垂直，稱爲**橫波**（Transverse wave）；若傳播方向和質點振動方向相同，則稱爲**縱波**（Longitudinal wave）。如圖 2-2.4 所示的繩波便是橫波，圖 2-2.5 所示 [27] 爲此繩索中 *A* 到 *M*

各點在時刻 t_1 至 t_5 振動情形，從圖中可知各質點作上下振動而波往右傳遞，故爲橫波。

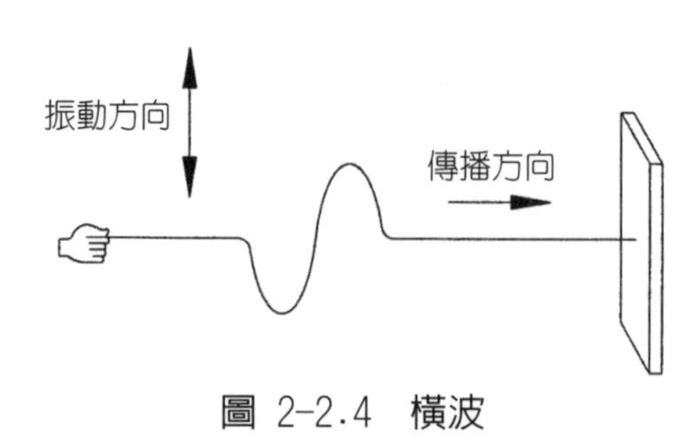

圖 2-2.4　橫波

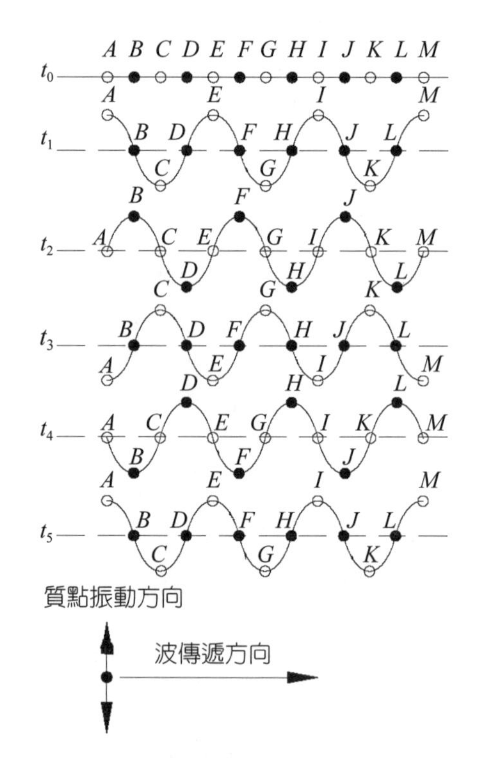

圖 2-2.5　繩波中質點的振動情形

圖 2-2.6[27] 所示爲一彈簧中各點在不同時刻的運動情形，從圖中可看到波往左邊傳遞，但質點只在其原點作左右來回振動，從圖中的虛線可知 A 點的振動波形爲正弦波（其他各點也相同）；由於質點振動方向與波傳遞方向相同一直線，故爲縱波。圖 2-2.7 所示之鼓發出的平面聲波也是縱波。

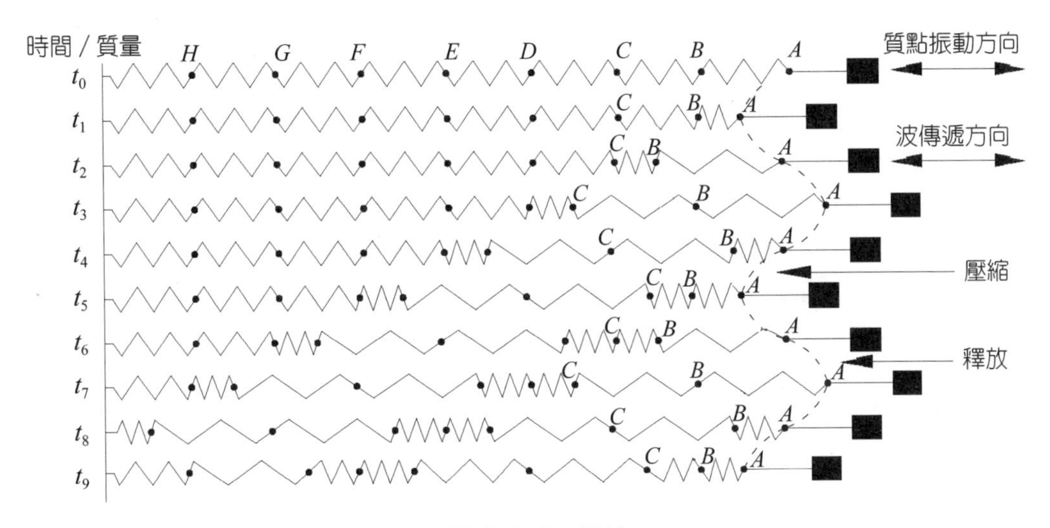

圖 2-2.6　縱波

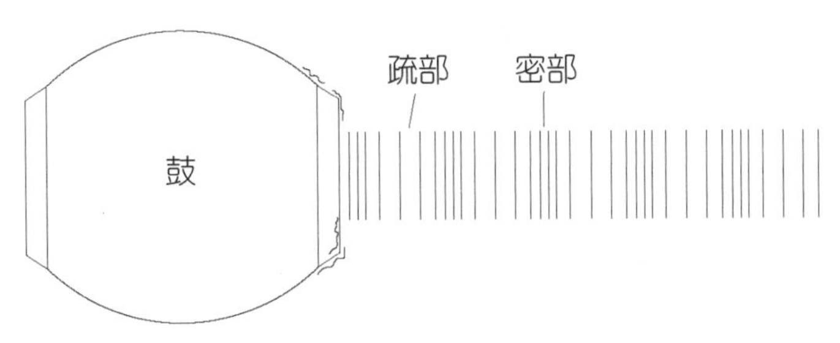

圖 2-2.7　鼓發出的平面聲波

2-2.1 聲音產生的機理

如上所述，振動體（如音叉）的振動是聲源。但是，在有些情況下，振動體可能只產生小的振動，但由於和別的物體相連，而引起其它物體發生大的振動而產生噪音。這時人們的注意力往往只集中在後者，而忽視了眞正的振動體，這點在汽車噪音問題之故障診斷時應特別注意。下面我們來看兩個簡單的例子。

如圖 2-2.8(a) 所示，留聲機唱針產生的微小振動，經擴大機放大後，再傳到喇叭上，使喇叭產生大的振動而發出聲音。如果我們認爲喇叭是產生聲音的根源那就錯了，眞正的根源是留聲機唱針的振動。

另一個例子如圖 2-2.8(b) 所示，汽車引擎的振動，引起排氣管共振，使振動放大後，經排氣管和車身相連的橡膠墊傳給車身，引起車身的振動而產生噪音。真正的振動源是引擎而不是車身。

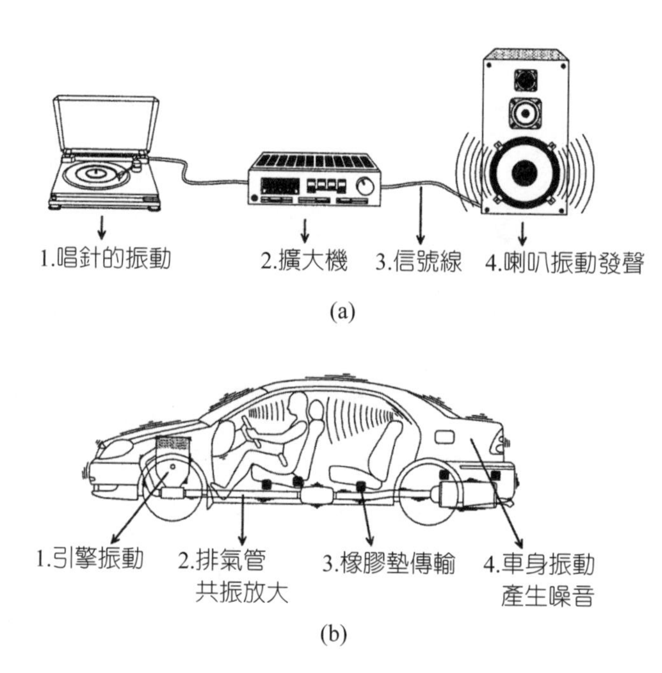

圖 2-2.8 結構振動噪音的產生

汽車工業界常將噪音及振動依傳遞路徑（傳播路徑）分爲兩大類：

(1) 結構傳遞振動噪音

結構傳遞振動噪音（Structure-borne NVH）也可稱爲**結構振動噪音**，是指由於結構受到強迫振動，振動以彈性波的方式傳至車身，引起車身或其內部元件振動並產生的噪音。例如上面提到的圖 2-2.8(b) 所示之例子中，引擎的振動產生的彈性波經排氣管及排氣管和車身之間的橡膠墊傳給車身，引起車身振動並產生噪音，這種噪音屬於結構傳遞振動噪音。結構振動噪音如果只指噪音的部分，則這樣產生的噪音可稱爲**結構傳音**（Structure-borne noise）。

(2) 空氣傳音

如果噪音不是因振動源以彈性波的方式傳至車身，引起車身振動而產生的，則這類噪音稱爲**空氣傳音**（Airborne noise），也可稱爲**空氣噪音**。例如胎紋噪音、排氣管排出的廢氣聲、風切聲（Wind noise）等，都是空氣傳音。

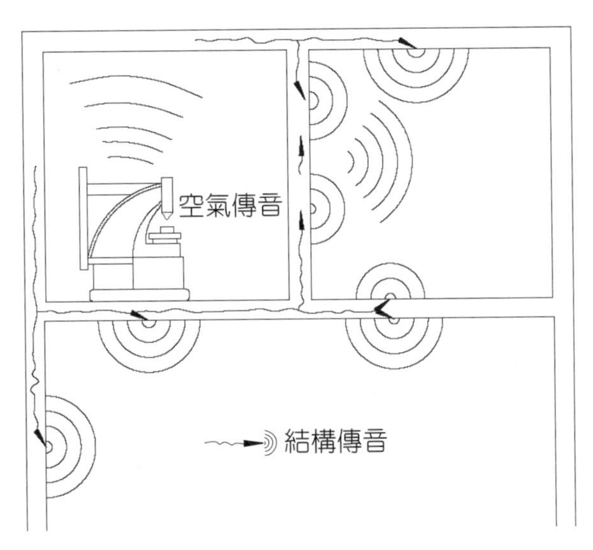

圖 2-2.9　振動與噪音之傳遞路徑

圖 2-2.9 所示爲一部機器置於一棟建築物中，機器在工作時所產生的振動與噪音之傳遞路徑。從圖中可知機器的振動可經由在地板及牆壁傳遞至隔壁的房間而造成振動與噪音。

圖 2-2.10 所示爲噪音在兩個房間中的傳播路徑示意圖。路徑 1 爲噪音經過門傳入隔壁房間；路徑 2 爲噪音透射過牆壁而進入隔壁房間；路徑 3 爲噪音激起牆壁的振動，傳至隔壁房間而發出聲音；路徑 4 爲機器底座振動激起的結構振動而傳聲進入鄰近房間。路徑 1、2、3 爲空氣傳音；路徑 4 爲結構傳音。

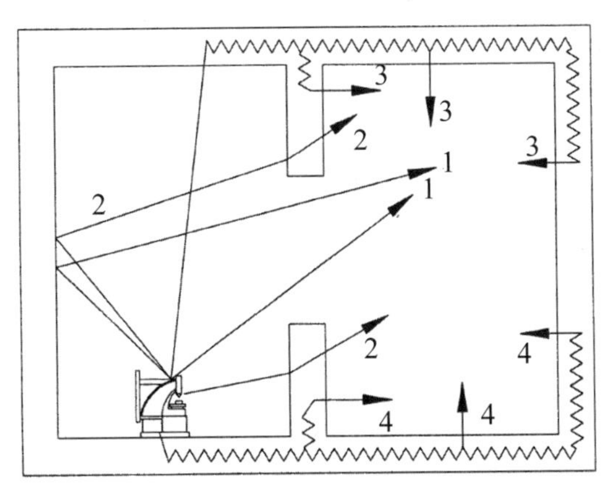

圖 2-2.10　空氣傳音與結構傳音之傳遞路徑

2-3 聲音的基本計量

(1) 頻率和週期

每秒鐘聲音振動的次數稱為聲音的頻率，記為 f，單位是赫茲（Hz）。人耳能聽到的聲音，其頻率範圍從 20 到 20,000 Hz。低於 20 Hz 的稱為次音（Subsonic），高於 20,000 Hz 的稱為**超音**（Supersonic）。例如我們能夠聽到蚊子拍翅的「嗡嗡」聲，而聽不到蝴蝶飛舞時翅膀的振動聲，其原因是蚊子拍翅膀振動頻率大於 20 Hz，發出的聲音在人耳可聽的頻率範圍內；而蝴蝶翅膀的振動頻率小於 20 Hz，其發出的聲音小於人耳最低可聽頻率。在人耳可聽的範圍內，通常 500 Hz 以下稱低音；500 Hz 至 2000 Hz 稱為中音；高於 2000 Hz 稱為高音。

週期 T 是頻率的倒數，單位為秒（s），表示聲波歷經一次振動所需的時間。週期 T 和頻率 f 的關係為

$$T=\frac{1}{f} \tag{2-3.1}$$

(2) 波長和聲速

聲波傳播過程中兩個相繼的同相位點的空間距離稱為**波長**（Wavelength），用符號 λ 表示，單位為米（m）。

聲速是聲波在介質中傳播的速度，記作 c，單位是米 / 秒（m/s）。聲速的大小為

$$c=\sqrt{\frac{E}{\rho}} \tag{2-3.2}$$

式中 E 為介質的**彈性模數**（Modulus of elasticity），單位為 N/m^2；ρ 為介質的密度，單位為 kg/m^3。

空氣中的聲速和風速是兩個不同的概念，風速是空氣分子往某個方向遷移的速度，而聲速是空氣分子的振動在某個方向的傳播速度。對於理想氣體（空氣可近似為理想氣體）

$$c = \sqrt{\gamma RT} \tag{2-3.3}$$

式中 γ 爲比熱比（定壓比熱與定容比熱之比），R 爲理想氣體常數，T 爲絕對溫度。對空氣 $\gamma = 1.4$、$R = 287$ J/kg · K，代入上式，得

$$c = 20.05\sqrt{T}\ \text{(m/s)} \tag{2-3.4}$$

由此可算出在 15℃ 時，空氣中的聲速約爲 340 m/s。

一般在空氣中，聲速 c 與溫度 t（℃）關係爲

$$c = 331.4 + 0.6t\ \text{(m/s)} \tag{2-3.5}$$

聲速等於頻率與波長相乘，即

$$c = f\lambda \tag{2-3.6}$$

假定聲音在 15℃ 的空氣中傳播，由（2-3.6）式可算出具有代表性的聲波頻率所對應的波長，如表 2-3.1 表示。

表 2-3.1　一些聲波的頻率與波長

頻率 f（Hz）	波長 λ（m）	說　明
100	3.4	聲學工程中一般的下限頻率
440	0.77	音樂中的標準音
1000	0.34	標準參考頻率
4000	0.085	鋼琴最高階音

聲速與介質的密度、溫度有關。介質的密度越大、聲速越小；溫度越高，聲速越大。此外，液態介質和固態介質中的聲速也大不相同。

(3) 質點振動速度

介質分子在聲音傳播過程中振動的速度叫質點振動速度。質點振動速度有別於聲速。聲音傳播過程中，質點在其平衡位置附近振動，這種振動被傳播出去，而質點振動的平衡位置卻保持原地不動。

(4) 聲壓及其有效值

當空氣中沒有聲波傳播時，空氣處於平衡狀態，壓力爲 P_0。聲波在空氣中以疏密波的形式傳播，因此聲場中每一點的壓力都在平衡壓力 P_0 的基礎上

疊加一個瞬時變化的微小壓力，稱爲**聲壓**（Sound pressure），其單位是帕斯卡，記爲 Pa。1 Pa = 1 N/m^2，聲壓瞬時值記爲 $p(t)$。圖 2-3.1 所示爲音叉在傳播聲音過程中，某一瞬間空間上各點的聲壓。較密的地方空氣壓力 P 大於平衡壓力 P_0：較疏的地方空氣壓力小於平衡壓力 P_0，因此聲壓 $p(t)$ 定義爲

$$p(t) = P(t) - P_0 \qquad (2\text{-}3.7)$$

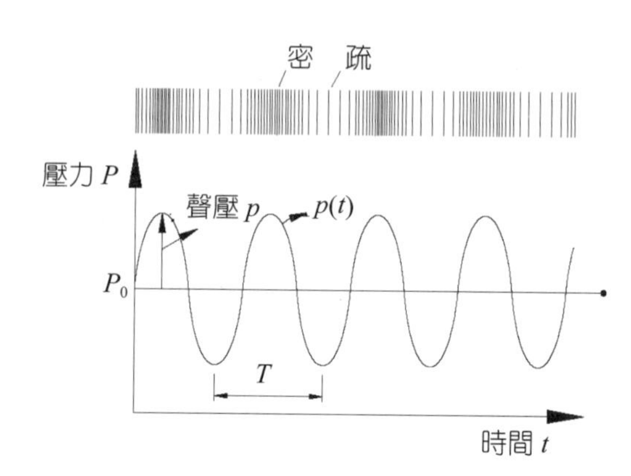

圖 2-3.1　聲壓的描述

聲壓的強弱是由聲壓的有效值決定的。有效值就是**均方根值**（Root Mean Square Value, RMS），記作 p_{rms}：

$$p_{rms} = \sqrt{\frac{1}{T}\int_0^T p^2(t)\,dt} \qquad (2\text{-}3.8)$$

對純音，有效值和最大值之間的關係爲

$$p_{rms} = \frac{1}{\sqrt{2}}\,p_{max} \qquad (2\text{-}3.9)$$

一般聲學儀器量測出的聲壓均爲有效值 p_{rms}，而不是某一瞬時的聲壓 p，也不是它的幅值 p_{max}。

(5) 聲強

聲強（Sound intensity）或稱音強是指單位時間內在某點通過與某方向垂直的單位面積的聲能平均值，用符號 I 表示，單位是 W/m^2。聲強的大小和聲壓的有效值之間有如下關係：

$$I = \frac{{p_{rms}}^2}{\rho c}\ (\text{W/m}^2) \qquad (2\text{-}3.10)$$

其中 ρ 爲介質密度，c 爲聲速。聲學中稱介質密度和聲速的乘積 ρc 爲介質的**特徵阻抗**（Characteristic impedance），單位爲 $kg/(m^2 \cdot s)$，或簡稱**瑞利**（Rayl）。聲強是向量，談論聲強時必須指明大小和方向。聲強不能直接量測，只能用兩個麥克風經由信號分析來間接測量。

(6) 聲功率

聲功率（Sound power）是聲源在單位時間內發射出的總聲能量，單位爲瓦（W）。聲功率也不能直接測量，只能根據聲壓和測量面間接量測。

聲壓是對聲場中任意一點而言的；聲強是對聲場中任意一點及某一方向而言的；而聲功率是對某一聲源而言的，如圖 2-3.2 所示。

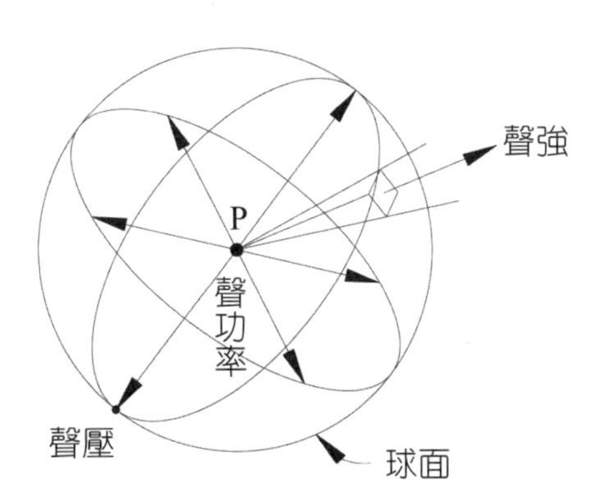

圖 2-3.2　聲壓、聲強及聲功率

例題 2-3-1

設一連續對稱週期波的傳播情形，如圖 2-3.3 所示。設波源每秒產生 4 個波，求 (a) P 點回到平衡位置所需的最短時間；(b)此波的波速；(c)此波形移動 6 cm 時，Q 點移動多少？

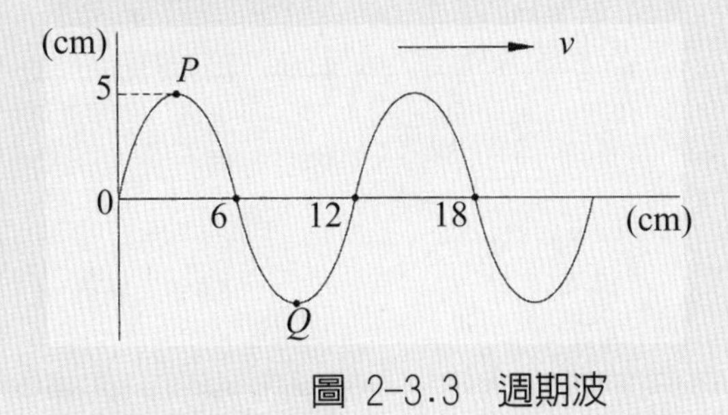

圖 2-3.3　週期波

解

(a) 此週期波每秒產生 4 個波，故其頻率 $f = 4$ Hz，而週期 $T = 1/f = 1/4 = 0.25$ 秒，故從 P 點回到平衡位置所需的時間

$$t = \frac{T}{4} = \frac{0.25}{4} = 0.0625 \text{ sec}$$

(b) 從圖可知波長 $\lambda = 12$ cm，因此波速

$$v = f\lambda = 4 \times 12 = 48 \text{ cm/s}$$

(c) 波形移動 6 cm 所需的時間為

$$t_1 = \frac{6}{v} = \frac{6}{48} = 0.125 \text{ sec}$$

而波的週期為 $T = 0.25$ sec，故 Q 點在一個固定週期移動 $5 \times 4 = 20$ cm。因此在 $t_1 = 0.125$ sec 時間內，Q 點移動

$$d = 20 \times \frac{t_1}{T} = 20 \times \frac{0.125}{0.25} = 10 \text{ cm}$$

例題 2-3-2

某週期波沿 x 方向傳遞，其波形如圖 2-3.4 所示，此波的週期為 4 秒，圖中的實線表示時刻 $t = 0$ 時波的位置，虛線表示 t 時刻波的位置，求 (a) 波速；(b) 波峰從 A 運動至 A_2 所需的時間；(c) t 時刻位置 A_3 和 A_4 質點的振動方向。

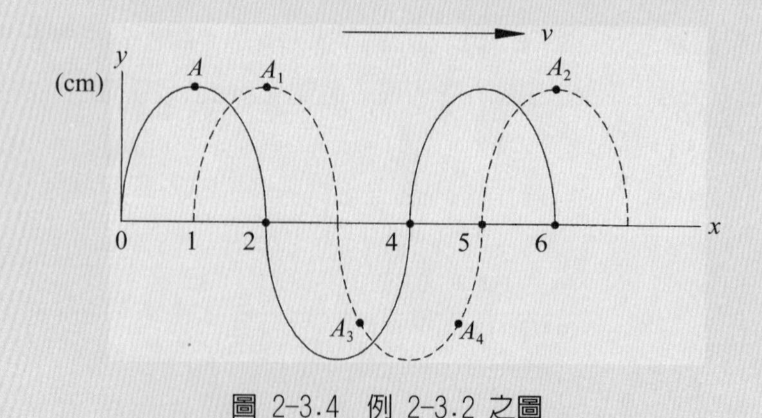

圖 2-3.4　例 2-3.2 之圖

(a) 波長 $\lambda = 4$ cm，週期 $T = 4$ sec，波的頻率

$$f = \frac{1}{T} = \frac{1}{4} = 0.25 \text{ Hz}$$

因此波速 $v = f\lambda = 0.25 \times 4 = 1$ cm/sec

(b) A 與 A_2 的距離 5 cm，而波速 $v = 1$ cm/sec，所以波由 A 行進至 A_2 需

$$5/1 = 5 \text{ sec}$$

(c) 波行進時質點只在平衡位置附近作振動。因此，時刻 t 時在 A_3 處質點往上運動；而在 A_4 處質點往下運動。

2-4 聲波的傳播特性

2-4.1 聲波的反射和折射

當聲波從一種介質傳播到另一種介質時，在兩種介質的分界面上，傳播方向會發生變化，產生反射及折射現象，如圖 2-4.1 和圖 2-4.2 所示。在這兩種過程中，聲波遵守反射定律與折射定律。

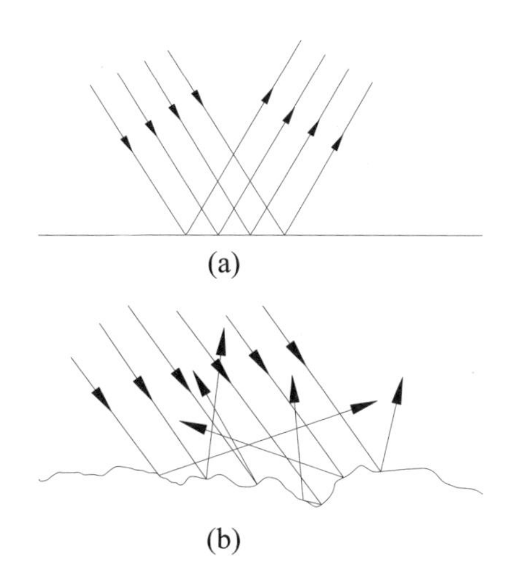

圖 2-4.1　聲波的反射

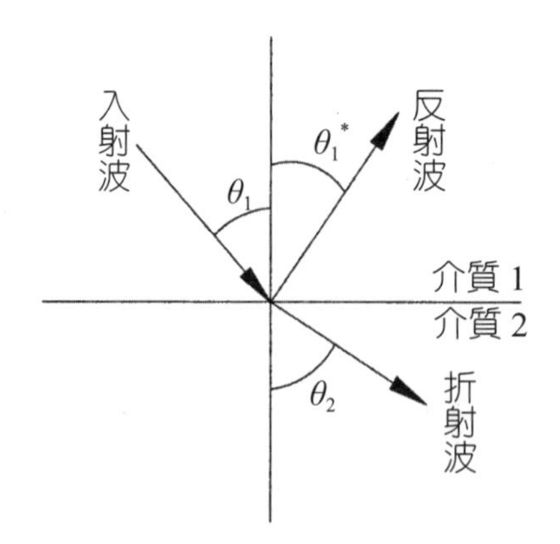

圖 2-4.2　聲波反射和折射

(I) 反射定律：聲波的入射角 θ_1 等於反射角 θ_1^*，即

$$\theta_1 = \theta_1^* \qquad (2\text{-}4.1)$$

圖 2-4.3[39] 顯示聲波於堅硬平的表面反射的示意圖，從圖中可知反射波可視為由與聲源對稱之聲相所發出。

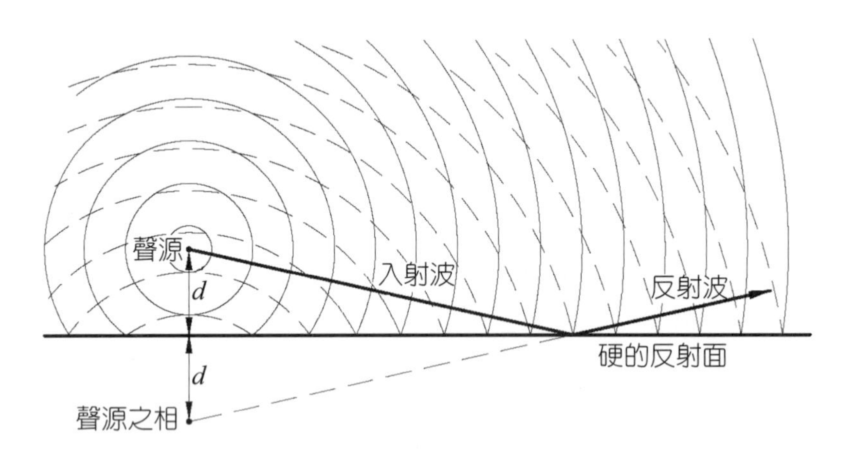

圖 2-4.3　入射波與反射波的示意圖

(II)折射定律：入射角 θ_1 和折射角 θ_2 的正弦值之比等於聲波在兩種介質的聲速比，即

$$\frac{\sin\theta_1}{\sin\theta_2} = \frac{c_1}{c_2} \qquad (2\text{-}4.2)$$

式中 c_1 和 c_2 分別為聲音在介質 1 和 2 的聲速。

在實際中，聲波的折射現象常因溫度梯度而引起的，白天時一般地面溫度較高，上面溫度較低，由聲速和溫度的關係式，溫度隨著高度增加而降低，聲速隨著高度增加而減慢，聲線會向上彎曲，在地面形成**聲影區**（Sound shadow region），在聲影區內聽不到聲音，如圖 2-4.4(a) 所示。在夜晚溫度隨著高度增加而增高，聲速也隨高度增加而加快，聲線會出現向地面彎曲的現象，如圖 2-4.4(b) 所示。晚間聲音傳得比白天遠，就是由於聲波的折射使聲線彎曲造成的。

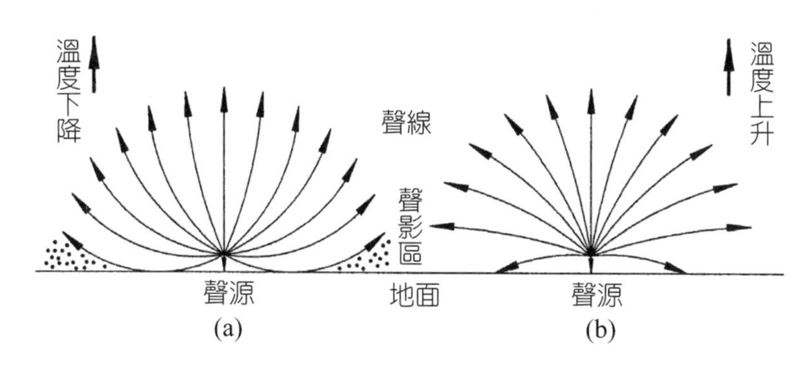

圖 2-4.4　聲波因溫度梯度而引起的折射現象

聲波也會受風速的影響而產生折射現象。空氣中無風時，聲波以聲速 c 傳遞，當聲波傳遞至有風的邊界時，受到風速 v 的作用，會產生折射而沿聲速 c 與風速 v 之向量和的方向以聲速 c_1 或 c_2 傳遞，如圖 2-4.5 所示。隨著高度增加風速增大，聲波會繼續折射，於是在上風處聲波傳遞方向向上彎曲而形成聲影；在下風處與上風處相反，聲波傳遞方向向下彎曲，如圖 2-4.6 所示。

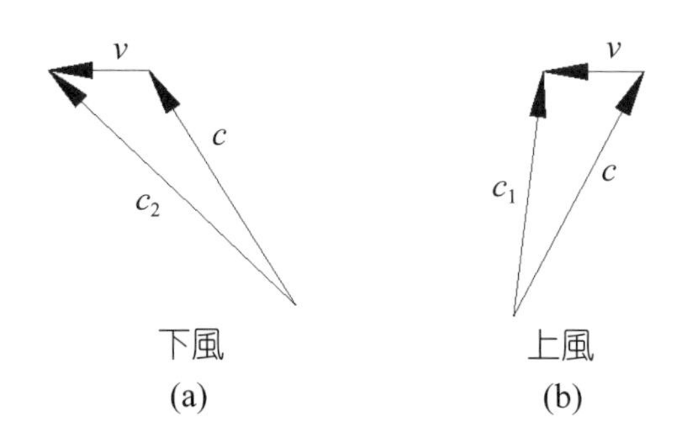

圖 2-4.5　聲波因風速而引起的傳遞方向與速度改變

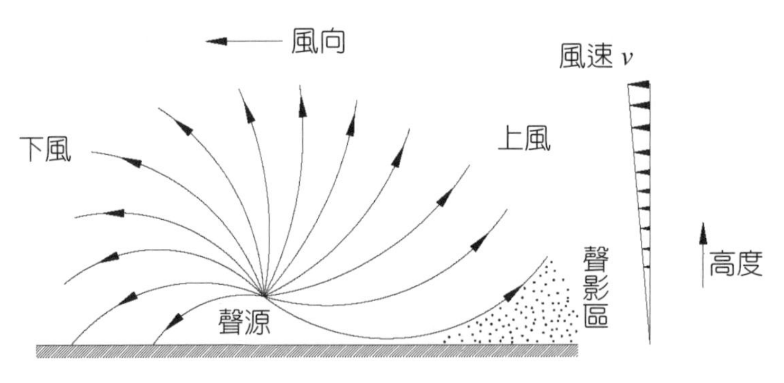

圖 2-4.6　聲波因風速而引起的折射現象

2-4.2 聲波的繞射

聲波在傳播途徑上遇到障礙物時，其中一部分能繞過障礙物的邊緣前進，這種現象稱爲**繞射**（Diffraction）。聲波的反射或繞射與聲波的波長及障礙物的尺寸大小有關。若聲波的波長比障礙物尺寸小很多時，聲波碰到障礙物表面會全部反射回去；若聲波波長大於障礙物的尺寸時，則聲波可繞過障礙物繼續前進，形成繞射現象，此時會在障礙物後方形成聲影區，人只要不站在聲影區內，仍可聽見聲音，如圖 2-4.7 所示，圖中的虛線代表繞射的聲波，實線代表直射的聲波。例如人站在可看到鼓風機的地方，感覺聲音很吵，音調也較高。當鼓風機前放一個障礙物時，聽到的聲音就減弱很多，並且音調也較低，這是因爲高頻的聲音，波長短，容易反射回去；低頻的聲音，波長較長，容易繞過障礙物。

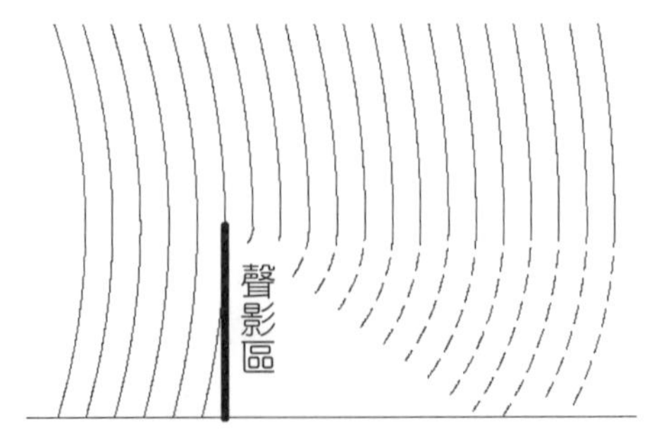

圖 2-4.7　聲波的繞射

如果障礙物有小孔洞，聲波仍然能夠透過小孔擴散而向前傳播，形成孔洞繞射，如圖 2-4.8 所示。

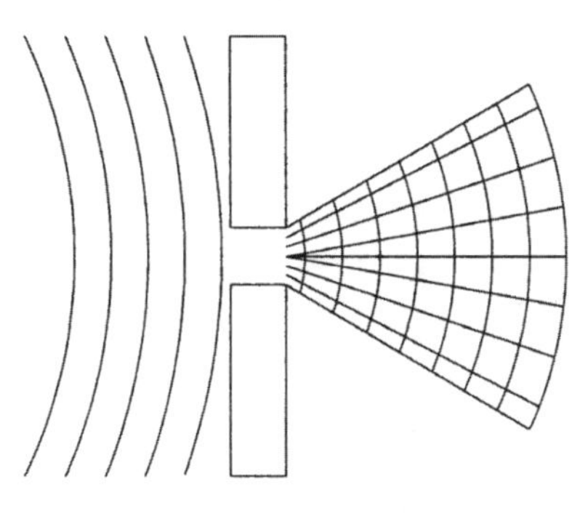

圖 2-4.8　孔洞繞射

2-5 聲位準、振動位準及分貝

2-5.1 分貝

分貝（decibel）之定義爲某一物理量（如聲壓、聲強、加速度等）與其參考量的比值，取以 10 爲底的對數再乘以 10 或 20 之值稱分貝。從人耳剛剛能聽到的聲壓（2×10^{-5} Pa）到人耳感覺有疼痛的聲壓（20 Pa），二者之比爲 100 萬倍（1：10^{6}），二者聲強之比更大（1：10^{12}）。若用聲壓、聲強的絕對值來表示聲音的強弱大小，極不方便。另外，根據大量試驗證明，人耳對聲音的感覺（主觀量）和客觀的物理量（聲壓或聲強）之間並不是線性關係而是對數關係，當聲壓依 10 倍規律變化時，人耳聽起來很像是按它們的對數變化似的。因此，人們引進了**聲位準**（Sound level）或聲級的概念來表示聲音的強弱大小，包含聲強位準（聲強級）、聲壓位準（聲壓級）及聲功率位準（聲功率級）。這些聲位準的共同特點是，取聲強、聲壓和聲功率值和其參考值相比，然後再取以 10 爲底的對數值，再乘以 10 或 20，單位爲分貝（dB）。

2-5.2 聲位準

(1) 聲強位準（Sound intensity level）

聲強位準 L_I 或稱聲強級是聲音的實際聲強 I 與參考聲強 I_0 之比，取以 10 爲底的對數，再乘以 10，單位爲分貝，即

$$L_I = 10 \log_{10} \frac{I}{I_0} \text{，} I_0 = 10^{-12}\ \text{W/m}^2 \qquad (2\text{-}5.1)$$

或寫成

$$L_I = 10 \log_{10} I + 120\ \ (\text{dB}) \qquad (2\text{-}5.2)$$

(2) 聲壓位準（Sound pressure level, SPL）

聲壓位準 L_p 或稱聲壓級是聲音的實際聲壓 p 與參考聲壓 p_0 之比，取以 10 爲底的對數，再乘以 20，單位爲分貝，即

$$L_p = 20 \log_{10} \frac{p}{p_0} \qquad (2\text{-}5.3)$$

$$= 10 \log_{10} \frac{p^2}{p_0^2} \text{，} p_0 = 2 \times 10^{-5}\ \text{N/m}^2 \qquad (2\text{-}5.4)$$

$$L_p = 20 \log_{10} p + 94\ \ (\text{dB}) \qquad (2\text{-}5.5)$$

圖 2-5.1 爲人耳可聽、音樂、人講話的頻率及聲壓位準範圍圖，圖中最小可聽閾曲線表示人耳在各種不同頻率可聽到聲音的最低聲壓位準，而耳膜痛曲

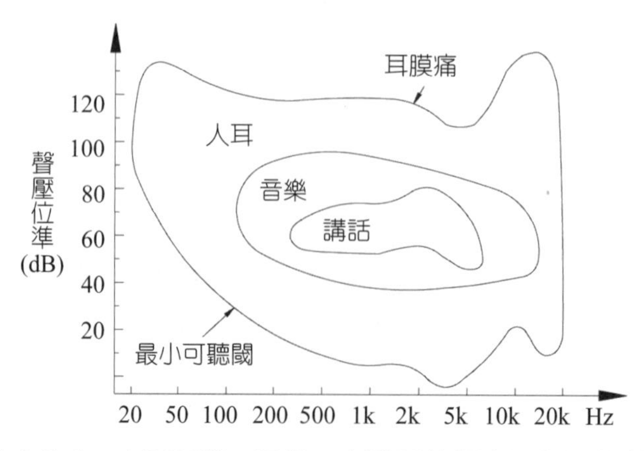

圖 2-5.1 人耳可聽、音樂、人講話的頻率及聲壓位準範圍

線表示聲壓位準若達到或超過此曲線，耳膜會疼痛。值得注意的是 0dB 並不代表沒有聲音。圖 2-5.2 所示爲常見聲音的聲壓與聲壓位準之關係圖。

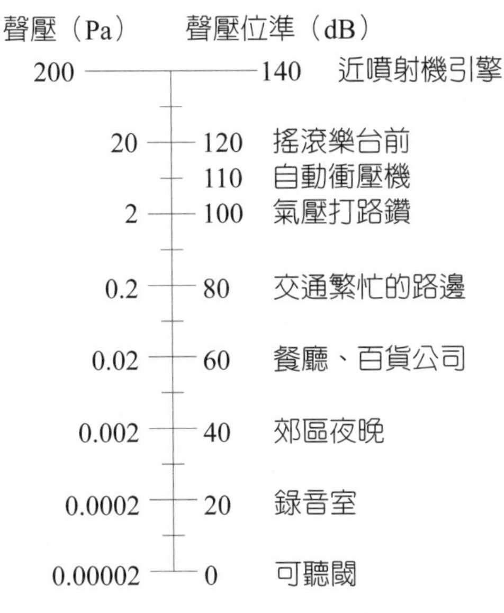

圖 2-5.2　聲壓與聲壓位準之關係

(3) 聲功率位準（Sound power level）

聲功率位準 L_W 或稱聲功率級是聲音的實際功率 W 與參考功率 W_0 之比，取以 10 爲底的對數，再乘以 10，單位爲分貝，即

$$L_W = 10 \log_{10} \frac{W}{W_0} \text{，} W_0 = 10^{-12}\ \text{Watt} \qquad (2\text{-}5.6)$$

或

$$L_W = 10 \log_{10} W + 120\ \ (\text{dB}) \qquad (2\text{-}5.7)$$

注意：在聲強位準和聲功率位準的定義中，對數前面取常數 10，而聲壓位準取常數 20，原因是聲能正比於聲強和聲功率的一次方，而聲能正比於聲壓的平方。另外，從定義可知，若聲壓位準差 10 分貝，則兩者對應的聲壓比爲 3.162 倍，例如 80 分貝聲壓位準的聲壓與 70 分貝聲壓位準之聲壓比爲 3.162。下面以例題說明之。

例題 2-5-1

某噪音若其聲壓增加一倍，求其聲壓位準、聲強位準各增加多少分貝？

設原來噪音之聲壓為 p_1、聲壓位準為 L_{p_1}，代入聲壓位準公式（2-5.5）得

$$L_{p_1} = 20 \log_{10} p_1 + 94 \qquad (1)$$

設噪音之聲壓增加一倍後的聲壓位準為 L_{p_2}：

$$L_{p_2} = 20 \log_{10} 2p_1 + 94 \qquad (2)$$

(2)式減去(1)式，得

$$L_{p_2} - L_{p_1} = 20 \log_{10} 2p_1 - 20 \log_{10} p_1 = 20 \log_{10} 2 = 6$$

$$L_{p_2} = L_{p_1} + 6 \ (\text{dB})$$

即聲壓加倍，聲壓位準增加 6 分貝。

應用聲強 I 與聲壓 p 的關係：

$$I = \frac{p^2}{\rho c}$$

得

$$I_1 = \frac{p_1^2}{\rho c}，I_2 = \frac{p_2^2}{\rho c} = \frac{(2p_1)^2}{\rho c}$$

代入聲強位準公式（2-5.2），得

$$L_{I_1} = 10 \log_{10} \frac{p_1^2}{\rho c} + 120 \qquad (3)$$

$$L_{I_2} = 10 \log_{10} \frac{(2p_1)^2}{\rho c} + 120 \qquad (4)$$

(4)式減去(3)式，得

$$L_{I_2} - L_{I_1} = 10 \log_{10} \frac{(2p_1)^2}{\rho_1^2}$$

可得

$$L_{I_2} = L_{I_1} + 6 \ \text{(dB)}$$

即聲壓加倍，聲強位準也增加 6 分貝。

例題 2-5-2

某聲音的聲壓為 0.2 Pa，求其聲壓位準。

將 $p = 0.2$ 代入公式（2-5.5），解得聲壓位準

$$L_p = 20 \log_{10} (0.2) + 94 = 80 \text{ dB}$$

2-5.3 振動位準

在這裡順便說明一下振動分貝（振動位準、振動級），它包含位移、速度、加速度三種，其定義如下：

(1) 振動位移位準（Vibration displacement level）

$$L_d = 20 \log_{10} \frac{d}{d_0} \ \text{(dB)} \qquad (2\text{-}5.8)$$

式中參考位移 $d_0 = 10^{-11}$ m，d 爲振動位移。

(2) 振動速度位準（Vibration velocity level）

$$L_v = 20 \log_{10} \frac{v}{v_0} \ \text{(dB)} \qquad (2\text{-}5.9)$$

式中參考速度 $v_0 = 10^{-9}$m/s，v 爲振動速度。

(3) 振動加速度位準（Vibration acceleration level）

$$L_a = 20 \log_{10} \frac{a}{a_0} \ \text{(dB)} \qquad (2\text{-}5.10)$$

式中參考加速度 $a_0 = 10^{-6}$ m/s^2，a 爲振動加速度。

值得注意的是振動位準的參考值並不像聲壓位準那樣國際統一，因此在

使用時需特別指出其參考值。測量低頻振動（<100 Hz）時宜選用振動位移位準；測量中頻振動（50～2000 Hz）時選用振動速度位準較佳；對高頻振動（>2000 Hz）採用振動加速度位準最適合。

2-5.4 分貝相加

在噪音測量或研究中常需計算兩個不同分貝值之噪音的和或差。分貝不能直接相加，即 a dB 與 b dB 之和並不等於 (a + b) dB。分貝的相加和相減有公式法及圖表法兩種，在此我們只介紹計算方法而不去推導公式及圖表的由來。

(1) 公式法

設有 n 個噪音其聲壓位準分別爲 $L_{P1}, L_{P2}, \cdots, L_{Pn}$，則總聲壓位準

$$L_{PT} = 10\log_{10}(10^{0.1L_{P1}} + 10^{0.1L_{P2}} + \cdots + 10^{0.1L_{Pn}})\ (\text{dB}) \qquad (2\text{-}5.11)$$

(2) 圖解法

如圖 2-5.3 所示，首先算出兩個噪音聲壓位準之差作爲橫座標，應用此橫座標找出其曲線上對應的縱座標之增量值，再將此增量值加到兩個噪音較高之值上，便是兩噪音的分貝之和。例如 93 dB 的噪音與 90 dB 的噪音相差 3 dB，由圖 2-5.3 對應之增量值爲 1.8 dB，因此，

$$90\ \text{dB} + 93\ \text{dB} = (93 + 1.8)\ \text{dB} = 94.8\ \text{dB}$$

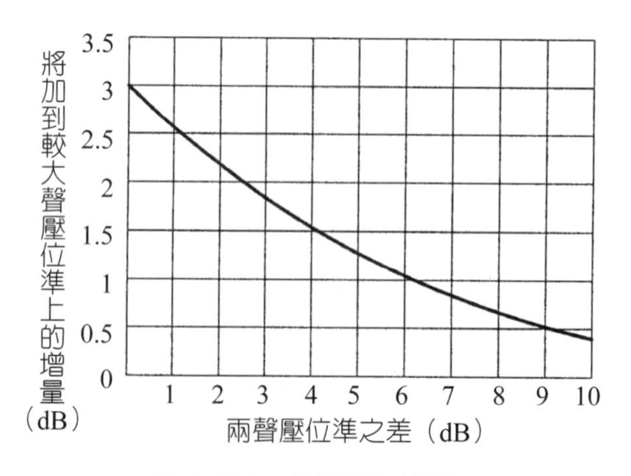

圖 2-5.3　分貝相加增量圖

2-5.5 分貝相減

(1) 公式法

已知兩個噪音的總聲壓位準爲 L_{PT}，一個噪音的聲壓位準爲 L_{P1}，則另一個噪音的聲壓位準 L_{P2}：

$$
\begin{aligned}
L_{P2} &= L_{PT} - \Delta L_T \\
&= L_{PT} + 10\log_{10}[1 - 10^{-0.1(L_{PT} - L_{P1})}]
\end{aligned}
\qquad (2\text{-}5.12)
$$

其中

$$\Delta L_T = -10\log_{10}[1 - 10^{-0.1(L_{PT} - L_{P1})}] \qquad (2\text{-}5.13)$$

(2) 圖解法

如圖 2-5.4 所示，先計算總聲壓位準與一個噪音分貝值之差 $L_{PT} - L_{P1}$ 當作橫座標，求出對應的 ΔL_T，再用 L_{PT} 減去 ΔL_T 便是另一噪音的聲壓位準。

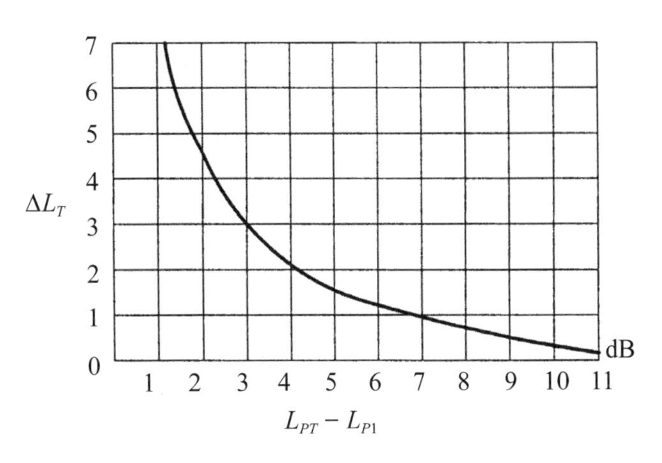

圖 2-5.4　分貝相減差量圖

例題 2-5-3

汽車怠速停止時，打開收音機時車內部的聲壓位準為 85 dB，關掉收音機後聲壓位準為 80 dB，求收音機的聲壓位準。

解

已知 $L_{PT} = 85$ dB，$L_{P1} = 80$ dB

公式法：$L_{P2} = 85 + 10\log_{10}[1 - 10^{-0.1(85-80)}] = 83.2$ dB

圖解法：$L_{PT} - L_{P1} = 5$

由圖 2-5.4 知對應之 $\Delta L_T = 1.8$ dB，所以

$$L_{P2} = 85 - 1.8 = 83.2 \text{ dB}$$

2-6 頻譜分析

傅立葉變換（Fourier Transform）能將時域信號轉換成頻域訊號。對於噪音訊號，進行這種分析尤其重要。因爲不同的聲音，其含有的頻率成分以及各頻率相應幅值（能量）分布是不同的。

將時域聲壓信號 $p(t)$ 經傅立葉變換，變成以頻率爲自變數的函數 $P(f)$，稱爲**頻譜分析**（Spectrum analysis）。頻譜分析能將聲音和汽車的許多元件的參數（如引擎轉速、齒輪嚙合頻率、車身及零組件的自然頻率等）聯繫起來，因此成爲噪音源識別的重要分析方法。

用頻率 f 作橫座標，以 $P(f)$（或對應的聲壓位準）爲縱座標繪成圖，稱爲**頻譜圖**（Frequency spectrum）。各種機器、車輛在運作時都會產生噪音。噪音有強有弱，其出現的形式有連續的，也有間斷式或重覆式的，因此其頻率成分也不同，也就是頻譜也不一樣；聲音的頻譜圖大致上可分成(a)純音：只包含單一頻率，其頻譜圖爲一條與單一頻率對應的線狀譜，如圖 2-6.1(a) 所示。音叉所發出的聲音即爲純音；(b) 週期性聲音：如果聲音不是純音，但還是週期性的，則其頻譜爲一系列的線狀譜，譜線與譜線之間的頻率差相等，如圖 2-6.1(b) 所示；(c) 噪音：其頻譜爲連續譜（包含各種頻率成分），如圖 2-6.1(c) 所示；(d) 最後是噪音中包含一個很強的純音，其頻譜爲複合譜：即連續譜加上一個純音譜線，如圖 2-6.1(d) 所示。例如：當汽車車廂密封材料某處有小孔時，高速空氣亂流將形成**哨音**（Whistle），有時會比平均背景噪音高出 10 dB。

可聽聲的頻率範圍從 20 Hz 到 20,000 Hz，有 1,000 倍的變化範圍。爲了

方便，人們把一個寬廣的聲頻範圍分成若干個頻段，稱爲頻帶。頻譜分析中因頻帶寬度的劃分方法不同而常分成：

1. 八音度（Octave）分析。
2. **1/3** 八音度（1/3-Octave）分析。
3. **1/12** 八音度（1/12-Octave）分析。
4. **恆定百分比帶寬**（Constant Percentage Bandwidth，簡稱 CPB）分析。
5. **恆定帶寬**（Constant Bandwidth）分析。

下面分別說明之：

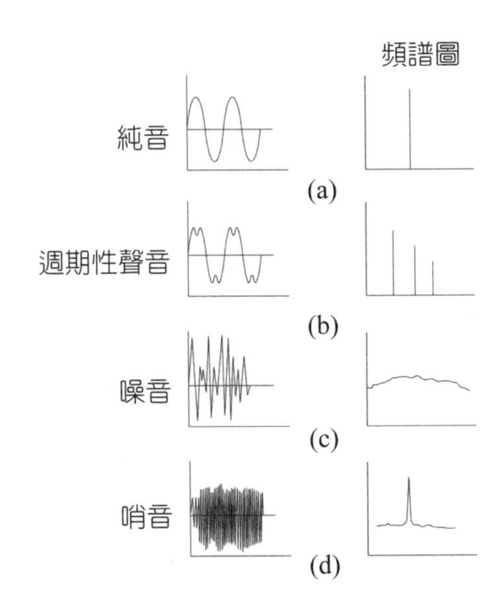

圖 2-6.1　常見聲音頻譜圖形式

2-6.1 八音度分析

八音度（Octave）或稱倍頻程，這一名詞是從音樂中借用而來。例如鋼琴的中音 C，到下一個音階（高八度）的 C，其頻率比正好是兩倍（2^1），稱爲一個八音度。將一個八音度分爲 3 分，每一分叫做 1/3 八音度或 1/3 倍頻程。將一個八音度分爲 12 分，每一分叫做 1/12 八音度或 1/12 倍頻程。圖 2-6.2 中以鋼琴 C 大調爲例，標出了八音度、1/3 八音度以及 1/12 八音度的劃分及其頻率。

八音度分析中每個頻帶的上限頻率 f_2 和下限頻率 f_1 之比爲常數，其關係滿足

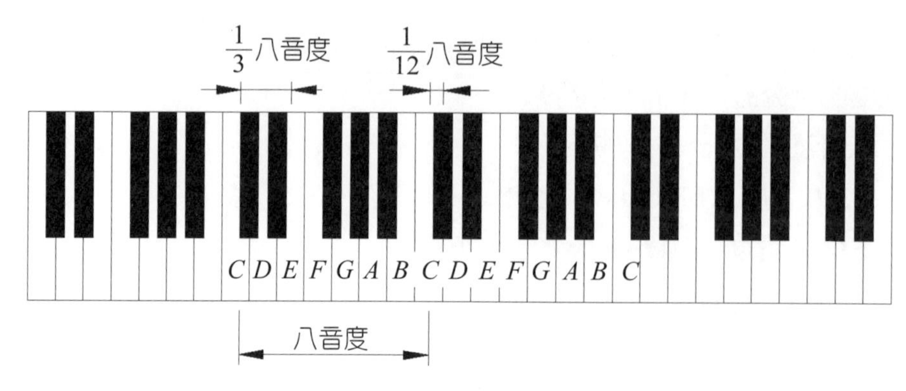

圖 2-6.2 鋼琴的八音度

$$f_2 = 2^n f_1 \quad (2\text{-}6.1)$$

其中 n 爲八音度數，例如

$n = 1$，爲八音度

$n = 1/3$，爲 1/3 八音度

$n = 1/12$，爲 1/12 八音度

頻帶的中心頻率 f_c 爲上、下限頻率的幾何平均值，即

$$f_c = \sqrt{f_1 f_2} = 2^{n/2} f_1 = 2^{-n/2} f_2 \quad (2\text{-}6.2)$$

頻帶寬度 BW 爲

$$BW = f_2 - f_1 = (2^{n/2} - 2^{-n/2}) f_c = \beta f_c \quad (2\text{-}6.3)$$

由此可知：

對八音度，$n = 1$，$\beta = 0.707$

對 1/3 八音度，$n = 1/3$，$\beta = 0.231$

對 1/12 八音度，$n = 1/12$，$\beta = 0.0578$

表 2-6.1 中列出**國際標準化組織**（ISO）規定的八音度、1/3 八音度各頻帶的上、下限頻率和中心頻率。從表 2-5.1 中可知，對八音度而言，各相鄰頻帶的中心頻率及上、下限頻率及帶寬在忽略極小的誤差下，皆滿足 2^1 倍；而對 1/3 八音度滿足 $2^{1/3}$ 倍。例如以中心頻率 1000 Hz 的八音度頻帶爲例，中心頻率和相鄰的中心頻率之比爲 $2000/1000 = 2^1$，上限頻率之比爲 $2825/1414 \approx 2^1$，下限頻率之比爲 $1414/707 = 2^1$，帶寬比 $(2825 - 1414)/(1414 - 707) \approx 2^1$。

表 2-6.1　八音度與 1/3 八音度的中心頻率及上、下限頻率

八音度頻率範圍（Hz）			1/3八音度頻率範圍（Hz）		
下限頻率 f_1	中心頻率 f_c	上限頻率 f_2	下限頻率 f_1	中心頻率 f_c	上限頻率 f_2
			18	20	22
			22	25	28
22	31.5	44	28	31.5	35
			35	40	44
			44	50	57
44	63	88	57	63	71
			71	80	88
			88	100	113
88	125	176	113	125	141
			141	160	176
			176	200	225
176	250	353	225	250	283
			283	315	353
			353	400	440
353	500	707	440	500	565
			565	630	707
			707	800	880
707	1000	1414	880	1000	1130
			1130	1250	1414
			1414	1600	1760
1414	2000	2825	1760	2000	2250
			2250	2500	2825
			2825	3150	3530
2825	4000	5650	3530	4000	4400
			4400	5000	5650
			5650	6300	7070
5650	8000	11300	7070	8000	8800
			8080	10000	11300
			11300	12500	14140
113000	16000	22500	14140	16000	17600
			17600	20000	22500

2-6.2 恆定百分比帶寬分析

當帶寬與中心頻率的比值爲恆定百分比，稱恆定百分比帶寬，即

$$百分比 = \frac{BW}{f_c} \times 100\% = 常數$$

這種分析方法的優點是分析簡單、明瞭、頻率範圍大；缺點是隨著中心頻率的增加，帶寬也增加，因此在高頻的分辨率較低。

n 八度音分析也是恆定百分比帶寬分析的一種，從方程（2-6.3）可知其百分比爲

$$(2^{n/2} - 2^{-n/2}) \times 100\%$$

2-6.3 恆定帶寬分析

此種分析法帶寬恆定，與頻帶所處的頻率高低無關。這種分析方法只適用於作頻譜範圍較窄的窄帶分析。

對於同樣的噪音，不同的分析方法得出的頻譜也不同。帶寬分得越細，則頻譜分析越精細，但所需設備越昂貴，所花時間也越多。噪音控制工程中最常用的是八音度和 1/3 八音度分析。圖 2-6.3 是某音樂的八音度頻譜圖，而圖 2-6.4 爲另一音樂的 1/3 八音度頻譜圖。

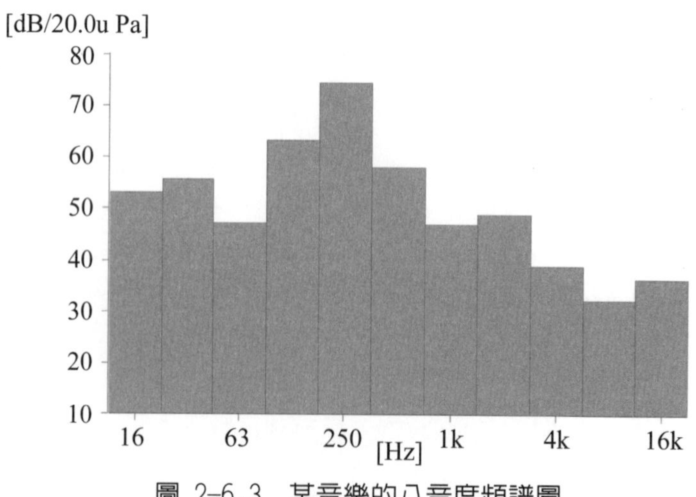

圖 2-6.3　某音樂的八音度頻譜圖

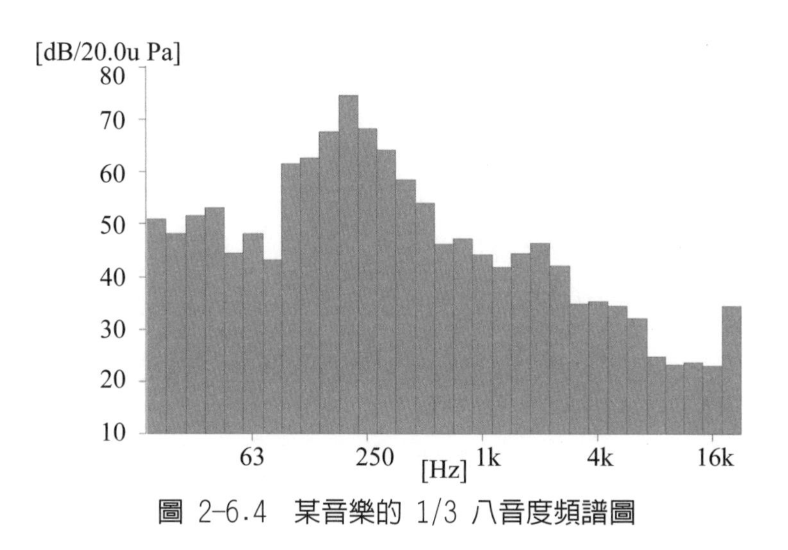

圖 2-6.4　某音樂的 1/3 八音度頻譜圖

例題 2-6-1

求八音度頻譜圖中，中心頻率 2000 Hz 頻帶之左、右鄰頻帶的中心頻率。

已知中心頻率 $f_c = 2000$ Hz、$n = 1$

左鄰頻帶之中心頻率 $f_{c1} = 2000/2^1 = 1000$ Hz

右鄰頻帶之中心頻率 $f_{c2} = 2000 \times 2^1 = 4000$ Hz

例題 2-6-2

求 1/12 八音度頻譜圖中，中心頻率為 500 Hz 之頻帶的上、下限頻率。

已知中心頻率 $f_c = 500$ Hz、$n = 1/12$，應用方程（2-5.2）可得下限頻率 f_1、上限頻率 f_2：

$$f_1 = 2^{-n/2} f_c = 500 \times 2^{-1/24} = 486 \text{ Hz}$$

$$f_2 = 2^{n/2} f_c = 500 \times 2^{1/24} = 515 \text{ Hz}$$

2-7 指向特性 [2]

實際的噪音源是不均勻地向周圍各方向輻射噪音的。例如，汽車在行駛過程中，汽車各方向上的噪音強度並不完全相同，就是汽車的喇叭聲都有指向性。爲此在量測汽車車內噪音時，對**麥克風**（Microphone）的安裝方向特別講究。爲了模擬人耳，通常是將麥克風裝在一個**人偶**（Dummy）的耳朵內，讓人偶坐在司機位置或乘客座位進行測量。

一個聲源的指向性，可用**指向性因子**（Directivity factor）和**指向性指標**（Directivity index）來描述。

(1) 指向性因子

指向性因子 Q 之定義爲：距聲源某一距離和角度的聲強 I_θ 與同一聲源均勻向四周輻射時在該點上的聲強 I 之比，即

$$Q=\left(\frac{I_\theta}{I}\right)_{r=r_1}=\left(\frac{p_\theta^2}{p^2}\right)_{r=r_1} \qquad (2\text{-}7.1)$$

其中 I_θ 和 p_θ 分別爲距離聲源爲 r_1，角度爲 θ 的點的聲強和聲壓；I 和 p 分別爲相同聲功率的聲源在半徑爲 r_1 的球面上的平均聲強和聲壓。

(2) 指向性指標

指向性指標 DI 的定義爲

$$DI=10\log_{10}Q=10\log_{10}\frac{p_\theta^2}{p^2}=L_{p_\theta}-L_p\ \text{(dB)} \qquad (2\text{-}7.2)$$

式中 L_{p_θ} 是距離爲 r_1，角度爲 θ 的點的聲壓位準；L_p 是半徑爲 r_1 的球面上的平均聲壓位準。

指向性指標給出了實際聲源在某一方位上的聲壓位準 L_{p_θ} 比相同聲源在各方向均勻傳播時在同一點的聲壓位準高出多少 dB。

表 2-7.1 給出了聲源在不同邊界條件下的指向性因子和指向性指標。

表 2-7.1　指向性因子及指向性指標

聲源位置	指向性因子	指向性指標	
自由聲場	1	0	$L = L_p$
平面上	2	3	$L = L_p + 3$ dB
兩平面交接處	4	6	$L = L_p + 6$ dB
三平面交點	8	9	$L = L_p + 9$ dB

2-8 聲波傳至板狀物的特性 [2]

工程師必須清楚地瞭解聲波的傳播特性，才能採取有效措施減少從車廂外傳至車廂內的噪音。因為車廂由若干**薄板**（Panel）組成，為此我們提出如下問題：當聲波在傳播過程中碰上一塊薄板時會發生什麼現象？如圖 2-8.1 和圖 2-8.2 所示，下列現象會發生：

1. 一部分聲波被吸收。
2. 一部分聲波被反射。
3. 一部分聲波會穿透過板傳向板的另一邊。

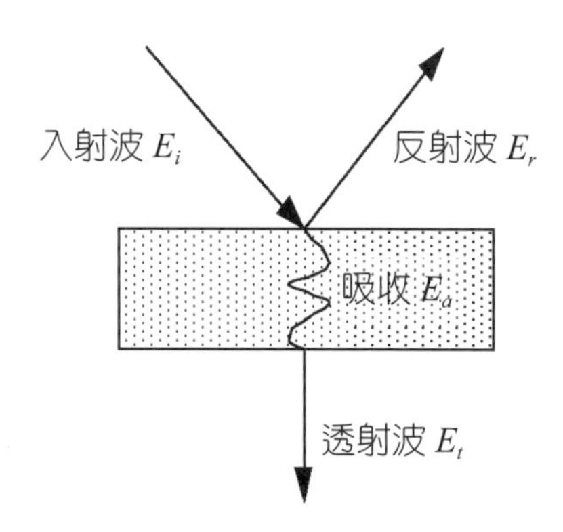

圖 2-8.1　聲波的入射、反射、吸收及透射

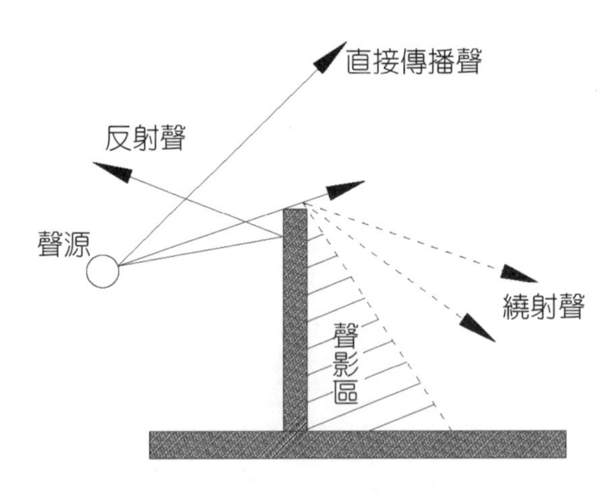

圖 2-8.2　聲波遇到障礙物

4. 如板有小洞，聲波會穿過小洞形成哨音。

5. 在板的邊緣，聲波會發生繞射，如圖 2-8.2 所示。

2-8.1 聲波的吸收

當聲波入射到板上時，一部分聲能會被板吸收。板吸收聲能的能力用**吸音係數**（Absorption coefficient）表示。

吸音係數 α 的定義爲吸收聲能與入射聲能之比：

$$\alpha = \frac{E_a}{E_i} = \frac{I_a}{I_i} \tag{2-8.1}$$

式中 E_a 爲吸收的聲能； E_i 爲入射的聲能；I_a 爲吸收的聲強；I_i 爲入射的聲強。

吸音係數是無因次量，其値在 0 至 1 之間。吸音係數越大，表示材料吸音性能越好。

車室內部的內飾都在表面裝吸音係數大的吸音材料，特別是對毛毯、車頂內飾、密封材料的吸音特性提出了種種的改善方案，以達到增大吸音效果的目的。

材料的吸音係數可用駐波管測定。

2-8.2 聲波的反射

聲波入射到板上，一部分聲能被反射回去。板反射能力的大小用**反射係數**（Reflection coefficient）β 表示：

$$\beta = \frac{E_r}{E_i} = \frac{I_r}{I_i} \tag{2-8.2}$$

式中 E_r 和 I_r 分別爲反射聲能與反射聲強。反射係數也是無因次量，其值介於 0 與 1 之間。

2-8.3 聲波的透射

聲波入射到板上，除了部分聲能被吸收和反射外，一部分聲能會穿透過板到達板的另一邊，此現象稱爲透射。汽車的空氣傳音（Airborne noise）（引擎燃燒爆炸聲、排氣噪音、胎紋噪音，空氣流經汽車表面產生的噪音等）傳至車廂壁時，一部分會透射至車內。爲此必須提高車廂板的隔音能力，以達到隔音效果的目的。

板透射聲波的能力用**透射係數**（Transmission coefficient）τ 來表示，它是透射過板的聲能與入射聲能之比，也是一個無因次量，其值介於 0 與 1 之間，可表示爲

$$\tau = \frac{E_t}{E_i} = \frac{I_t}{I_i} \tag{2-8.3}$$

式中 E_t 爲透射聲能；I_t 爲透射聲強。

透射係數的大小反映了材料隔音能力的高低。透射係數越小，則隔音性能越好。

2-8.4 聲波的傳聲損失

由於透射係數較小，使用起來不太方便，因此人們常採用透射係數 τ 的倒數並取對數，稱爲**傳聲損失**（Transmission Loss）TL，來表示聲音透過隔板後，聲壓位準降低多少或隔音量的大小，其單位爲分貝。傳聲損失的表達式爲

$$TL = 10\log_{10}\frac{1}{\tau} \qquad (2\text{-}8.4)$$

例如，某一隔音牆在頻率 1000 Hz 的透射係數 $\tau = 0.002$，則其傳聲損失或隔音量爲

$$TL = 10\log_{10}\frac{1}{0.002} = 27 \text{ dB}$$

有界均勻板的傳聲損失用圖解表示在圖 2-8.3 中。圖上有四個具有普遍意義的區域，它們是：剛度控制區、共振控制區、質量控制區和**吻合控制區**（Coincidence control region）。工程師應對此有充分理解，方能在「汽車隔音降噪」中正確使用材料。

從圖 2-8.3 可見，在頻率很低時，傳聲損失主要由材料的剛度所控制。一般來說，在此頻段，材料的剛度越大，傳聲損失就越大。

當頻率正好在共振控制區域時，應增加材料的阻尼才能提高傳聲損失。

當頻率高於共振頻率時，傳聲損失取決於材料的質量，此時質量越大和頻率越高，傳聲損失也越大。當頻率不變，板的密度提高一倍，傳聲損失將增加 6 dB；若板的密度不變，頻率提高一個八音度，傳聲損失將增加 6 dB，這

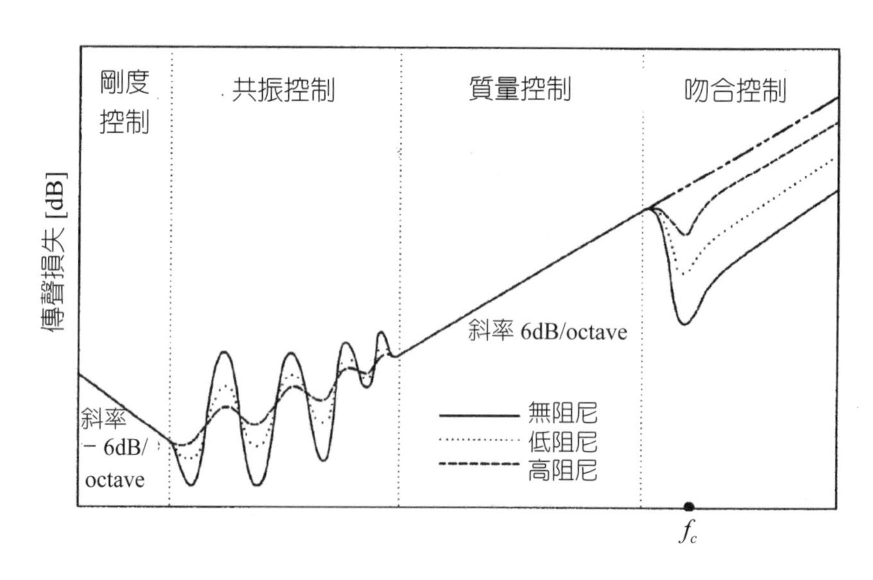

圖 2-8.3 有界壁板的傳聲損失

就是所謂的**質量定律**（Mass law），這段頻率區域稱爲質量控制區。當頻率超過這一範圍後，由於質量效應與彎曲剛度效應相互抵消，結果阻抗極小，使得聲波很容易地穿過薄板而到達另一側，使傳聲損失在某一頻率下迅速下降，形成傳聲損失曲線上的低谷。這一頻率稱爲**吻合頻率**（Coincidence frequency）f_c，而這種現象稱爲**吻合效應**（Coincidence effect）。最後，在高頻下，隨著阻尼和剛度的增加，傳聲損失增加。

吻合效應的產生爲當聲波以一定的角度入射到板件表面時，聲波某一頻率與其激發的板件彎曲振動吻合時，板件的彎曲振動及聲輻射均極大，因而隔音量極小，傳聲損失下降。

2-9 拍與駐波

2-9.1 拍

兩聲波在聲場中相遇時可能發生兩種現象：拍和駐波現象。

設兩個聲波具有相同的聲壓幅值，但頻率不同（例如車前的兩個冷卻風扇發出的噪音）。如果頻率彼此接近，則這兩個聲波相遇時會產生**拍**（Beat）現象。將兩個聲波在相遇處的聲壓分別表示成

$$p_1 = p_0 \sin \omega_1 t$$

$$p_2 = p_0 \sin \omega_2 t$$

利用疊加原理，其合成聲壓爲

$$\begin{aligned} p &= p_1 + p_2 \\ &= 2\,p_0 \sin \frac{\omega_1 + \omega_2}{2}\, t \cdot \cos \frac{\omega_1 - \omega_2}{2}\, t \\ &= 2\,p_0 \sin 2\pi \frac{f_1 + f_2}{2}\, t \cdot \cos 2\pi \frac{f_1 - f_2}{2}\, t \end{aligned} \qquad (2\text{-}9.1)$$

合成聲波的振幅不是固定的，而是週期性變化的，這種現象在聲學中稱爲拍。這種聲音聽起來時大時小，由正弦函數項決定，其頻率爲 $(f_1 + f_2)/2$。而聲音重複的頻率由餘弦函數項決定，看起來好像其頻率爲 $(f_1 - f_2)/2$，但因受正弦

函數項的影響，其頻率爲 $f_1 - f_2$ 稱爲**拍頻**（Beat frequency）。其證明如下：

當餘弦函數項爲 $\pi/2$ 的奇數倍時其值爲 0，即方程（2-9.1）中之

$$2\pi \frac{f_1 - f_2}{2} t = \frac{(2n-1)\pi}{2} \quad (n = 1, 2, \cdots) \tag{2-9.2}$$

時，可解出第 n 個零值的時刻爲

$$t_n = \frac{2n-1}{2(f_1 - f_2)} \quad (n = 1, 2, \cdots) \tag{2-9.3}$$

如圖 2-9.1 之拍的週期 T 爲兩個相鄰餘弦函數值爲 0 點之時間差，即

$$\begin{aligned} T &= t_{n+1} - t_n \\ &= \frac{2(n+1)-1}{2(f_1 - f_2)} - \frac{2n-1}{2(f_1 - f_2)} \\ &= \frac{1}{f_1 - f_2} \end{aligned} \tag{2-9.4}$$

所以拍頻 f_b：

$$f_b = \frac{1}{T} = f_1 - f_2 \tag{2-9.5}$$

如圖 2-9.1(a) 爲 20 Hz 與 22 Hz 的兩個純音，峰值聲壓同爲 0.5 Pa 相遇而產生的波形圖；圖 2-9.1(b) 則爲這兩純音所產生的拍現象，從圖中可知聲音聽起來時大時小，這聲音的頻率爲 (22 + 20)/2 = 21 Hz，而拍頻 f_b = 22 − 20 = 2 Hz。當兩個聲音聲壓不同時所產生的拍現象不會有聲壓爲零的時刻。圖 2-9.2 所示爲 20 Hz 峰值聲壓爲 0.8 Pa 與 22 Hz 峰值聲壓爲 0.5 Pa 的兩個純音相遇而產生的拍波形圖。汽車內發現拍這種聲音，一定是由兩個頻率比較接近的聲源或振動所引起的，應設法找出根源加以排除。

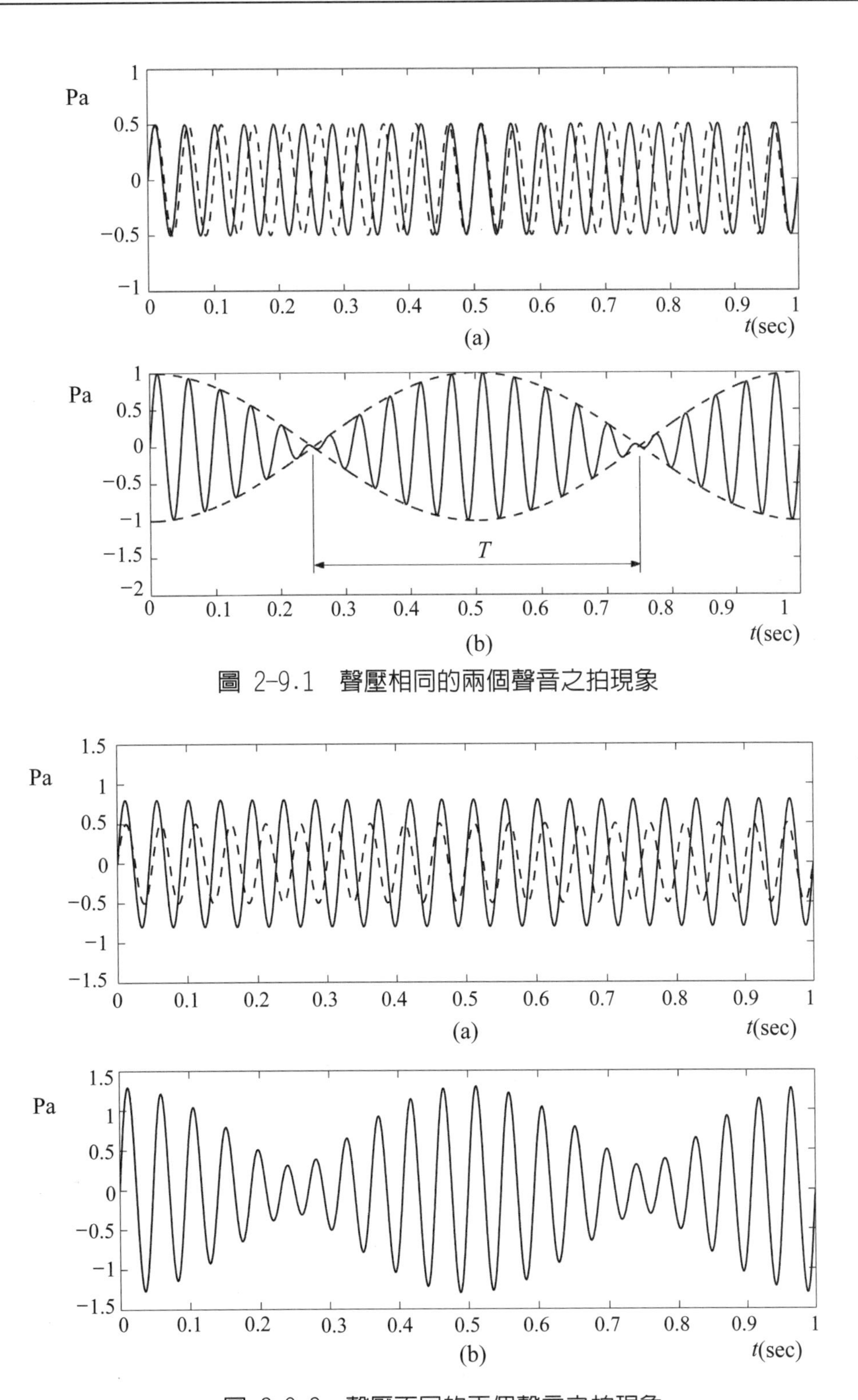

圖 2-9.1　聲壓相同的兩個聲音之拍現象

圖 2-9.2　聲壓不同的兩個聲音之拍現象

2-9.2 駐波

當具有相同頻率的兩個聲波以相反方向傳播時（例如一個聲波與從牆壁反射回來的聲波相遇時），在聲場中會產生**駐波**（Standing wave）。將聲源處的聲壓表示成

$$p = A \sin \omega t \quad (2\text{-}9.6)$$

聲波傳到離聲源距離 x 處，所需的時間爲 $\tau = x/c$，其中 c 爲聲速。可見離聲源 x 處聲壓的時間將落後 τ。因此，離聲源 x 處的聲壓可表示成

$$p = A \sin \omega \left(t - \frac{x}{c}\right) \quad (2\text{-}9.7)$$

引入**波數**（wave number）k：

$$k = \frac{\omega}{c} = \frac{2\pi f}{c} = \frac{2\pi}{\lambda} \quad (2\text{-}9.8)$$

則方程（2-9.7）可寫成

$$p = A \sin(\omega t - kx) \quad (2\text{-}9.9)$$

波數的物理意義爲在單位長度的距離上，所含有波長爲 λ 之波的數目。圖 2-9.3(a) 所示爲在某一時刻 t_0 之聲壓沿距離 x 分布的情形；圖 2-9.3(b) 爲距聲源 x 處之聲壓隨時間的變化情形。

當具有相同頻率的兩個聲波沿反方向傳到同一點時，合成聲壓爲

$$p = A \sin(\omega t - kx) + A \sin(\omega t + kx) = 2A \cos kx \sin \omega t \quad (2\text{-}9.10)$$

可見，當

$$x = \frac{2n-1}{4}\lambda \ (n = 1, 2, \cdots) \quad (2\text{-}9.11)$$

時，合成聲壓爲零，該點稱爲**波節**（Node）。當

$$x = \frac{2n}{4}\lambda \ (n = 1, 2, \cdots) \quad (2\text{-}9.12)$$

時，合成聲壓爲最大值，該點稱爲**波腹**（Antinode）。空間中各點聲壓隨時間作正弦變化，這種現象稱爲駐波，如圖 2-9.4 所示。

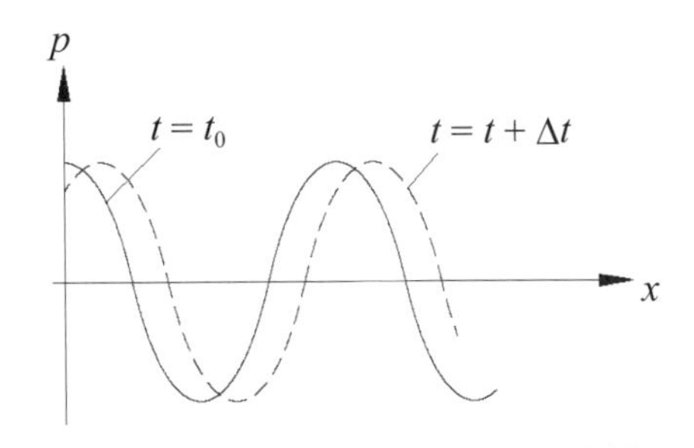

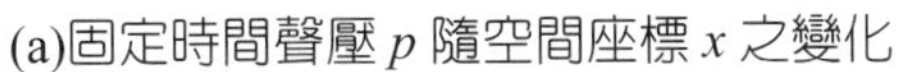
(a)固定時間聲壓 p 隨空間座標 x 之變化

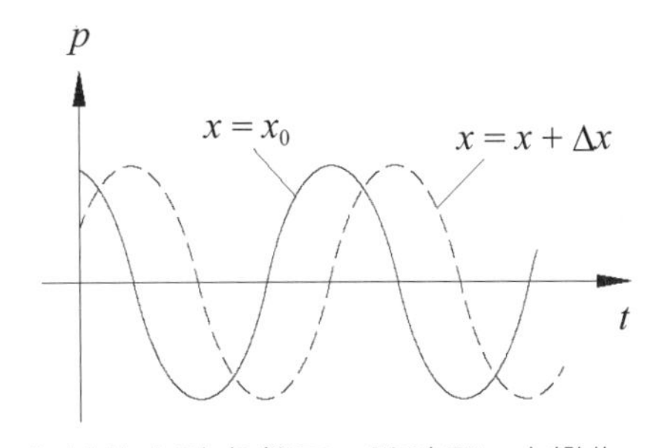

(b)在某些定點處聲壓 p 隨時間 t 之變化

圖 2-9.3　聲壓 p 隨時間 t 及座標 x 變化之波形圖

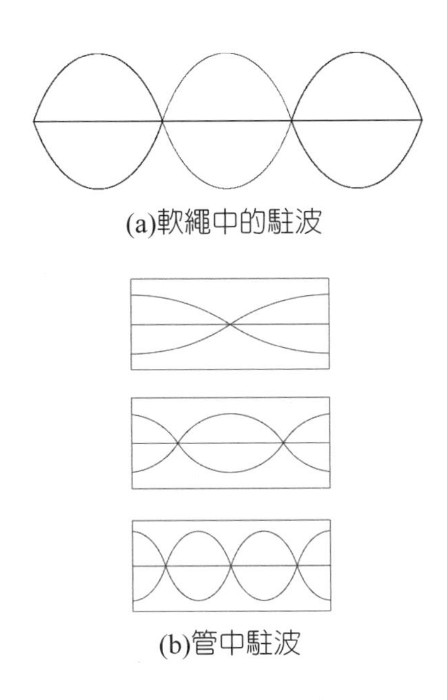

(a)軟繩中的駐波

(b)管中駐波

圖 2-9.4　駐波

2-10　都普勒效應

當聲源與聽者有相對運動時，聽者所聽到聲音的頻率與聲源的頻率不相同，這種現象稱為**都普勒效應**（Doppler effect）。當兩者互相接近時聽者會感覺頻率升高；反之當兩者互相遠離時，聽者會感覺頻率降低。這是兩者互相接近時，壓縮了聲波波峰間的距離，使波長變短、頻率升高；當兩者互相遠離時，波峰間的距離增加，波長加大、頻率降低。例如人站在路邊，此人會感覺一部疾駛過來的汽車其喇叭聲的頻率越來越高，當汽車經過此人後頻率就越來越低。

設聲源的頻率 f，以相對速度 v 趨近於一聽者，在一個週期 T 內聲波行進的距離為 $c \cdot T$，於此同時，聲源前進的距離為 $v \cdot T$，因此兩個相鄰波峰的距離即波長為

$$\lambda_d = cT - vT = \frac{c - v}{f} \qquad (2\text{-}10.1)$$

於是聽者感覺的頻率 f_d：

$$f_d = \frac{c}{\lambda_d} = \frac{f_c}{c - v} = \frac{f}{1 - v/c} \qquad (2\text{-}10.2)$$

當聲源趨近於聽者時 v 取正值，頻率升高；當聲源遠離聽者時 v 取負值，頻率降低。

例題 2-10-1

高鐵列車以時速 200 km/h 行駛，發出 500 Hz 的聲音，求此車趨近和遠離時，一個靜止於地面的人所聽到的聲音的頻率。

列車速率

$$v = 200\ \text{km/h} = 200000\ \frac{\text{m}}{\text{h}} \times \frac{\text{h}}{3600\text{s}} = 55.6\ \text{m/s}$$

聲速 $c = 345$ m/s，列車接近時，人感覺聲音頻率為

$$f_d = \frac{f}{1 - v/c} = \frac{500}{1 - 55.6/345} = 596\ \text{Hz}$$

列車遠離時，人感覺聲音頻率為

$$f_d = \frac{500}{1 - (-55.6/345)} = 430\ \text{Hz}$$

2-11　共鳴

聲音的共振現象稱共鳴。例如：我們將兩個相同的音叉 A 及 B，放在距離不遠的地方並使它們的開口端互相正對著。這時我們敲擊其中的音叉 A，並讓它振動幾秒後使其停止振動，這時我們可聽到音叉 B 發出聲音，其原因爲音叉 A 和 B 具有相同的自然頻率。音叉 A 先振動，聲音經由空氣的傳遞至音叉 B，激起音叉 B 的強迫振動，由於音叉 A 和 B 自然頻率相同會產生共振現象，使得音叉 B 的振幅達到最大值而發出聲音。

我們常利用共鳴現象來增加聲音的響度，例如：在音叉的旁邊放一個木箱，此木箱構成一個空氣室，它的自然頻率與音叉的振動頻率相應。音叉振動產生的聲音會引起木箱的共鳴，而發出響亮的聲音，此種音箱稱共鳴室或共鳴箱。許多弦樂器（如二胡、琵琶）的琴身和琴筒都有共鳴箱的作用。

2-12　聲阻抗與電路類比

2-12.1　聲阻抗

聲阻抗（Sound impedance）是描述聲輻射及聲場特性的重要參數。聲阻抗 Z 之定義爲

$$Z = \frac{p}{U} \tag{2-12.1}$$

其中 p 爲聲壓；U 稱爲**體積速度**（Volume velocity），它是聲源表面振動速度 v 和表面積 S 的乘積，即

$$U = vS \tag{2-12.2}$$

因 p 和 U 通常不同相位，故聲阻抗爲複數，可寫成

$$Z = R + jX \tag{2-12.3}$$

實部 R 稱爲**聲阻**（Resistance），虛部 X 稱爲**聲抗**（Reactance），而 $j = \sqrt{-1}$。

聲阻抗可想像成是聲波運動的阻力，一個系統的聲阻抗包含兩部份；一個是消耗能量的分量稱爲聲阻，聲阻的大小與頻率無關；另一個是儲存能量的分量稱爲聲抗，其儲存能量的大小與頻率有關。聲阻利用摩擦將動能轉換成熱能；而聲抗則藉由系統的彈性將動能轉變成位能儲存，而達到阻礙運動的目的，聲抗包含**質量抗**（Mass reactance）及**順抗**（Compliance reactance）。因聲阻和頻率無關，而聲抗和頻率有關，故兩者不同相位，而聲阻抗便是兩者之和。聲阻代表聲能量從一處向另外一處傳播的損耗。聲抗反映聲源部份能量激發周圍介質的振盪，它將能量儲存後再釋放回聲源，因此這部份的能量不對外輻射聲能。以下簡介聲阻和聲抗的性質：

1. 聲阻和速度同相位。
2. 順抗相位落後聲阻 90°；質量抗相位領先聲阻 90°，故順抗與質量抗反向，當一個儲存能量時，另一個則釋放能量。順抗 X_c：

$$X_c = \frac{1}{\omega c} = \frac{1}{2\pi fc} \tag{2-12.4}$$

式中 c 爲柔度、ω 爲圓頻率、f 爲頻率，順抗的單位爲**聲歐姆**（acoustic ohm）。質量抗 X_m：

$$X_m = \omega m = 2\pi fm \tag{2-12.5}$$

式中 m 爲質量。從方程（2-12.4）與（2-12.5）可知順抗和頻率成反比，而質量抗和頻率成正比。在低頻時質量抗很小，順抗很大，如圖 2-12.1(a) 所示；在高頻正好相反，質量抗很大，順抗很小，如圖 2-12.1(b) 所示。當 $X_c = X_m$ 時，因順抗與質量抗反相，故兩者互相抵消，此時只有聲阻 R，如圖 2-12.1(c) 所示。

在研究空間聲場時，體積速度 U 較不明確，通常改用質點振動速度 v 來代替 U，此時聲壓 p 和 v 的比值稱爲**特定聲阻抗**（Specific sound impedance）Z_s：

$$Z_s = \frac{p}{v} \tag{2-12.6}$$

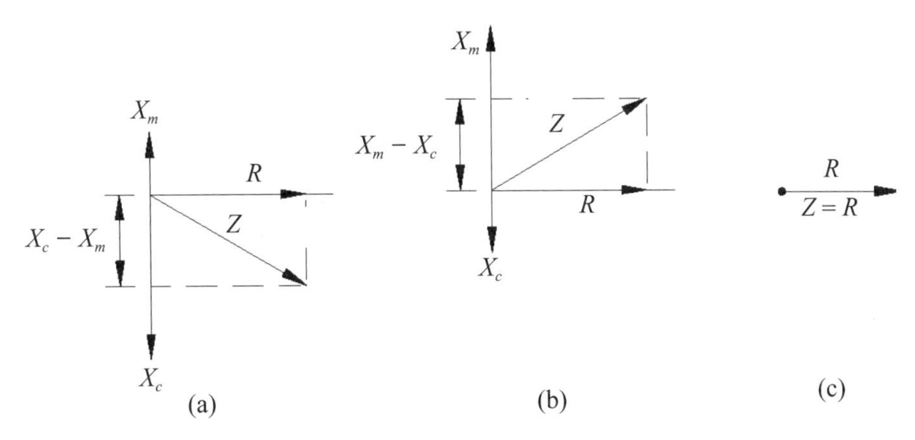

圖 2-12.1　質量抗、順抗及聲阻之相位關係

特定聲阻抗也是複數。對平面聲場而言，各位置的聲阻抗皆爲實數，即 $Z = R$，稱爲特性阻抗，它是某一點介質密度與聲速的乘積，聲阻抗皆爲實數表明在平面聲場中，各位置都沒有能量的儲存，聲能可以從一個位置完全地傳播到下一個位置。

2-12.2 阻抗匹配

當力施於一個彈性系統時，能量從驅動器（Driver）傳至彈性系統負載，對振動系統而言會產生強迫振動，當驅動器的阻抗與負載的阻抗相同時，會有最大的能量從驅動器傳至負載。對振動系統而言，即當振動源的阻抗等於彈性系統的阻抗時，能量的傳遞會達到最佳化。在自然頻率振動時，系統的阻抗最小，能量傳遞最大。同理，當兩個不同介質的阻抗很接近時，即阻抗匹配時，聲波傳至介面時，大部分的波都會透射進去，只有極少部分反射；若兩個不同的介質阻抗相差很大，即阻抗不匹配時，此時大部分的入射波都會反射回去。

2-12.3 電路類比

應用聲學、機械和電學阻抗的相似性，可將振動系統和聲學系統化成等效電路求解，這對研究電聲系統（如喇叭）具有一定的方便性。對圖 2-12.2 所示的由電壓源 $E(t)$、電阻 R、電感 L、電容 C 及電荷 q 所組成的串聯電路系統，依據電學原理，此電路的方程可寫成

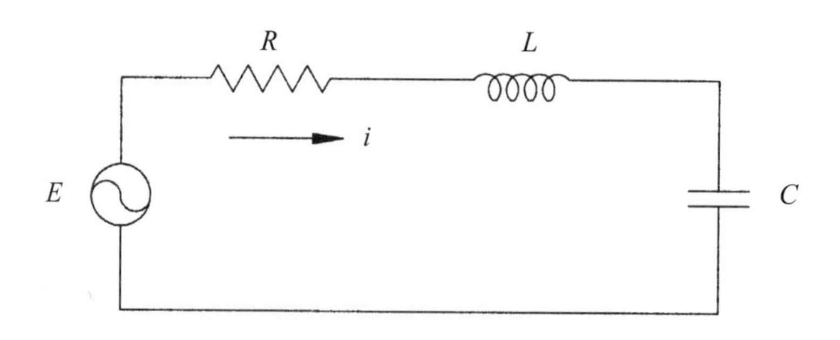

圖 2-12.2　串聯電路系統

$$L\ddot{q} + R\dot{q} + \frac{1}{C}q = E(t) \tag{2-12.7}$$

因 $\dot{q} = \frac{dq}{dt} = i$、$q = \int idt$，故上式可寫成

$$L\frac{di}{dt} + Ri + \frac{1}{C}\int idt = E(t) \tag{2-12.8}$$

對正弦交流電，設 $\tilde{E}(t)$ 和 $\tilde{I}(t)$ 分別表示電壓與電流的複數振幅，則電壓可表示成 $E(t) = \tilde{E}e^{j\omega t}$，電流可表示成 $i(t) = \tilde{I}e^{j\omega t}$，代入方程（2-12.8），得

$$j\omega L\tilde{I}e^{j\omega t} + R\tilde{I}e^{j\omega t} + \frac{1}{j\omega C}\tilde{I}e^{j\omega t} = \tilde{E}e^{j\omega t} \tag{2-12.9}$$

其穩態解為

$$\tilde{I} = \frac{\tilde{E}}{R + j\left(\omega L - \frac{1}{\omega C}\right)} = \frac{\tilde{E}}{Z_e} \tag{2-12.10}$$

故電路阻抗 Z_e：

$$Z_e = R + j\left(\omega L - \frac{1}{\omega C}\right) \tag{2-12.11}$$

2-12.4 振動-電路類比

對圖 2-12.3 所示的振動系統，由第一章可知其運動方程為

$$m\ddot{x} + R_m\dot{x} + kx = F(t) \tag{2-12.12}$$

圖中的 R_m 為振動系統的力阻（阻尼），這裡用 R_m 而沒用振動學常用的符號 c

是避免和電學中的電容符號 C 混淆。定義**機械阻抗**（Mechanical impedance）Z_m 爲力 F 與質點速度 v 的比值，即

$$Z_m = \frac{F}{v} \tag{2-12.13}$$

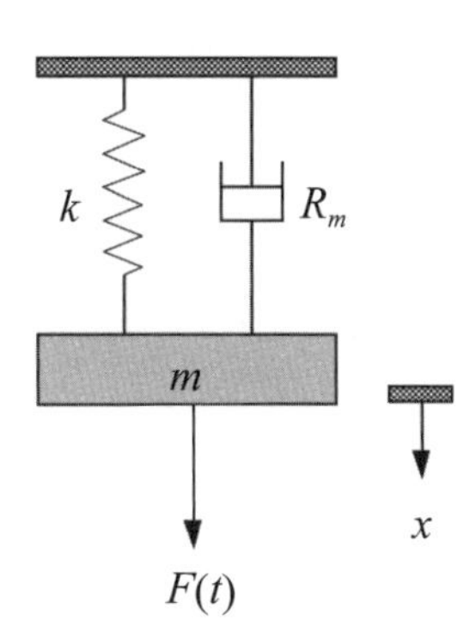

圖 2-12.3　振動系統

應用速度 v 和位移 x 的關係 $v = dx/dt$，並令機械順性（Mechanical compliance）或稱力順 $C_m = 1/k$，將其代入（2-12.12）式，得

$$m\frac{dv}{dt} + R_m v + \frac{1}{C_m}\int v dt = F(t) \tag{2-12.14}$$

此方程和方程（2-12.8）類似。對簡諧振動，設 $\tilde{F}(t)$ 和 $\tilde{v}(t)$分別表示力與速度的複數振幅，則力 $F(t)$ 可表示成 $F(t) = \tilde{F}e^{j\omega t}$，速度可表示成 $v(t) = \tilde{v}e^{j\omega t}$，代入方程（2-12.14），得

$$j\omega m\tilde{v}e^{j\omega t} + R_m\tilde{v}e^{j\omega t} + \frac{1}{j\omega C_m}\tilde{v}e^{j\omega t} = \tilde{F}e^{j\omega t} \tag{2-12.15}$$

此方程的解爲

$$\tilde{v} = \frac{\tilde{F}}{R_m + j\left(\omega m - \frac{1}{\omega C_m}\right)} = \frac{\tilde{F}}{Z_m} \tag{2-12.16}$$

其中機械阻抗 Z_m：

$$Z_m = R_m + j\left(\omega m - \frac{1}{\omega C_m}\right)$$

$$= R_m + j\left(\omega m - \frac{k}{\omega}\right) \tag{2-12.17}$$

比較方程（2-12.7）至方程（2-12.17），可得振動系統和電學系統的類比關係爲力 $F(t)$ 類似電壓 $E(t)$，質量 m 和電感 L 對比，力阻 R_m（即第一章之阻尼 c）和電阻 R 類似，力順 C_m 類比電容 C 或者彈簧常數 k 和電容的倒數 $1/C$ 類似，機械阻抗 Z_m 類比電路阻抗 Z_e，位移 x 對比電荷 q。整理如下：

力 $F \leftrightarrow$ 電壓 E，速度 $v \leftrightarrow$ 電流 i，質量 $m \leftrightarrow$ 電感 L，力阻 $R_m \leftrightarrow$ 電阻 R
力順 $C_m \leftrightarrow$ 電容 C，彈簧 $k \leftrightarrow$ 電容倒數 $1/C$，機械阻抗 $Z_m \leftrightarrow$ 電路阻抗 Z_e

圖 2-12.3 所示的簡單振動系統，可用等效電路觀念畫成圖 2-12.4。

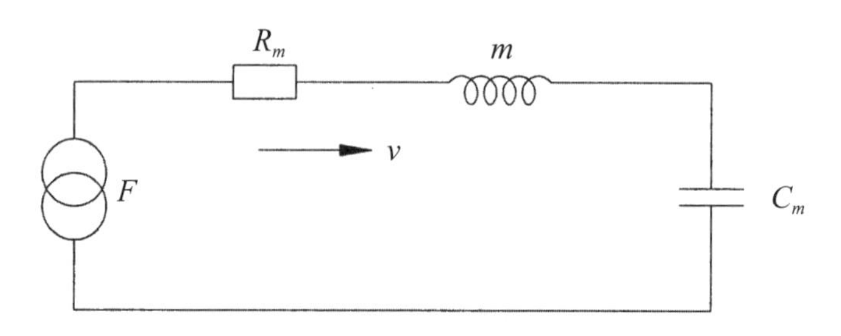

圖 2-12.4　振動系統之等效電路

2-12.5 聲-電路類比

圖 2-12.5 所示的**荷姆霍茲共鳴器**（Helmholtz resonator）由短管連通空腔所組合。設短管的容積遠小於空腔的容積 V_0，且空腔的尺寸遠小於工作聲波的波長，則此共鳴器可視爲類似彈簧－質量－阻尼系統。當聲波作用於荷姆霍茲共鳴器時，短管內的空氣相當於一質量爲 M_m 的活塞，空氣在管壁作運動產生摩擦阻力，其作用相當於阻尼值爲 R_m 的阻尼器。空腔內的空氣受到壓縮或膨脹，因此腔內空氣的作用相當於彈簧，設腔內空氣在壓縮及膨脹過程中沒有熱交換，則由熱力學知氣體絕熱過程的物態方程可寫成

$$pV^{\gamma} = \text{常數} \qquad (2\text{-}12.18)$$

其中 γ 爲定壓比熱與定容比熱之比。設短管截面積爲 S，當短管中空氣柱位移 x 時，腔內的壓力是由原來的大氣壓力 P_0 變成 $P_0 + p_1$，體積則由原來的 V_0 減少爲 $V_0 - xS$。由位移爲零及位移爲 x 時的物態方程爲常數，得

$$(P_0 + p_1)(V_0 - xS)^{\gamma} = P_0 V_0^{\gamma} \qquad (2\text{-}12.19)$$

上式可化成

$$\frac{P_0+p_1}{P_0}=\left(\frac{V_0}{V_0-xS}\right)^{\gamma}=\left(1-\frac{xS}{V_0}\right)^{-\gamma} \tag{2-12.20}$$

應用泰勒級數展開公式

$$f(x)=f(a)+\frac{f'(a)}{1!}(x-a)+\frac{f''(a)}{2!}(x-a)^2+\frac{f'''(a)}{3!}(x-a)^3+\cdots \tag{2-12.21}$$

將（2-12.20）式用級數展開並取 $a=0$，可得到

$$\left(1-\frac{xS}{V_0}\right)^{-\gamma}=1+\gamma\frac{xS}{V_0}+\gamma(\gamma+1)\left(\frac{xS}{V_0}\right)^2 + \gamma(\gamma+1)(\gamma+2)\left(\frac{xS}{V_0}\right)^3+\cdots \tag{2-12.22}$$

一般聲波振動時，位移 x 很小，所以 $xS << V_0$，於是（2-12.22）式中的第三項以後可忽略不計，由此求得

$$\left(1-\frac{xS}{V_0}\right)^{-\gamma}=1+\gamma\frac{xS}{V_0} \tag{2-12.23}$$

將（2-12.23）式代入（2-12.20）式，整理得

$$p_1=P_0\frac{xS}{V_0}=\rho c_0^2\frac{xS}{V_0} \tag{2-12.24}$$

式中 $c_0=\sqrt{\dfrac{\gamma P_0}{\rho}}$ 爲聲速，ρ 爲空氣密度。

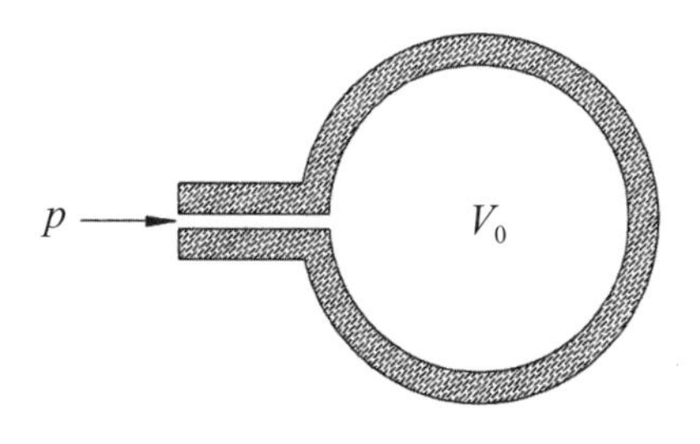

圖 2-12.5　荷姆霍茲共鳴器

這種由於短管內空氣柱運動引起腔內壓力變化，也會影響空氣柱的運動，即空氣柱受到腔內壓力變化引起的反作用力 F_k：

$$F_k = -p_1 S = -\frac{\rho {c_0}^2 S^2}{V_0} x \quad (2\text{-}12.25)$$

從方程（2-12.25）可知力 F_k 大小與位移 x 成正比但方向相反，其特性與彈簧相似，故腔體作用在短管空氣柱上的力相當於一個彈簧產生的彈力，即腔體內的空氣起了類似彈簧的作用，其彈簧常數

$$K_m = \frac{\rho {c_0}^2 S^2}{V_0} \quad (2\text{-}12.26)$$

而等效力順

$$C_m = \frac{1}{K_m} = \frac{V_0}{\rho {c_0}^2 S^2} \quad (2\text{-}12.27)$$

當管口受到聲壓為 p 的作用時，其作用力 $F = pS$，參考方程（2-12.14）空氣柱的運動方程可寫成

$$M_m \frac{dv}{dt} + R_m v + \frac{1}{C_m} \int v dt = pS \quad (2\text{-}12.28)$$

其中 v 為空氣柱的速度。

聲質量是抵抗體積速度變化的聲元件，**聲質量**（Acoustic mass）M_a 由方程

$$p = M_a \frac{dU}{dt} \quad (2\text{-}12.29)$$

定義。其中 p 為驅動壓力，dU/dt 為體積速度的變化率。聲質量 M_a 和質量 M_m 的關係是

$$M_a = M_m / S^2 \quad (2\text{-}12.30)$$

例如半徑為 r、有效長度為 ℓ 的圓管中，空氣的聲質量為 $M_a = \rho\pi r^2\ell/(\pi r^2)^2 = \rho\ell/\pi r^2$，其中 ρ 為圓管內媒介值的密度。

聲順（Acoustic compliance）是抵抗外加壓力變化的聲元件。聲順 C_a 定義為

$$C_a = \frac{X}{p} \quad (2\text{-}12.31)$$

式中 X 為體積位移，p 為聲壓。聲順和力順的關係是

$$C_a = C_m S^2 \tag{2-12.32}$$

聲阻與力阻的關係爲

$$R_a = R_m / S^2 \tag{2-12.33}$$

令 $U = vS$ 稱爲體積速度，其單位爲 m^3/s，則方程（2-12.28）可改寫成

$$\frac{M_m}{S^2}\frac{dU}{dt} + \frac{R_m}{S^2}U + \frac{1}{C_m S^2}\int U dt = p$$

$$M_a\frac{dU}{dt} + R_a U + \frac{1}{C_a}\int U dt = p \tag{2-12.34}$$

而方程之解爲

$$U = \frac{p}{R_a + j\omega(M_a - \frac{1}{\omega C_a})} = \frac{p}{Z_a} \tag{2-12.35}$$

其中

$$Z_a = R_a + j\omega\left(M_a - \frac{1}{\omega C_a}\right) \tag{2-12.36}$$

稱爲聲阻抗，比較方程（2-12.8）與方程（2-12.34），可知聲學的荷姆霍茲共鳴器和串聯電路的類比爲

聲壓 p↔電壓 E，體積速度 U↔電流 i，聲質量 M_a↔電感 L

聲阻 R_a↔電阻 R，聲順 C_a↔電容 C，聲阻抗 Z_a↔電阻抗 Z_e

圖 2-12.5 所示的荷姆霍茲共鳴器，可用等效電路觀念畫成圖 2-12.6。

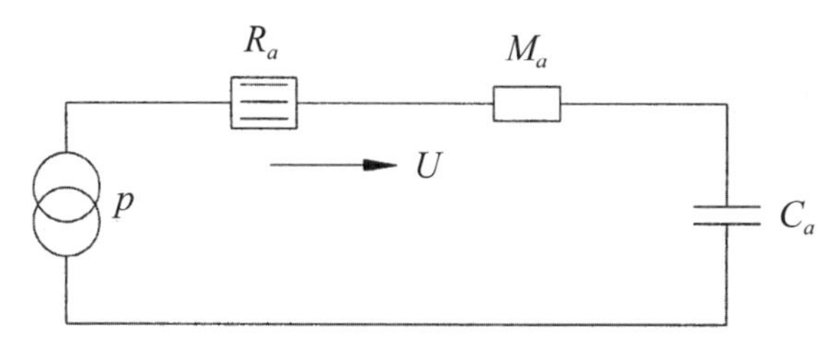

圖 2-12.6　荷姆霍茲共鳴器之等效電路

聲阻抗與電學中的電阻抗及振動學中的機械阻抗類似關係，如圖 2-12.7 所示 [34]。圖中聲阻、力阻和電阻都是消耗能量；聲順、力順、電容都是儲存

及釋放能量；聲質量、質量和電感也都是儲存及釋放能量但相位分別領先聲阻、力阻和電阻 90 度，領先聲順、力順、電容 180 度。

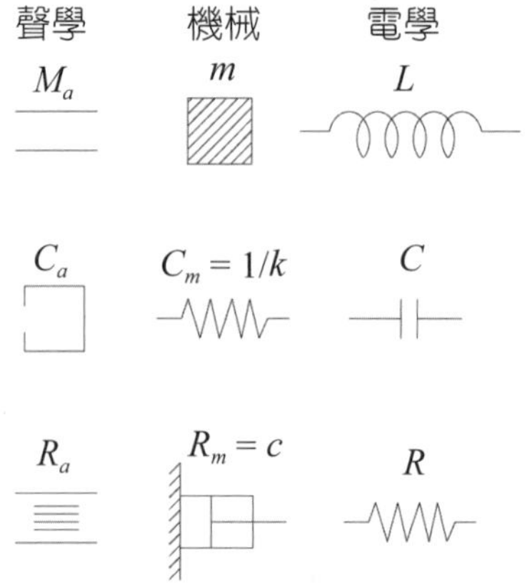

聲學 機械 電學

M_a m L

C_a $C_m = 1/k$ C

R_a $R_m = c$ R

圖 2-12.7　聲學、機械、電學阻抗之元件

2-13 人耳聽覺基本特徵

2-13.1 音調

聲音頻率的高低稱爲**音調**（Pitch）。物體振動頻率越高，所發出聲音的音調也越高。因此，物體越短、薄、細或拉得越緊，其振動頻率較高，音調也較高。交談時男生聲帶振動頻率一般都介於 80～200 Hz，而女生則介於 250～600 Hz 之間，因此男生說話的音調通常較女生低。

2-13.2 音色

當我們聽電話時很容易知道是誰打來的，此外熟悉樂器的人可以分辨出是哪種樂器的聲音，這是因爲不同的聲音體有它獨特的發音特性，稱爲**音色**（Timbre）。例如長笛的聲音清純，喇叭的聲音宏亮，小提琴的旋律輕快流暢。音色是人在聽覺上能夠區分具有相同響度及相同音調的聲音，而有不同感覺的主觀特性。音色是聲音的特性，而音色主要決定於聲音體發出聲波的波形。發音體很少能發出單一頻率的純音，大部分的聲音都是由許多不同頻率和振幅的組合而成，因此波形不同，音色也不同。大多數的發聲是由基頻及基頻整數信號的**諧波**（Harmonics）或稱泛音組成的。聲音的基頻決定音調的高低，而諧波成分決定音色，不同的人、物與樂器所發出聲音的音色皆不相同，對音色進行分析可知音色主要由頻譜結構決定的。這些諧波表現出各種發聲體的特有音色。諧波越多，音色越豐富，同樣的樂器價格相差之大原因就在此。

2-13.3 響度和響度位準 [2]

(1) 純音的響度位準

聲壓位準相等，但頻率不同的聲音，聽起來並不等響。有些聲音，聲壓位準不同，但聽起來卻一樣響。例如 80 Hz、70 dB 的純音，聽起來和 1000 Hz、60 dB 的純音等響。爲使人耳對頻率的響應與客觀量聲壓位準聯繫起來，採用響度位準或響度級（Loudness level）來表示聲音的「響」與「輕」。響度與響度位準是人們評估對噪音的主觀感受。

一個純音的響度位準定義爲等響的 1000 Hz 的純音的聲壓位準。換言之，對頻率不是 1000 Hz 的純音，用 1000 Hz 的純音和這特定的純音進行試聽比較，調整 1000 Hz 純音的聲壓位準，使它與待定的純音聽起來一樣響，這時 1000 Hz 純音的聲壓位準就被定義爲此一純音的響度位準。而對於 1000 Hz 的純音，它的響度位準就是它的聲壓位準。響度位準的符號爲 L_L，單位爲方（phon）。例如 60 Hz、90 dB 的純音和 1000 Hz、80 dB 的純音等響，二者響度位準都是 80 方。對各種不同頻率的純音都和 1000 Hz 的純音作試聽比較，將聽起來同樣響度的各相應聲壓位準依照頻率連成一條的曲線，這些曲線稱爲等響曲線（Equal loudness contours），如圖 2-13.1 所示。同一條曲線上不同頻率之純音在感覺上均一樣響，它們的響度位準都等於這條曲線上的 1000 Hz 處的聲壓位準。例如，80 Hz、70 dB 的純音和 2500 Hz、55 dB 的純音都和 1000 Hz、60 dB 的純音等響，響度位準都是 60 方。當然，同樣 1000 Hz 的兩個純音相比，聲壓位準高的聽起來會響一些。結合響度的定義可知，響度位準越大者越響。因此，響度位準解決了兩個聲音何者較響的問題。

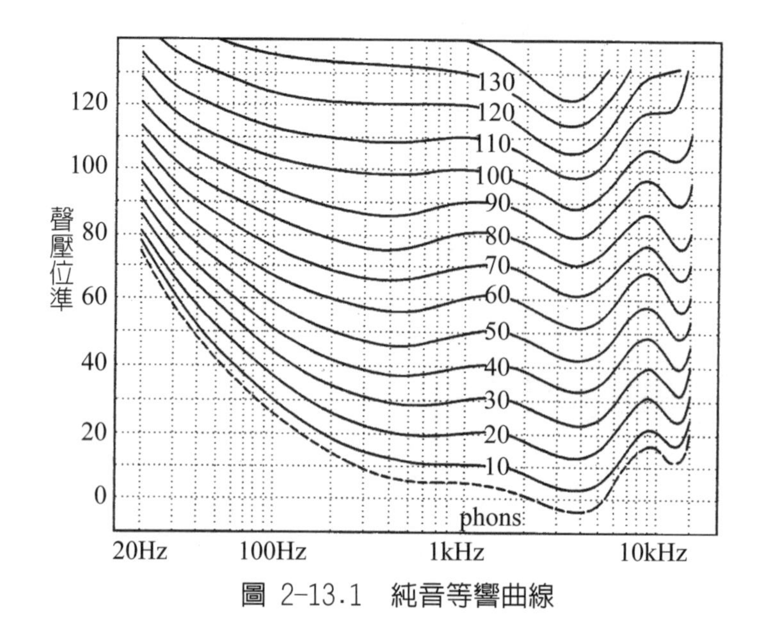

圖 2-13.1　純音等響曲線

⑵ 純音的響度

上面所提的響度位準只能定性地說明那一個聲音比較響，但不能定量地說明響多少。例如，80 方與 40 方相比，並不表示前者比後者響一倍。為了對不同聲音進行比較，也為了聲學上計算的方便，引入了**響度**（Loudness）的概念。響度用 S 表示，單位是宋（sone）。實驗證明，響度位準 L_L 和響度 S 之間的關係為

$$S = 2^{\frac{L_L - 40}{10}} \tag{2-13.1}$$

將兩邊同取以 10 為底的對數，得

$$L_L = 33.3 \log S + 40 \tag{2-13.2}$$

式中 L_L 的單位為方，S 單位為宋。根據（2-13.1）或（2-13.2）式，可將經由實驗測得的響度位準換算成對應的響度，如圖 2-13.2 所示。從方程（2-13.1）或（2-13.2）可知：

1. 響度位準 $L_L = 40$ 方的聲音，其響度 $S = 1$ 宋。
2. 純音的響度位準增加 10 方，則人們感覺響度增大為原來的 2 倍。

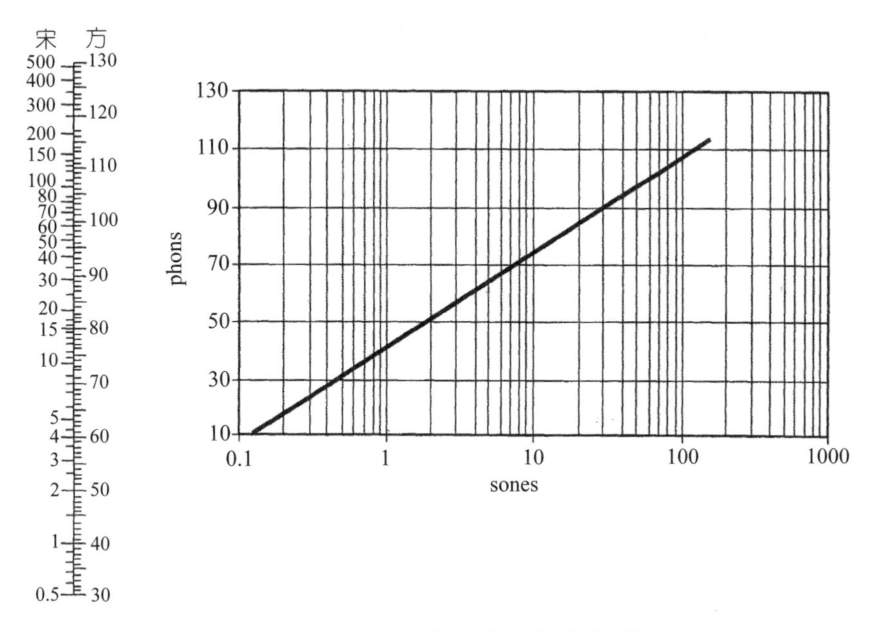

圖 2-13.2　響度位準換算成對應的響度

(3) 複雜噪音的響度和響度位準

前面討論的是純音的響度。對於寬頻帶的連續譜噪音，國際標準化組織（ISO）推薦了史蒂文斯（Stevens）和茲維克（Zwicker）法。兩種方法的計算過程很接近，但茲維克法較複雜。介紹史蒂文斯法八音度計算方法及計算過程如下：

1. 測量八音度各頻帶的聲壓位準。
2. 根據各頻帶中心頻率和聲壓位準，利用圖 2-13.3 的史蒂文斯等響度指數曲線圖，確定各頻帶中心及頻帶聲壓位準所對應的響度指數 I_i。
3. 利用下式求總響度 S_t：

$$S_t = I_m(1 - k) + k \sum_{i=1}^{n} I_i \qquad (2\text{-}13.3)$$

式中 I_m 爲各頻帶中最大響度指數；I_i 爲第 i 個頻帶響度指數；k 爲常數：對八音度，$k = 0.3$；對 1/3 八音度，$k = 0.15$。

4. 應用（2-13.2）式計算響度位準，即

$$L_L = 33.3 \log_{10} S_t + 40 \text{（方）}$$

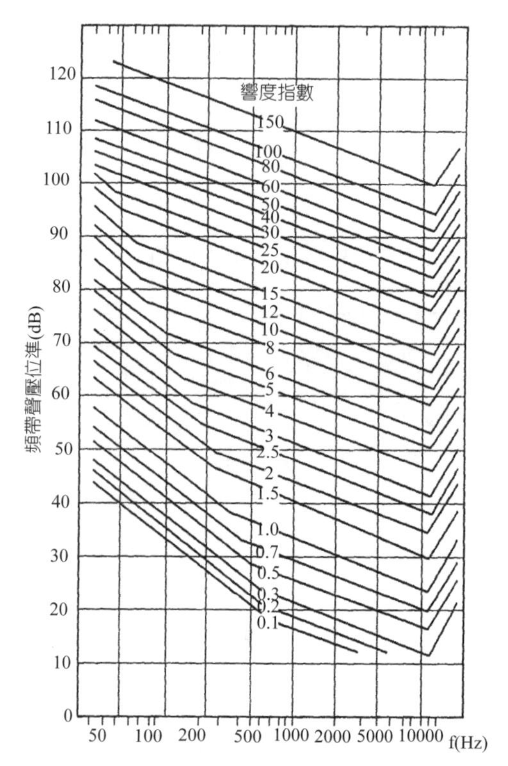

圖 2-13.3　史蒂文斯等響度指數曲線圖

例題 2-13-1

某汽車路試噪音的八音度聲壓位準如表 2-13.1 所示，求此噪音的響度及響度位準。

表 2-13.1　八音度聲壓位準和響度指數

中心頻率 Hz	31.5	63	125	250	500	1k	2k	4k	8k
聲壓位準 dB	93.1	84.3	79.5	66.0	53.3	47.0	46.6	40.7	40.9
響度指數	10.9	8.8	8.8	4.9	2.7	2.24	2.68	2.24	2.68

由圖 2-13.3，各頻帶中心頻率的響度指數列於表 2-13.1 的最後一行。

$$\sum_{i=1}^{9} I_i = 10.9 + 8.8 + \cdots + 2.68 = 45.94$$

$$I_m = 10.9$$

應用（2-13.3）式，總響度為

$$S_t = 10.9(1 - 0.3) + 0.3(45.94) = 21.4 \text{ (sones)}$$

應用（2-13.2）式，總響度位準為

$$L_L = 33.3 \log_{10} 21.4 + 40 = 84.3 \text{ (phons)}$$

2-13.4 加權聲位準

人們根據人耳對不同頻率的聲音有不同靈敏度的特性，在許多聲學測量儀器中設計了一種加權濾波器。經過這種儀器之濾波器測量的聲位準，已經考慮了人耳的頻率特性，因此與人的主觀感覺有較好的相關性。一般聲學測量儀器中設有 A、B、C 三種濾波器，所測得的聲位準分別表示爲 dB(A)、dB(B)、dB(C)。如圖 2-13.4 所示，A 加權相當於人對低聲壓位準的響應，它近似將響度位準爲 40 方的等響曲線倒置進行模擬，A 加權對低頻率的聲音作了較大的衰減；B 加權相當於人對中聲壓位準的響應，它近似將響度位準爲 70 方的等響曲線倒置進行模擬，B 加權對低頻率的聲音作了一定的衰減；C 加權相當於人對高聲壓位準的響應，C 加權曲線與響度位準爲 100 方的等響曲線倒置相似，它對可聽範圍內的聲音作了極小的衰減；D 加權相當於人耳對聲音感到疼痛的曲線，D 加權對高頻聲音做了補償。經多年的研究，使用 A 加權聲壓位準與寬頻率範圍噪音引起的煩惱及對聽力的損壞程度相關性較佳，因此測量一般寬頻噪音時，大多採用 A 加權聲位準，而 D 加權用於航空噪音的測量。表 2-6.1 爲 A、B、C 加權在不同頻率加權之值。

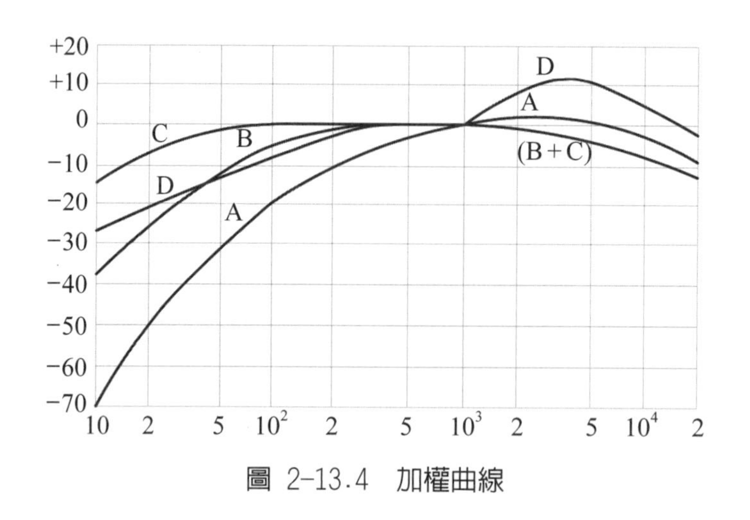

圖 2-13.4　加權曲線

表 2-13.1　加權之值

Hz	A	B	C		Hz	A	B	C
10	−70.4	−38.2	−14.3		500	−3.2	−0.3	0.0
12.5	−63.6	−33.3	−11.3		630	−1.9	−0.1	0.0
16	−56.4	−28.3	−8.4		800	−0.8	0.0	0.0
20	−50.4	−24.2	−6.2		1000	0.0	0.0	0.0
25	−44.8	−20.5	−4.4		1250	0.6	0.0	0.0
31.5	−39.5	−17.1	−3.0		1600	1.0	0.0	−0.1
40	−34.5	−14.1	−2.0		2000	1.2	−0.1	−0.2
50	−30.3	−11.6	−1.3		2500	1.3	−0.2	−0.3
63	−26.2	−9.4	−0.8		3150	1.2	−0.4	−0.5
80	−22.4	−7.3	−0.5		4000	1.0	−0.7	−0.8
100	−19.1	−5.6	−0.3		5000	0.6	−1.2	−1.3
125	−16.2	−4.2	−0.2		6300	−0.1	−1.9	−2.0
160	−13.2	−2.9	−0.1		8000	−1.1	−2.9	−3.0
200	−10.8	−2.0	0.0		10000	−2.5	−4.3	−4.4
250	−8.7	−1.4	0.0		12500	−4.3	−6.1	−6.2
315	−6.6	−0.9	0.0		16000	−6.7	−8.5	−8.6
400	−4.8	−0.5	0.0		20000	−9.3	−11.2	−11.3

例題 2-13-2

某一 100 Hz 純音，其聲壓位準為 80 dB，求其 A、B、C 加權聲壓位準。

參考表 2-7.1，可得

$$80 \text{ dB} = (80 - 19.1) \text{ dB (A)} = 60.9 \text{ dB (A)}$$

$$80 \text{ dB} = (80 - 5.6) \text{ dB (B)} = 74.4 \text{ dB (B)}$$

$$80 \text{ dB} = (80 - 0.3) \text{ dB (C)} = 79.7 \text{ dB (C)}$$

例題 2-13-3

表 2-13.2 第一及第二行列出某汽車路試在各頻帶的聲壓位準，求 A 加權聲壓位準及總聲壓位準。

表 2-13.2 某汽車路試噪音聲壓位準

中心頻率 Hz	31.5	63	125	250	500	1k	2k	4k	8k
聲壓位準 dB	91.2	84.2	80.1	72.2	68.2	60.0	55.2	42.3	40.5
聲壓位準 dB (A)	51.7	58.0	63.9	63.5	65.0	60.0	56.4	43.3	39.4

查表 2-13.1 或圖 2-13.4，各頻帶 A 加權的結果列於表 2-13.2 的第三行。應用分貝相加公式，計算總聲壓位準（Overall Level）L_{OA}：

$$L_{OA} = 10 \log_{10} \sum_{i=1}^{9} 10^{L_i/10}$$

$$= 10 \log_{10} (10^{0.1\times91.2} + 10^{0.1\times84.2} + 10^{0.1\times80.1} + 10^{0.1\times72.2} + 10^{0.1\times68.2} + 10^{0.1\times60.0} + 10^{0.1\times55.2} + 10^{0.1\times42.3} + 10^{0.1\times40.5})$$

$$= 92.3 \text{ dB}$$

對 A 加權

$$L_{OA(A)} = 10 \log_{10} \sum_{i=1}^{9} 10^{L_i(A)/10}$$

$$= 10 \log_{10} (10^{0.1\times51.7} + 10^{0.1\times58.0} + 10^{0.1\times63.9} + 10^{0.1\times63.5} +$$

$10^{0.1\times65.0}+10^{0.1\times60.0}+10^{0.1\times56.4}+10^{0.1\times43.3}+10^{0.1\times39.4})$

$= 70.0$ dB (A)

2-14 噪音源的分類及診斷

2-14.1 噪音源的分類

依噪音隨時間變化的特性，可分為穩態噪音與非穩態噪音。穩態噪音是聲壓變化很小的噪音；非穩態噪音的聲壓變化較大，可分為起伏噪音、間歇噪音及突波噪音。起伏噪音指聲壓連續且變化的範圍相當大。聲音可有許多不同的形式，但其產生的機理可歸結為兩大類：直接生成聲與間接生成聲。所謂的直接生成聲（Direct sound generation）是指流體體積的位移（如排氣尾管噪音）、不確定流體的傳動聲音（如氣流聲）、不穩定燃燒（如引擎燃燒噪音）、不穩定的變動力（如風扇噪音）所產生的聲音，這類聲音稱為**空氣動力噪音**（Aerodynamic noise）；而間接生成聲則是指激振力作用在結構上造成結構振動響應而輻射噪音，這類聲音可稱為結構噪音或機械噪音，如圖 2-14.1 所示。從輻射噪音能量隨時間變化而言，機械噪音可分為穩態噪音與暫態噪音。

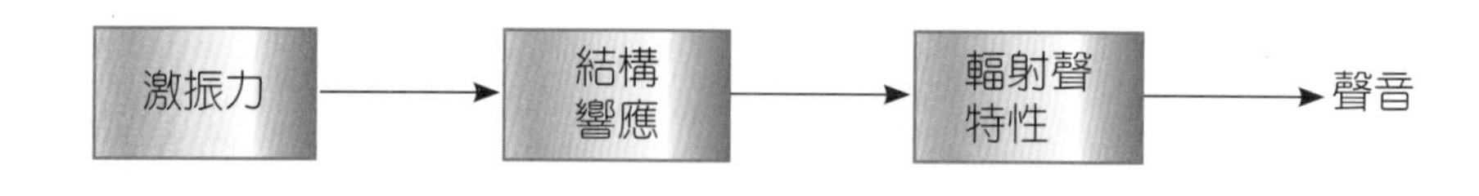

圖 2-14.1　結構噪音

一、機械噪音源

(1) 穩態振動噪音源

機械作週期性的振動，產生週期性作用力，因而激發機器的穩態振動而輻射的噪音，稱為穩態振動噪音。常見的齒輪噪音、軸承噪音等均屬於此類噪音。這種噪音的特性表現為週期性的諧波噪音或峰值頻率噪音，同時也輻射寬頻帶噪音。齒輪嚙合頻率噪音、軸的旋轉頻率噪音等週期性的諧波噪音，通常是由機件振動或週期性嚙合等所引起；峰值頻率噪音大都是由結構共振引起的；寬頻帶噪音通常由結構彎曲振動所造成的。

(2) 暫態機械噪音源

暫態機械噪音爲受瞬態作用力激勵所引起的機械噪音，它可分爲非機械碰撞噪音及機械碰撞噪音：(a) 非機械碰撞噪音是指非機械性直接碰撞的激勵引起的暫態噪音，例如引擎的燃燒噪音。儘管激勵源是非機械性的，但由於噪音是經由激勵源對機械結構的暫態激勵振動而出現的，因此仍將其歸納爲暫態機械噪音；(b) 另一種是機械碰撞噪音，它是由機械結構與零件之間的相互撞擊而產生的，例如各種衝壓設備鍛鎚所產生的噪音。機械碰撞噪音包括自鳴噪音與加速度噪音兩種。加速度噪音是物體做加速度運動時造成空氣媒介質產生壓力擾動而輻射的噪音，加速度噪音與物體的振動無關，因此也稱爲剛體輻射噪音，自鳴噪音是機械零件在受衝擊力作用下，結構自由振動所輻射的噪音，結構阻尼越大輻射噪音越少。碰撞噪音具有很大的峰值，尤其是加速度噪音，它比穩態噪音對人體的影響更大。

二、空氣動力噪音

氣體流動或者氣體與物體相互作用引起氣體的擾動而輻射的噪音稱爲空氣動力噪音，它包含**單極子聲源**（Monopole）和**偶極子聲源**（Dipole）和**四極子聲源**（Quadrupole）三種。單極子聲源是指當媒介質中流入的質量或熱量不均勻時引起氣體壓力波動所輻射的噪音，例如高速排氣氣流噪音、火箭發射所發出的爆破噪音等。單極子聲源的輻射是球面波，在球面上各點的振幅和相位都相同。因此，這球源是最理想的輻射源。單極子聲源的聲輻射沒有指向特性。偶極子聲源是指當氣體中有障礙物存在時，氣體與物體相互作用而產生的噪音。常見的偶極子聲源有風吹電線的聲音、各類空氣壓縮機的空氣動力噪音、航空噪音、樂器上振動的弦、不平衡的轉子等發出的聲音，偶極子聲源可以看作相位差 180 度的兩個單極子聲源所形成的，偶極子源聲源的聲輻射具有指向特性，即在同一距離但不同方向則其聲壓不同。媒介質中沒有質量或熱量流入，也沒有障礙物的存在，僅由於氣體黏滯作用而輻射的噪音稱爲四極子聲源，典型的四極子聲源爲高速氣流因亂流流動所產生的噪音。四極子聲源可認爲是由兩個具有相反相位的偶極子聲源，也就是由四種單極子聲源組成的。四極子聲源的聲輻射也具有指向特性。

2-14.2 噪音源診斷之目的

在噪音控制中聲源診斷是極爲重要的工作，重要之處在於噪音控制必須針對主要聲源著手，如果主要的聲源得不到有效控制，對次要的聲源採取再多的措施，效果都是有限的。另一方面，噪音源的診斷又是極其複雜的工作，同一台機器大多存在多個聲源，並且聲源之間又互相干擾。噪音源診斷之目的就是要從複雜的聲源系統中尋找出主要聲源的部位、能量分布、頻率特性等作爲噪音控制的依據。

2-14.3 噪音源的一般診斷法

(1) 主觀判斷法

根據經驗用耳朵傾聽，來判斷機器所存在的噪音源及其主要及次要聲源之順序的方法稱爲主觀判斷法。此法只能瞭解噪音源的基本情況，其準確性一般不高，因此這種方法通常只適合於對那些噪音源比較簡單的情況進行辨識。

(2) 覆蓋法

覆蓋法爲用一個與機器表面相接近的隔音罩，令罩內各部分可以自由打開，在不同的時間分別打開不同的部位，分別暴露機器不同的表面，分別量測聲場的聲功率並加以比較，較大的聲功率所對應的機器部位，就是輻射噪音較嚴重的部位。

(3) 近場測量法

將麥克風靠近機器噪音源的表面，測量各聲源近場噪音值，經由比較各聲源近場噪音的大小來判斷聲源主要及次要的方法稱爲近場測量法。近場測量法在實際中有一定的局限性：(1) 因爲該方法在混響場中無法測量；(2) 頻率的高低對測量結果有一定的影響；(3) 此法不能反映噪音的傳遞路徑。近場測量可做爲一般機器噪音源的鑑別，它不能準確的量出噪音聲壓值的大小。

⑷ 表面振動速度測量法

聲音是由物體振動所引起的，物體結構表面振動速度越大，所輻射的噪音就越大。結構振動與噪音輻射的關係為

$$W_r = \sigma \rho_0 c_0 S v_r^2 \tag{2-14.1}$$

式中，W_r 為輻射的聲功率；$\rho_0 c_0$ 為空氣的阻抗；v_r 為表面振動速度的均方根值；S 為結構表面積；σ 為振動結構表面的聲輻射係數。將機械表面分割成許多小的表面並利用感知器測得表面振動速度，代入方程（2-14.1），即可得到振動結構表面的輻射聲功率，從而鑑別出主要的噪音源。

⑸ 頻譜分析法

根據噪音源的頻譜特性以尋找出主要噪音源的方法稱為頻譜分析法。藉助於噪音頻譜圖，一方面可以了解噪音源的頻率分布，例如該噪音源是以低頻為主，還是以中頻或高頻為主；另一方面可以確定峰值噪音的來源。利用頻譜分析法可以粗略的評估測量點的聲能來源，但不能準確的估計其影響程度。

⑹ 分步運轉法

對於某一些機器來說，有一些零件是可以分別運轉，若能在開動或斷開這些零件情況下，分別測量所輻射的噪音，就可以把引起噪音的原因分解開來，從而判斷機器的主要噪音源。若機器某一零件在開動時，測得機件附近某點的聲壓位準為 L_{pT}，然後將該零件斷開後，在同一點測得聲壓位準為 L_{p1}，就可以用聲壓位準加減法，求得該零件運轉時所發出噪音的聲壓位準 L_{p2}。即

$$L_{p2} = 10 \log_{10}(10^{0.1L_{pT}} - 10^{0.1L_{p1}}) \tag{2-14.2}$$

或用方程（2-5.12）計算。例如，對於汽車噪音源診斷，可以運用分步運轉法來判斷風扇噪音在汽車整車噪音中所佔的比重。當汽車正常運行時（裝風扇），測得汽車某點的聲壓位準為 82 dB(A)，將風扇拆下測得同一點的噪音為 80 dB(A)，利用方程（2-14.2）可得風扇噪音的聲壓位準為 77.7 dB(A)。

對於一台複雜的機器設備，其各機件的運轉是互相關聯的，通常某一部分停止工作，會影響其它機件的運轉。因此，讓其中一部分工作而不影響其它機件的運轉，往往是不容易實現的，故這種方法的使用局限性很大。

2-14.4 噪音的現場量測

對噪音的量測方法，須根據噪音與聲源的特性、測試的精度要求、以及測試的環境。對汽車噪音問題或機器設備的故障診斷主要採用現場量測法，常採用的量測點及測量儀器簡介如下：

對於尺寸小於 30 cm 的機器，測點距機器表面 30 cm；尺寸介於 30～50 cm 的機器；測點離表面 50 cm；尺寸介於 50～100 cm 的設備，測點距離表面 100 cm；對於尺寸大於 100 cm 的大型機器，測點的選擇須依據環境而定。

對於空氣動力噪音，如爲進氣口的噪音，測點選在進氣口軸線上距管口平面 0.5 m 或 1 m 處；如爲排氣噪音，測點應取在與排氣口軸線成 45° 或 90° 角的上方，距管口中心 0.5 m 或 1 m，如圖 2-14.2 所示。

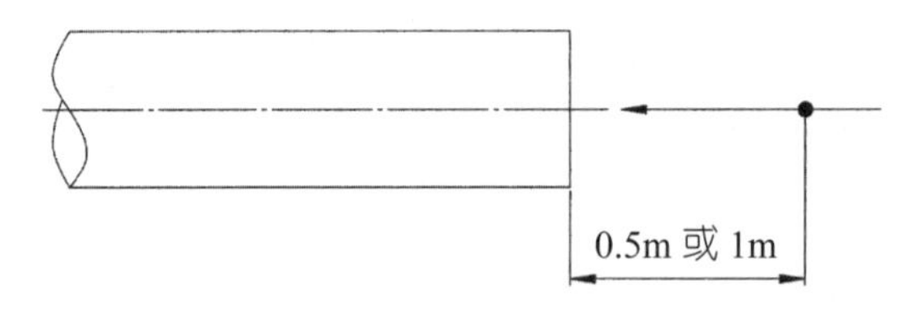

(a)進氣口測試點

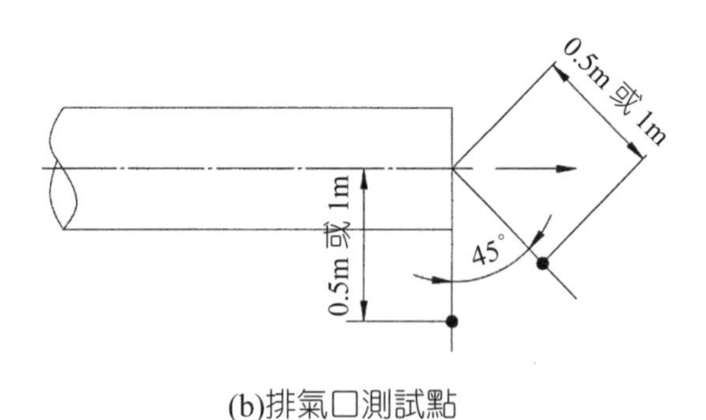

(b)排氣口測試點

圖 2-14.2 噪音的現場量測點

噪音計（Sound level meter）是一種最常用的可攜式噪音測量儀器。它一般由麥克風、放大器、衰減器、加權網路、檢波器和讀數表組成，所需電源一般由乾電池供給。其特點是：體積小、重量輕、現場使用方便，能直接讀出 A、B、C 加權聲壓位準。如果把噪音計和八音度或 1/3 八音度濾波器串接，就可以組成可攜式簡易頻譜分析儀。如果把噪音計和數位錄音機（Digital recorder）組合起來，則可把所測的噪音記錄在數位錄音機上，帶回實驗室進行分析。

噪音計還設有時間計權檔位「快」和「慢」檔。「快」檔（Fast）的響應時間約 0.125 秒，便於觀察瞬時聲壓位準的變化。而「慢」檔（Slow）的響應時間約爲 1 秒，以掩蓋聲壓位準的瞬時變化，在儀表上給出一個相對穩定的測量值。有些噪音計還有「衝擊」檔（Impulse），此檔的響應時間爲 0.035 秒，用於對衝擊性噪音的測量。下面三個圖爲測量噪音的簡易儀器圖，圖 2-14.3 所示爲一種常用的可攜式噪音計；圖 2-14.4 所示爲含 1/3 八音度及八音度之實時噪音頻譜分析儀；圖 2-14.5 所示爲將噪音計當做麥克風連接至掌上型振動噪音分析儀，可作噪音的頻譜分析；圖 2-14.6 所示爲量測噪音的感知器麥克風，麥克風不能直接量測噪音，必須連接至分析儀作爲量測噪音的感知器。

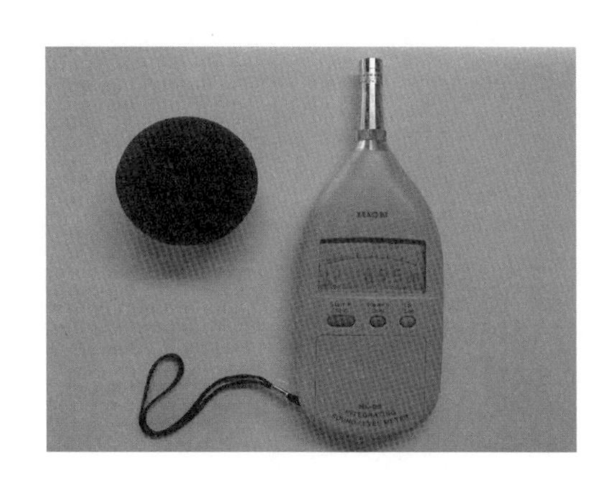

圖 2-14.3　噪音計

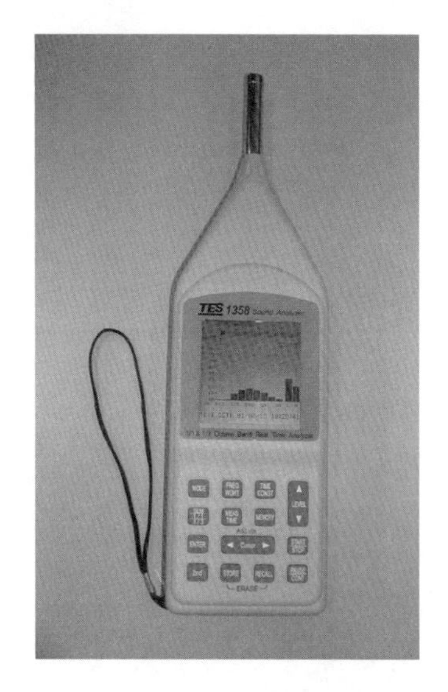

圖 2-14.4　含 1/3 八音度及八音度之實時噪音頻譜分析儀

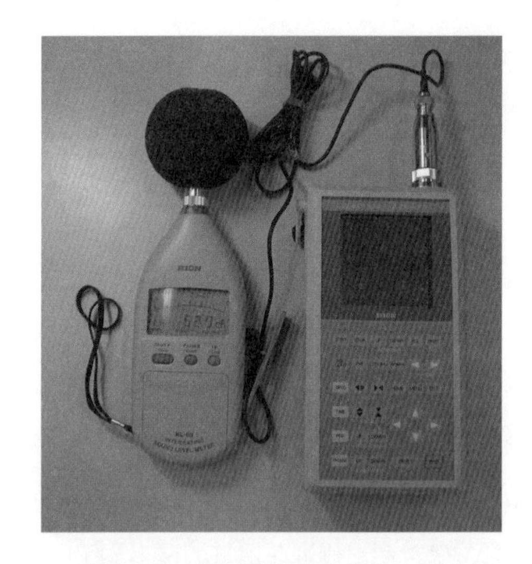

圖 2-14.5　噪音計當作麥克風連接至掌上型振動噪音分析儀

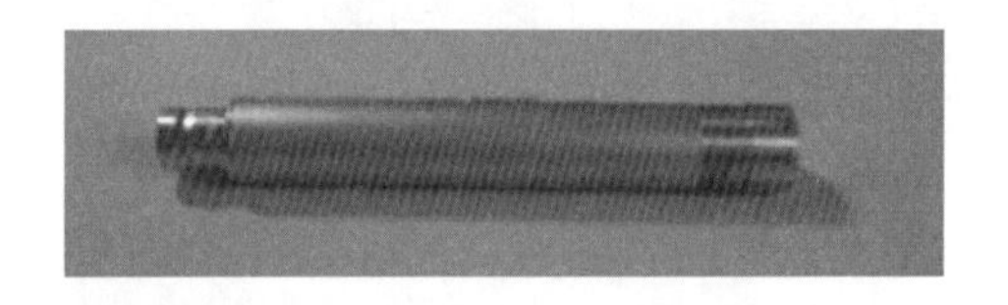

圖 2-14.6　量測噪音的感知器麥克風

2-15　噪音控制的一般方法

噪音的形成，首先要有噪音源，其次是傳播路徑，此外，還要有聲音的接收器，即聽者或聲音感知器。噪音控制也是從這三個方面來進行的，即從聲源上根治噪音，從傳播途徑上採取降低噪音措施，最後在接收點進行防護。

一、從聲源上降低噪音

所謂從聲源上降低噪音，就是採取改進機器或設備的結構、改變操作方法、提高加工精度或裝配精度等措施，將發聲的機器或設備的噪音控制在所允許的範圍內。通常可採取以下的措施：

(1) 用內阻尼大、內摩擦大的低噪音材料

一般的金屬材料，如鐵、銅、鋁等，它們的阻尼及內摩擦較小，消耗振

動能量的功能較弱。因此，凡是用這些材料作成的機械零件，在振動力的作用下，機件表面會輻射較強的噪音；而當採用內摩擦大的分子材料或高阻尼合金時，由於內摩擦將引起振動的遲滯作用，使振動能化爲熱能而耗損。因此，在同樣振動激勵作用下，內阻尼大、內摩擦大的合金或高分子材料要比一般的金屬材料所輻射的噪音小得多。

(2) 採用低噪音結構形式

在保證機器功能不變的情況下，改變機器的結構可以有效的降低噪音，例如對於窗型冷氣機來說，其室內噪音大都在 54～60 dB(A)，若將其室內通風系統的進行改進，可降低噪音。對於旋轉機械來說，其動力的傳遞方式不同，所輻射的噪音也相差很大，例如皮帶傳動所輻射的噪音要比齒輪傳動所輻射的噪音小。

(3) 提高加工精度和裝配精度

機械在運動時，由於機件間的撞擊和摩擦，或者由於動平衡不好而產生偏心振動，都會導致機器噪音增大。提高機器設備的加工精度，使機件間的撞擊和摩擦量減少，或提高機器的裝配精度，調整好運轉機件的動平衡，減小偏心振動等，就會使機器設備的噪音減小。因此，提高加工精度和裝配精度也是從噪音源上降低噪音的有效方法。

(4) 調整機器的結構參數，抑制共振

共振使結構振動加劇，噪音增大。在機器的設計過程中，應儘可能地將機器的運轉頻率（或激勵頻率）與結構的自然頻率錯開，以避免結構共振。

二、從傳播路徑上降低噪音

從傳播路徑上降低噪音可採用吸音、隔音、消音器、阻尼、隔振等降低噪音措施，其原理簡述如下：

(1) 吸音

吸音就是在聲音傳播途徑上，安裝吸音材料，使部分聲能在傳播過程中被吸音材料吸收，從而達到降低噪音的目的。吸音材料是指毛氈、玻璃纖維和泡沫類等多孔性和高滲透性物質，它們很容易吸收中、高頻噪音。對低頻的噪

音可採用較厚的吸音材料。為了吸收由車體、面板傳入乘座艙內之噪音，可採用地毯、消音墊、墊片、車頂篷內襯、引擎阻絕墊等材料和裝置來減少噪音。圖 2-15.1 為吸音材料被作成消音墊和阻絕墊應用汽車引擎室的例子。

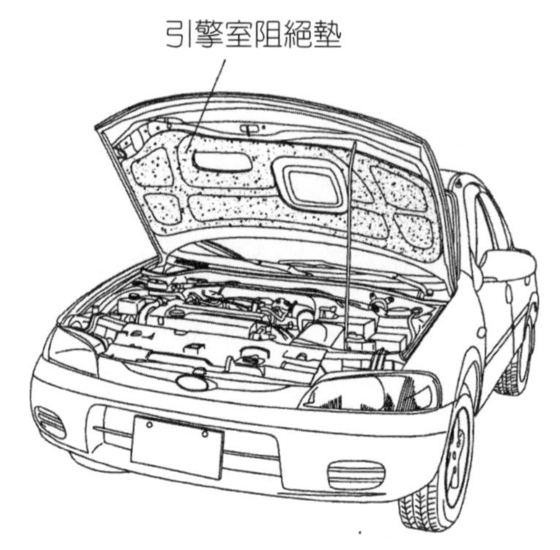

圖 2-15.1　汽車引擎室的吸音

(2) 隔音

隔音（Sound insulation）就是採用門、板、隔音罩、隔音屏等固體物，使聲音大部分被反射，只有少量的聲音透射至阻擋物的另一側。對汽車而言，聲音可經由許多管道進入乘座艙，例如經由前方地板、儀表板、面板、轉向柱罩套、排桿拉索入口、各種縫隙、線束等。為了防止聲音進入，我們採用橡皮密封圈來緊閉洞口，應用熱熔板來預防聲音從面皮擴散，並在面皮接縫處使用密封件，然後再結合隔音墊以達到隔音的效果。圖 2-15.2 所示為汽車上隔音墊的大致位置圖。

(3) 消音器

對於空氣動力噪音，如各種機械設備的輸送管道噪音，可用**消音器**（Muffler）來降低噪音。消音器允許氣流通過，但聲能在經過消音器時被耗損，從而達到降低噪音的目的。在進、排氣口或在輸氣管道中安裝合適的消音元件，都可降低噪音傳輸。例如，汽車排氣管消音器及進氣歧管消音器都是應用消音器降低噪音的例子。消音器必須滿足三種性能要求：(1) 聲學性能：在較寬的頻率範圍內有足夠的消音量；(2) 空氣動力性能：氣流流經消音器後的阻力損失須控制在允許範圍內；(3) 結構性能：體積小、重量輕、堅固耐用。

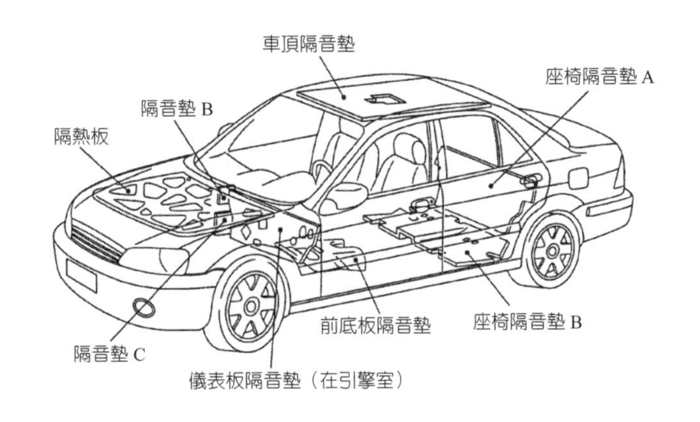

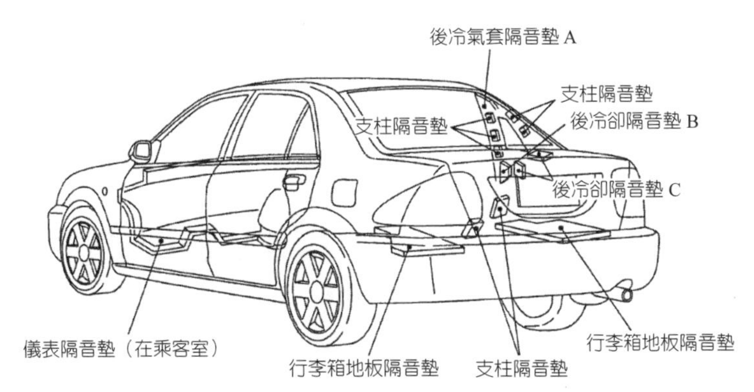

圖 2-15.2　汽車上使用隔音墊的大致部位

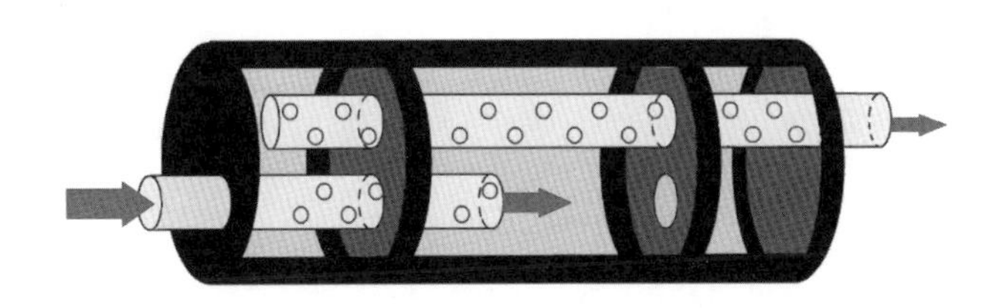

圖 2-15.3　消音器

評估消音器性能可採用下列三種方式，如圖 2-15.4 所示：

(1) 傳聲損失

如圖 2-15.4(a) 所示，傳聲損失 TL 定義爲消音器入射聲功率 L_{Wi} 與透射聲

功率 L_{Wt} 的差值，即

$$TL = L_{Wi} - L_{Wt} \tag{2-15.1}$$

傳聲損失只測量消音器的聲學結構，並沒有考慮引擎及尾管的聲學特性。

⑵ 噪音降低量

如圖 2-15.4(b) 所示，定義消音器進口端面量測的聲壓位準 L_{p1}，而出口端的聲壓位準 L_{p2}，則**噪音降低量**（Noise Reduction）NR 定義爲

$$NR = L_{p1} - L_{p2} \tag{2-15.2}$$

這種方法具有測量簡單的優點，但排氣管道的聲學特性會影響到測量的正確性。

⑶ 插入損失

如圖 2-15.4(c) 所示，**插入損失**（Insertion Loss）IL 定義爲排氣管加入消音器前後，在相同外在條件下，在固定點量測的聲壓位準之差，即

$$IL = L_{p1} - L_{p2} \tag{2-15.3}$$

插入損失除了考慮消音器外，也計及引擎、排氣管的聲學特性，是測量整個排氣系統消音效果最好的方法。

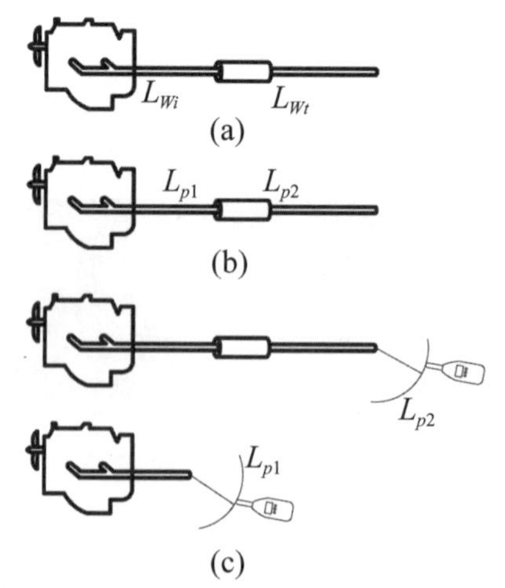

圖 2-15.4　汽車消音器效率計算圖

(4) 阻尼

汽車的很多噪音和振動是由金屬薄殼和外壁等板類結構產生的。爲了阻止這些薄壁構件的噪音輻射和減弱共振響應，往往採用在薄壁結構上塗敷一層損耗因子較大的阻尼層，這樣當薄板發生振動時，振動能量將很快在阻尼層中耗散掉。

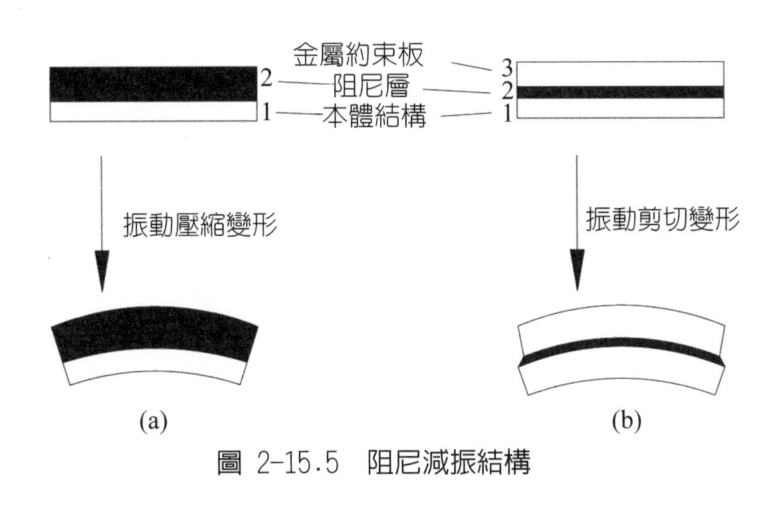

圖 2-15.5　阻尼減振結構

對結構進行處理以增加損耗因子的方法有兩種：自由層阻尼，如圖 2-15.5(a) 所示；或約束層阻尼，如圖 2-15.5(b) 所示。自由層阻尼即表面阻尼，使用方便，被廣泛地應用於汽車**底板**（Floor）上。這種類型的阻尼，可用阻尼材料與阻尼本體結構組合成不同性能的阻尼塗料，將它黏合於需減振的結構表面上。當構件表面振動時，自由阻尼層產生交互變換的拉壓變形，其拉壓應力與應變的**遲滯作用**（Hysteresis），導致振動能量的損耗。

約束層阻尼是將阻尼塗料牢固地黏合在本體結構金屬板上，然後在阻尼層上部又牢固地黏合另一層金屬約束板。當基板進行彎曲振動時，阻尼層上下表面各自產生拉伸和壓縮的不同變形。因此阻尼材料本身承受剪應力與應變。可見這種阻尼結構與自由層阻尼結構在減振原理上是不相同的。約束層阻尼結構廣泛地被應用於汽車**車輪遮蔽罩**（Wheel house）上。

(5) 隔振

隔振（Vibration isolation）就是將振源（聲源）和其它物體用彈性體連

接，以減少振動能量的傳播，從而達到降低噪音的目的。其原理可參考第一章之說明。

從傳播路徑降低噪音量與處理方法，列於表 2-15.1。

表 2-15.1 從傳播路徑上降低噪音措施

降低噪音措施	降低噪音原理與處理方法	降低噪音量 dB (A)
隔音	採用隔音屏、隔音罩等裝置，將噪音源與接收者分離開來。	20～50
吸音	在噪音的傳播通道上，如牆壁、隔音罩內表面等安裝吸音材料，使一部份聲能在傳播過程中被吸音材料吸收，並轉化為熱能。	3～10
阻尼	在機器表面或機體上塗抹阻尼塗料或採用高阻尼材料來抑制振動，因而降低噪音輻射。	5～10
隔振	採用橡膠墊等隔振物將振源與機器隔離開來，減弱外界激振力對機器的影響，降低噪音輻射。	5～25
消音器	在聲源和接收者之間用管道安裝消音器，使聲能量在通過消音器時被耗損，從而達到降低噪音的目的。	15～30

三、在接受點進行防護

在上述方法無法實現而噪音又很強，或者在某些只需要少數人在機器旁操作的情況下，可以對接受噪音的個人進行防護。最簡單的方法就是戴個人防護耳具。由於噪音一方面影響人耳聽力，另一方面經由人耳將信息傳遞給神經中樞並對人體全身產生影響。因此，在耳朵上戴防音用具，不僅保護了聽力，也保護了人體的各種器官免受噪音危害。常用的防護用具有耳塞、防音棉、耳罩及防音頭盔等。這些防護用具，主要是利用隔音原理，使強烈的噪音傳不進耳內，進而達到保護人體不受噪音危害的目的。

習題

1. NVH 中的 N、V、H 各代表什麼？
2. 工業界將汽車噪音分成哪兩大類？
3. 說明聲壓與聲壓位準的差別。
4. (a) 100 dB + 100 dB= ？ dB

   (b) 100 dB + 100 dB + 100 dB = ？ dB

   (c) 100 dB – 95 dB = ？ dB
5. 汽車艙內含音響時的聲壓位準為 78 dB，關掉音響後的聲壓位準為 75 dB，求音響的聲壓位準。
6. 檢驗鋼琴的音叉頻率為 400 Hz，另一支音叉的頻率為 402 Hz，同時敲打兩支音叉會產生什麼現象？
7. 八音度中某頻帶中心頻率為 1000 Hz，求其左右相鄰頻帶的中心頻率？對於 1/3 八音度則其相鄰頻帶的中心頻率為多少 Hz？
8. 某純音的聲壓為 0.2 Pa，則此聲音的峰值聲壓為多少？
9. 何謂共鳴？
10. 噪音源的一般診斷方法有哪些？
11. 何謂拍及駐波？
12. 何謂八音度及 1/3 八音度？
13. 某聲音的聲壓位準為 80 dB，求其聲壓。

第三章 汽車噪音

3-1 汽車噪音依產生位置之分類

我們依汽車教學常用的分類將汽車噪音分成引擎噪音、底盤噪音、車身噪音三大類，如圖 3-1.1 和圖 3-1.2 所示。在本章中我們將詳細介紹圖 3-1.1 和圖 3-1.2 所示中的每一種噪音。讀者也可參閱本書所附之光碟或上網參考動畫，網址 http://faculty.stust.edu.tw/～ccchang/nvh/。

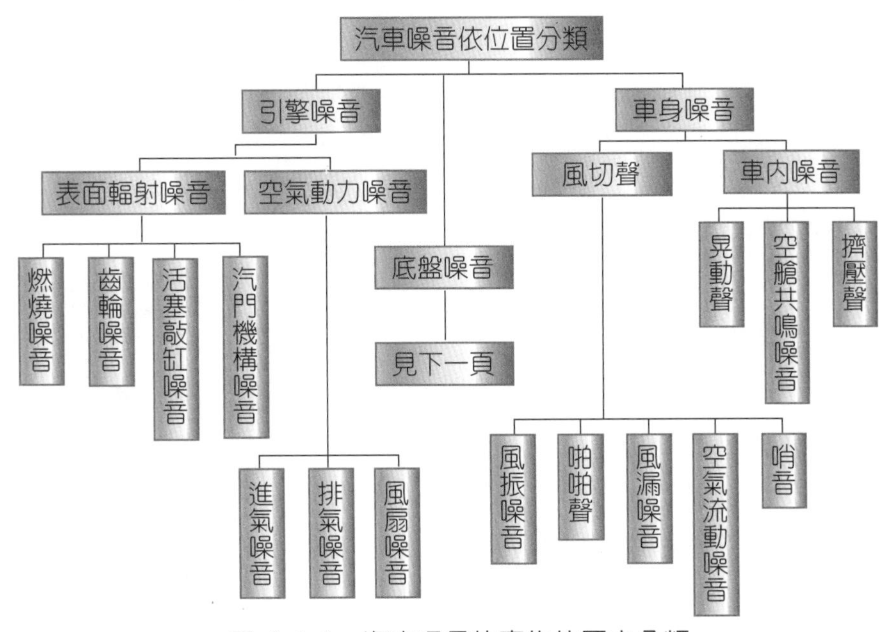

圖 3-1.1　汽車噪音依產生位置之分類

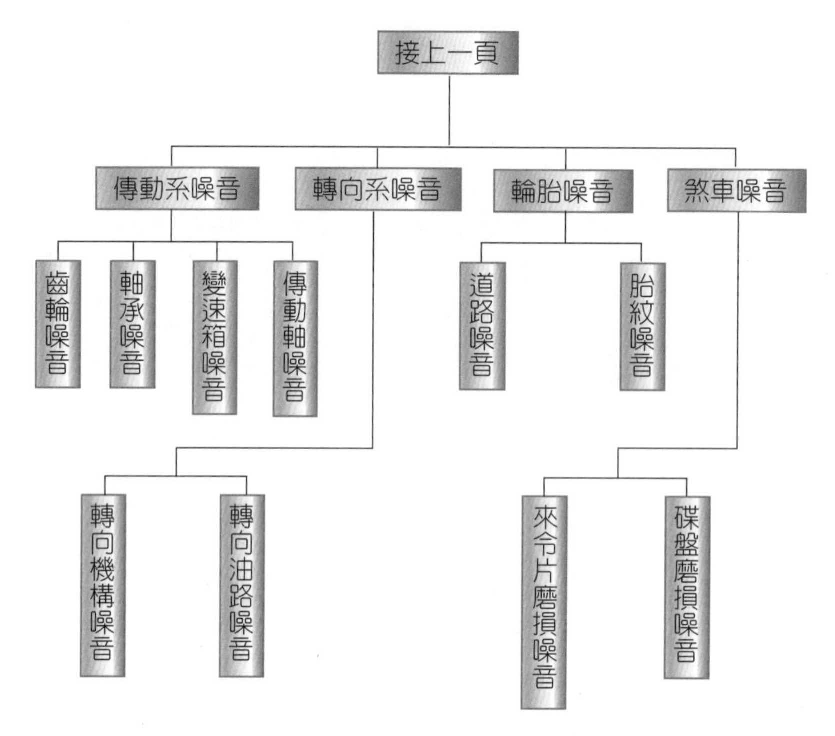

圖 3-1.2　汽車噪音依產生位置之分類（續）

3-2 引擎噪音

引擎運轉時產生的噪音，有透過引擎表面振動向外輻射的表面輻射噪音及因氣流流場變化引起的空氣動力噪音兩大類，簡述如下：

3-2.1 表面輻射噪音

(1) 燃燒噪音

當引擎室內的混合氣燃燒時，在汽缸內產生的壓力經由活塞、連桿、汽缸體、汽缸蓋等，引起引擎表面振動而輻射出的噪音稱為燃燒噪音，如圖 3-2.1 所示。影響燃燒噪音大小的主要因素有燃燒室結構、燃燒過程、供油系統之參數等。

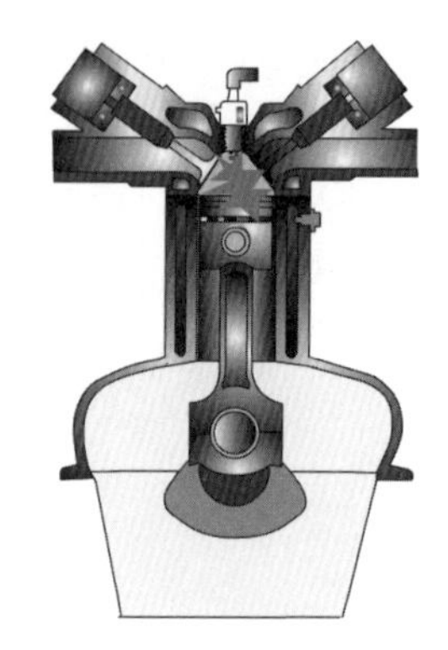

圖 3-2.1　燃燒噪音

(2) 齒輪噪音

齒輪嚙合及分離時會產生衝擊力而發出週期性噪音。齒輪在嚙合及分離過程中，每秒所產生的週期性衝擊的次數稱嚙合頻率 f_m，其值為

$$f_m = \frac{nz}{60}\ (\text{Hz}) \qquad (3\text{-}2.1)$$

其中 n 為齒輪轉速（rpm），z 為齒數。當嚙合頻率與齒輪扭轉振動自然頻率相同時便會產生共振加大噪音。

由於齒輪的製造及安裝誤差，齒輪受力變形及軸的扭轉振動等因素，齒和齒之間會產生撞擊力。此外嚙合齒輪上的兩齒面的接觸點有相對滑動速度，這種方向變換的滑動速度也會產生衝擊力，引起噪音，如圖 3-2.2 所示。提高齒輪加工精度，選用合適的齒輪參數，採用高內阻尼的材料可降低齒輪噪音。

圖 3-2.2　齒輪噪音

(3) 活塞敲缸噪音

由於活塞與汽缸壁之間存有間隙，當活塞運動至上死點，方向改變時會產生敲擊汽缸壁的側向振動，進而發出的噪音稱為**活塞敲缸噪音**（Piston slap noise）。此噪音的強度主要和活塞及汽缸壁的間隙及燃燒爆發壓力有關，如圖 3-2.3 所示。為了降低這種噪音可採用：

① 減少活塞與汽缸壁之間隙。

合理地設計活塞裙部外廓線；將活塞橫截面製成橢圓形，可降低活塞與汽缸壁之間隙。

② 活塞銷孔中心偏移。

活塞銷孔中心偏移，燃燒氣體作用在活塞頂上合力的作用線，不經過

活塞銷中心，使活塞旋轉，降低活塞對汽缸的橫向作用力。

③ 增加活塞表面的振動阻尼。

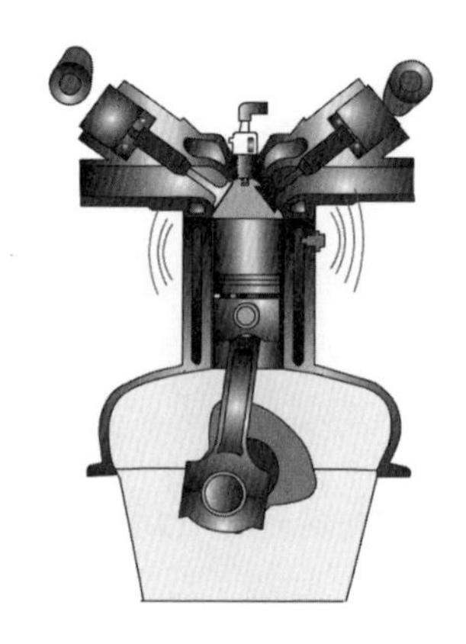

圖 3-2.3　活塞敲缸噪音

(4) 汽門機構噪音

在汽門機構中，汽門的不規則運動、凸輪與舉桿或凸輪與汽門之間的摩擦振動、汽門落下閉合時都會發生噪音。在引擎低轉速時，噪音主要由汽門機構中，機件之間的摩擦與碰撞產生；在高轉速時，汽門機構的慣性力相當大，零組件的彈性變形會使汽門產生不規則運動，增加汽門撞擊的強度而發出較大的噪音，如圖 3-2.4 所示。

圖 3-2.4　汽門機構噪音

降低冷門噪音的措施有：

①提高加工精度。

②增加汽門機構剛度。

③降低汽門間隙。

④使用凸輪軸減振器。

⑤使用最佳化的凸輪線型。

3-2.2 空氣動力噪音

(1) 進氣噪音

進氣噪音是進汽門週期性的開閉，引起進汽歧管內壓力的變化而形成的噪音。它主要包括：(a) 進汽門關閉時進氣管道中的空氣共振噪音；(b) 進汽門開啓時活塞作變速運動所引起的進氣脈衝噪音；(c) 氣流流經進汽門流通截面時產生的渦流噪音。

當進汽門突然關閉時，會引起進氣管道中空氣壓力及速度的變化，它會以波動的形式從進汽門處沿著管道傳播，並產生多次反射，管道間的氣流會因共振而產生波動噪音，如圖 3-2.5 所示。

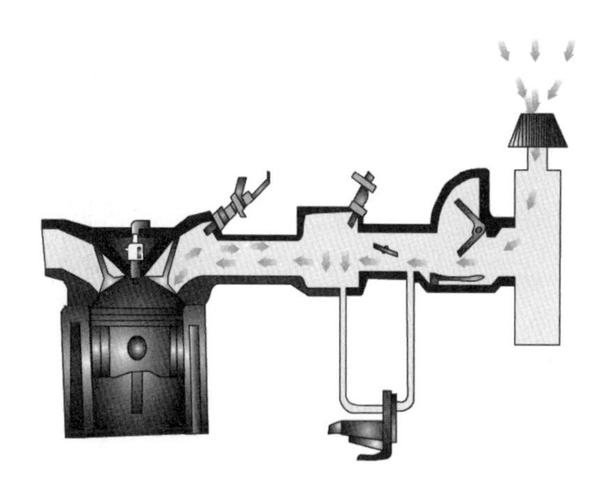

圖 3-2.5　進氣噪音

當進汽門開啓後，空氣由進汽門被快速吸入，速度由零迅速增加，在進汽歧管內產生壓力脈衝，而產生脈衝噪音。隨著活塞的繼續運動，他逐漸消失；進汽門開啓時關閉時，也會形成一個持續一段時間的壓力脈衝，由此形成

週期性的進氣噪音。此週期性的進氣噪音的基頻為

$$f_1 = \frac{nz}{60s} \tag{3-2.2}$$

其中 n 為引擎轉速（rpm），z 為氣缸數目，s 為行程係數，對二行程引擎 $s = 1$，四行程引擎 $s = 2$。

此外在進氣過程中，氣流高速流經汽門流通截面，空氣以高速通過進汽門截面處而形成渦流，從而產生渦流噪音，由於進汽門流通截面面積是變化的，其噪音一般是寬頻帶、連續的高頻噪音，主要頻率成份在 1000Hz 以上。渦流噪音的峰值頻率為

$$f_e = \frac{S_r \cdot v}{d} \tag{3-2.3}$$

其中 f_e 為渦流噪音主要峰值頻率（Hz）；S_r 為斯特勞哈爾數（Strouhal number），一般取 $S_r = 0.05$；v 為汽門處進氣截面的氣流速度（m/s）；d 為進汽門直徑（m）。

進氣噪音的大小與引擎的進氣方式、進汽門結構、缸徑、凸輪線型等設計及引擎轉速有關。裝空氣濾清器可大幅降低進氣噪音，再裝進氣消音器後，進氣噪音可獲進一步降低。

(2) 排氣噪音

當引擎的排汽門開啓時，燃燒後的廢氣以極大的速度流出，會產生不穩定的亂流而形成很大的噪音，此噪音經消音器降低後排入大氣，如圖 3-2.6 所示。在排氣過程中，最強的噪音是廢氣通過汽門時產生的渦流噪音。

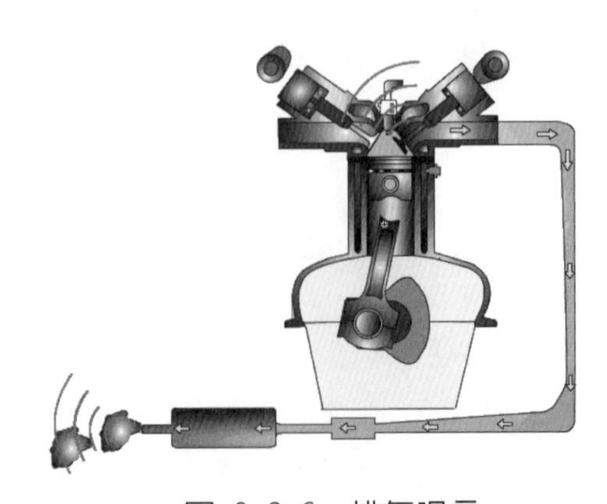

圖 3-2.6　排氣噪音

排氣噪音的頻率與引擎轉速有關，因此排氣噪音的頻譜圖的峰值頻率爲

$$f_k = \frac{ni}{60s}k \tag{3-2.4}$$

其中 n 爲引擎轉速（rpm），i 爲汽缸數，k 爲**階次**（Order），s 爲行程係數，對二行程引擎 $s = 1$，四行程引擎 $s = 2$，由傅立葉級數展開得知，隨著階次 k 的增加，其振幅大爲降低。

例題 3-2-1

某四缸四行程引擎轉速 1800 rpm，求其排氣噪音的峰值頻率。

以 $n = 1800$，$i = 4$，$k = 1$，$s = 2$ 代入（3-2.2）式，得排氣噪音的第一峰值頻率

$$f_k = \frac{1800 \times 4}{60 \times 2} \times 1 = 60 \text{ Hz}$$

(3) 風扇噪音

風扇噪音是由於葉片旋轉時，葉片切割空氣，因兩側流速不等，引起空氣的壓力變化而產生的。因空氣以風扇轉速旋轉，而成週期性的重現，如圖 3-2.7 所示。當葉片等間距時，它的**基礎頻率**（Fundamental frequency）爲

$$f = \frac{nZ}{60} \tag{3-2.5}$$

式中 n 爲風扇轉速（rpm），Z 爲葉片數。

此外，風扇運轉時其周圍氣體會產生渦流，而形成渦流噪音，它是寬頻噪音。渦流噪音氣流在旋轉的葉片界面上分離時，由於氣體具有黏性，滑脫或分裂成一系列的渦流，從而輻射一種非穩定的流動噪音。渦流噪音主要峰值頻率可用下式估計 [22]：

$$f_2 = \frac{S_r \cdot v}{d} \tag{3-2.6}$$

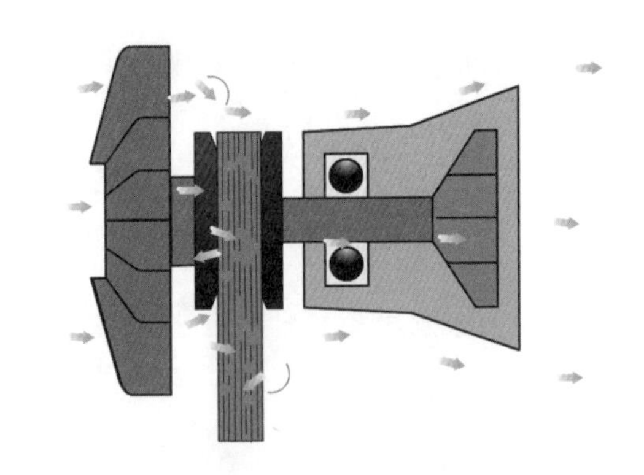

圖 3-2.7 風扇噪音

式中 f_2 爲渦流噪音主要峰值頻率（Hz）；S_r 爲斯特勞哈爾數（Strouhal number），取 $S_r = 0.14 \sim 0.2$；v 爲氣流與葉片之間的相對速度（m/s）；d 爲葉片在垂直於速度平面上投影的寬度（m）。

風扇噪音隨著風扇轉速增加而迅速提高，爲了降低風扇噪音值，通常可採用下列措施：

1. 不等間距葉片

   若使用等間距葉片，會產生聲壓位準較高的音調成分。採用不等間距葉片可避免產生高聲壓位準的音調成分，而達到降低噪音的目的。

2. 可採用風扇離合器使其適當時候運轉以降低噪音

   通常汽車行駛時風扇並不一定要運轉，可採用風扇離合器使其在引擎溫度超過某個値時才運轉，如此便可降低風扇噪音。

3. 設計適當的葉片形狀以降低渦流強度

   渦流強度與葉片形狀有很大關係，設計適當的葉片形狀可以降低渦流強度，達到降低風扇噪音的目的。

4. 選擇適當的葉片材料

   合成材料所製成葉片的噪音，比金屬材料製成葉片的噪音小。

3-2.3 皮帶噪音

除了上述提到的表面輻射噪音與空氣動噪音外，引擎室內還有皮帶噪音。汽車中使用的皮帶有正時皮帶與發電機、壓縮機等輔助件使用的輔助皮帶。皮帶的振動會引起噪音，皮帶的振動形式可分爲軸向振動、扭轉振動、側向振動及橫向振動，如圖 3-2.8 所示 [50]。皮帶噪音主要由皮帶橫向振動輻射引起的，其它形式的振動會和橫向振動耦合，加大橫向振動與噪音。

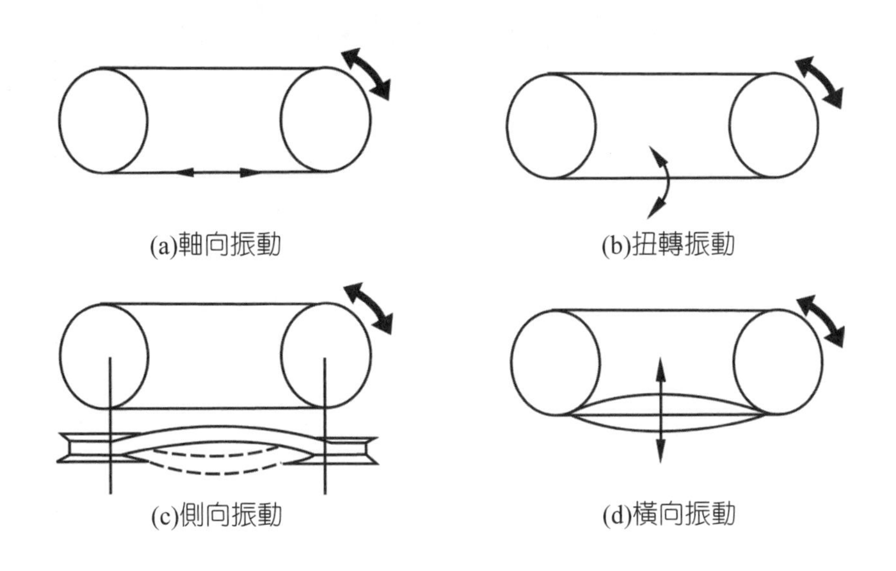

圖 3-2.8　皮帶的振動形式

(1) 輔件皮帶噪音

現今汽車引擎發電機、壓縮機、水泵等輔助件大多使用多楔皮帶（見圖 3-2.9），當皮帶打滑或皮帶不對中（見圖 3-2.10）時會發出明顯的噪音。多楔帶傳動功率大，空間相同時比普通 V 型皮帶的傳動功率的高 30%。多楔帶傳動系統結構緊湊，在相同的傳動功率情況下，傳遞裝置所占空間比普通 V 帶小 25%；多楔帶帶體薄，富有柔軟性，適應帶輪直徑小的傳動，也適應高速傳動，帶速可達 40m/s；振動小，發熱少，運轉平穩；多楔帶耐熱、耐油、耐磨，使用伸長小，壽命長。

圖 3-2.9　多槽皮帶

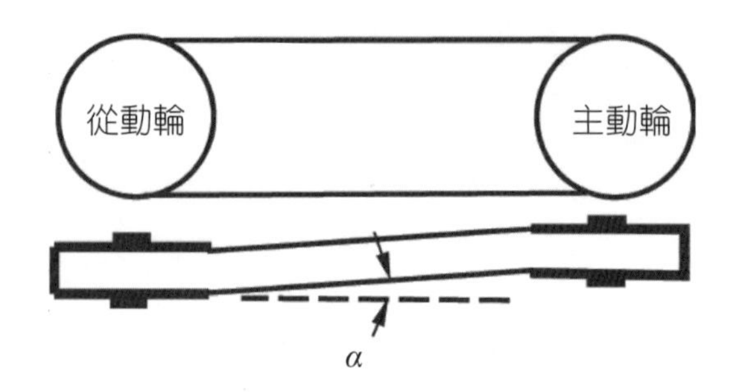

圖 3-2.10　皮帶不對中

由於曲軸的扭轉振動和載荷的過大，都可能引起皮帶打滑，當打滑與摩擦夠大時，會出現皮帶打滑的高頻噪音。調整皮帶的張力及皮帶與帶輪間的摩擦係數可降低打滑噪音。改善帶輪不對中可減少不對中噪音。

(2) 正時皮帶噪音

引擎的正時皮帶大都採用齒形皮帶（見圖 3-2.7）。當皮帶與帶輪相嚙合時，兩者的基節會產生偏差，而引起嚙合摩擦和衝擊，這種嚙合衝擊爲皮帶的週期性的激振，使皮帶產生橫向振動與中低頻嚙合噪音，其嚙合頻率爲

$$f=\frac{n}{60}\times Z \qquad (3\text{-}2.7)$$

式中，Z 爲齒帶輪齒數，n 爲齒帶輪轉速（rpm）。

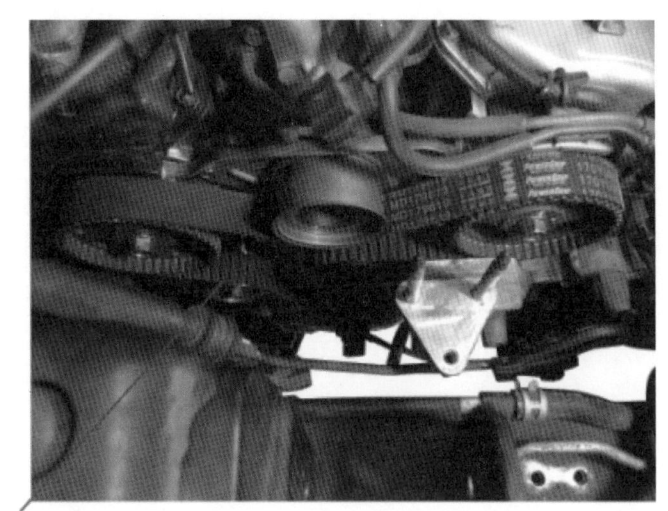

圖 3-2.11　某 V6 引擎之齒型正時皮帶

當嚙合頻率等於皮帶橫向振動的某一階自然頻率時，會引起共振和發出強烈的噪音。同時，每一個嚙合衝擊也會引起高頻的衝擊噪音。

降低齒型皮帶噪音的方法有改變皮帶與帶輪的張力，設計載荷分布以降低嚙合時的衝擊。

3-3 底盤噪音

底盤噪音包括由軸承、輪胎、煞車、傳動軸、變速箱、齒輪等產生的噪音，敘述如下：

3-3.1 傳動系噪音

(1) 齒輪噪音

見 3-2.1 節內齒輪噪音之說明。

(2) 軸承噪音

軸承噪音是由振動及摩擦所產生的。產生軸承振動的原因有：因製造上的誤差、使用後軸承內外滾道和滾珠或滾子表面的磨損、軸和軸承偏心不平衡引起的慣性力等，這些振動都會引起噪音。軸承轉動不平衡引起的噪音一般是低頻噪音。

軸承轉動過程中滾子或滾珠激發其滾動槽道振動是軸承噪音的最主要成分，這噪音是槽道的彎曲振動產生的，它的頻率成分與轉速無關。滾珠軸承的噪音大，頻譜也較寬。此外，當軸承內滾動件有銹斑、凹痕等缺陷時會與內外環撞擊而產生噪音，由於滾動件每一轉分別撞擊內外環一次，因此軸承會產生週期性的振動和噪音，如圖 3-3.1 所示。降低軸承噪音的方法爲提高軸承製造精度、提高軸承座的精密度及剛性、使用品質良好的油脂等。

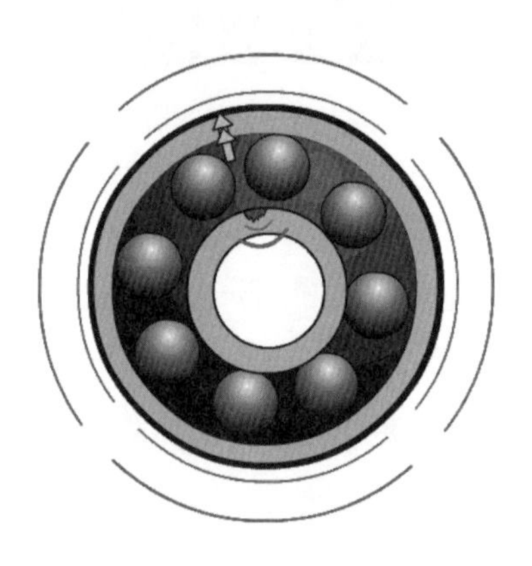

圖 3-3.1　軸承噪音

(3) 變速箱噪音

如圖 3-3.2 所示，變速箱內有許多齒輪和軸承，運作時會產生噪音。此外變速箱的表面是由殼件構成的，當振動傳至殼體時，殼體表面振動就會輻射噪音。

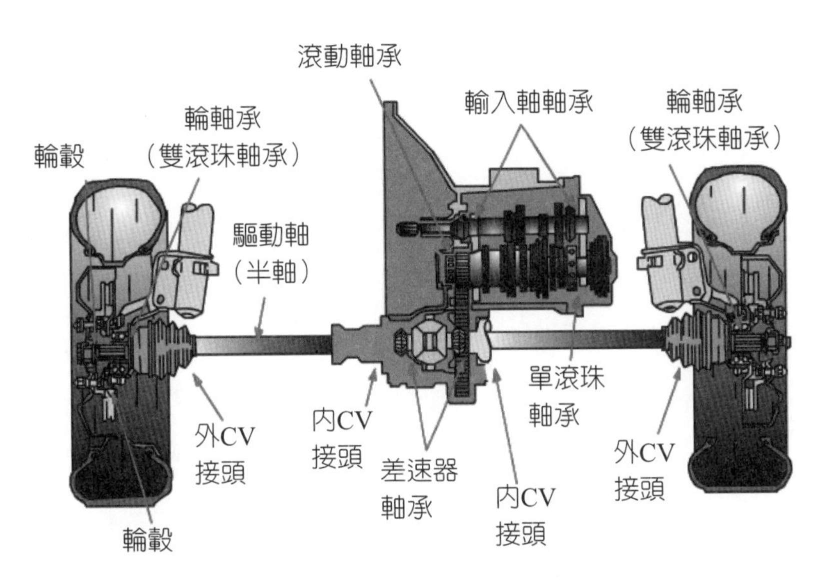

圖 3-3.2　變速箱噪音

(4) 傳動軸噪音

傳動軸振動、萬向接頭角度不正確及引擎本身扭矩的變化都會引起傳動軸噪音，如圖 3-3.3 所示，其中以傳動軸的振動是最重要因素。傳動軸的振動主要是因不平衡及旋轉時有彈性彎曲變形所造成的。一般情況下，傳動軸的不平衡會影響一**階次**（First order）振動，所謂的**階次**（Order）是指轉速對應的頻率 f 的倍數，例如一階次爲 f，二階次爲 $2f$，依此類推。例如傳動軸的轉速 1800 rpm，傳動軸不平衡時，我們在車內將量測到 1800/60 = 30 Hz 的振動峰值。當使用十字萬向接頭時，因其爲不等速萬向接頭，當主動軸均勻轉動一圈時，被動軸轉速會由大到小，再由小到大變化兩次，即被動軸的振動頻率爲主動軸的兩倍，也就是二階次振動。

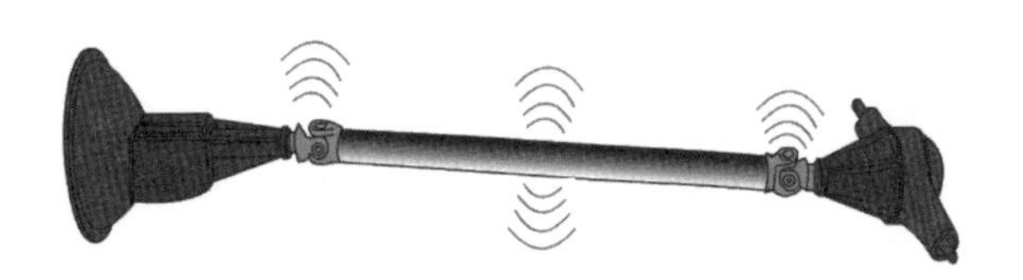

圖 3-3.3　傳動軸噪音

3-3.2 轉向系噪音

(1) 轉向機構噪音

原地轉動方向盤，它會激起轉向柱軸承座及萬向接頭轉動、或活塞液壓缸左右移動所發出的摩擦聲，稱爲轉向機構噪音，如圖 3-3.4 所示。因爲此聲響較小，一般都被引擎聲所蓋過。

圖 3-3.4　轉向機構噪音

(2) 轉向油路噪音

對功能正常的轉向機構，車輛怠速時，原地轉動方向盤至極限位置，由動力泵機構傳來的「吱吱聲」，稱爲轉向油路噪音。這種噪音是正常的，它是因爲方向機內的活塞已運動到極限位置，油路回流所產生的，如圖 3-3.5 所示。

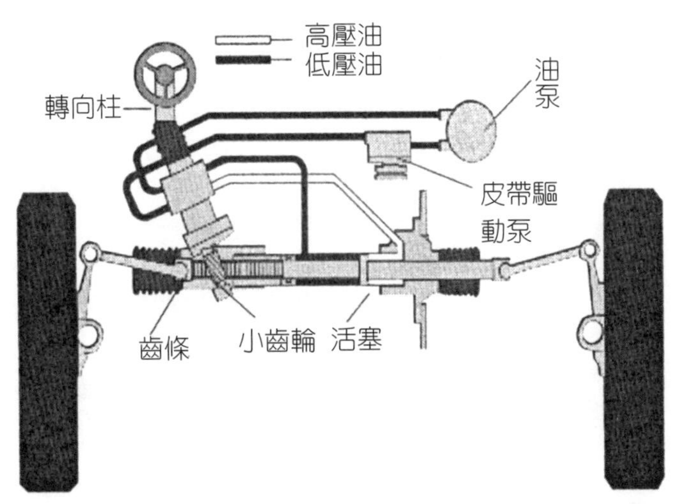

圖 3-3.5　轉向油路噪音

3-3.3 輪胎噪音

(1) 道路噪音

道路噪音（Road noise）屬於結構傳音，又稱爲路面噪音，它是由於路面的凹凸不平對輪胎產生激振，振動經過懸吊系統傳至車身而產生的噪音。道路噪音的頻率與車速無關，但音量隨車速增高而增大，如圖 3-3.6 所示。

圖 3-3.6　道路噪音

(2) 胎紋噪音

胎紋噪音（Pattern noise）爲空氣傳音，它是因輪胎在接地時，輪胎花紋溝部的容積縮小，溝內的空氣被擠出；而當胎面離地時，溝部的容積恢復，空氣流入溝內。這樣因空氣流出、流入胎紋溝槽內而產生的噪音稱爲胎紋噪音，此噪音的頻率會隨車速增加而增高，如圖 3-3.7 所示。

圖 3-3.7 胎紋噪音

3-3.4 煞車噪音

(1) 來令片磨損噪音

煞車噪音主要是由於制動器的振動而引起的。鼓式煞車噪音主要起因於蹄片和煞車鼓的接觸不均勻或接觸不良，兩者間的摩擦係數隨滑動速度變化，從而引起振動並輻射噪音。與此同時，變化的摩擦力有可能激發制動器某些零組件共振，產生強烈的噪音，如圖 3-3.8 所示。

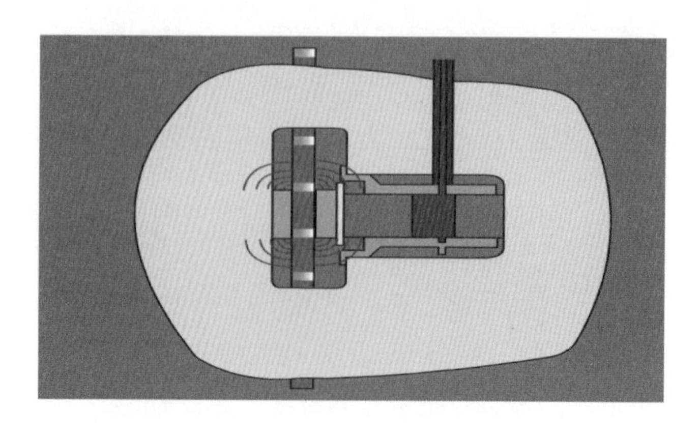

圖 3-3.8 來令片磨損噪音

碟式煞車噪音，主要是由於來令片振動激起碟盤體做軸向振動而產生的。在某些情況下，卡鉗的振動也會造成大的煞車噪音。爲了減少碟式煞車噪音，可在煞車來令片上裝上消音墊片。

煞車時也可能產生高頻的**煞車尖叫聲**（Squeal），它發生在鼓式煞車蹄片的端部及根部與煞車鼓接觸的情況。尤其當制動器經劇烈工作後冷卻下來時，煞車尖叫聲最有可能發生。

(2) 碟盤磨損噪音

來令片摩擦力的變化（因摩擦材料的硬化）及煞車圓盤、煞車鼓或煞車底板剛度不足會產生共振。當踩下煞車時，煞車片和圓盤產生高音調的尖銳聲，此乃圓盤磨損不均所造成，如圖 3-3.9 所示。研磨煞車盤（需在磨耗限度內），即可改善。爲了降低尖叫聲，可增加碟盤及煞車鼓的剛度來改進。另一種減少煞車噪音的方法是在煞車片的背面及消音墊片之間途上碟式煞車專用黃油以減少噪音。

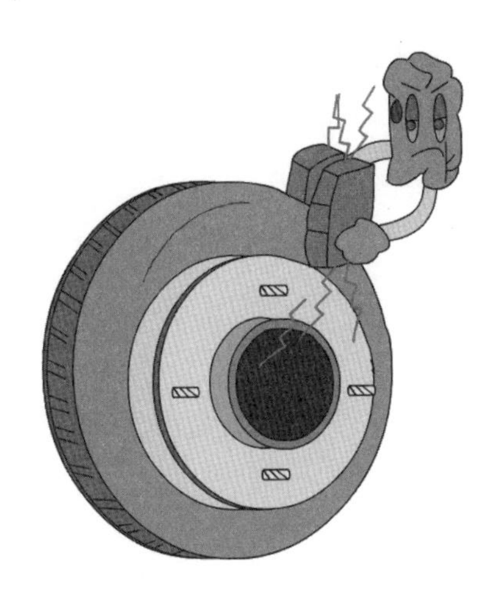

圖 3-3.9　碟盤磨損噪音

在鼓式煞車方面，當踩下煞車踏板時，煞車蹄片和煞車鼓產生的摩擦力，使煞車蹄片產生振動或使煞車鼓與煞車底板產生共振而產生噪音。此時可檢查煞車蹄片材質是否硬化、是否磨損不均，煞車鼓摩擦面是否磨損不均或失圓。

汽車煞車時發出的低頻噪音主要是材料的摩擦特性所造成的，要降低這種低頻噪音必須經由改進摩擦材料性質來完成。

3-4 車身噪音

車身噪音主要是由：(1) 車身振動所引起的車身振動噪音；(2) 空氣與車身間的衝擊和摩擦所引起的**風切聲**（Wind noise）。前者所引起的噪音受車身結構、引擎安裝型式及其他各種激振源特性影響；而後者只受車身外型結構及汽車行駛速度的影響。在一般情況下以車身振動噪音較大。車身噪音包含車身振動噪音、風切聲和車內噪音，分述如下：

3-4.1 風切聲

當汽車低速行駛時，車內噪音的主要來源爲引擎噪音、道路噪音、胎紋噪音，風切聲較少，但當車速超過 80 km/h 時，風切聲便佔很重要的地位，並且隨車速增加而所佔的成分更加重。會發生風切聲的主要原因爲：(1) 車身外部的突出物如照後鏡、天線、雨刷等；(2) 門窗、擋風玻璃的飾條密封不良；(3) 車身表面的溝縫及車表面彎曲等所引起的噪音。風切聲也稱風切噪音或風噪音，它可大致分類如下：

(1) 風振噪音

汽車高速行駛時打開一個車窗，車室就相當於一個**荷姆霍茲共鳴器**（Hemholtz resonator），其共振頻率爲

$$f_n = \frac{c_0}{2\pi}\sqrt{\frac{A}{V(t+0.96A)}} \tag{3-4.1}$$

其中 c_0 爲聲速（m/s），A 爲車窗開啓面積（m^2），t 爲窗框厚度（m），V 爲車室體積（m^3）。

當汽車行駛時氣流與窗框互相衝擊產生的壓力波頻率與荷姆霍茲共鳴器共振頻率 f_n 相同時，車室內就會產生空氣共鳴而發出低頻噪音，稱爲**風振噪音**（Wind flutter），如圖 3-4.1 所示。當車窗開大些時，共振頻率改變，風振噪音會明顯改變。

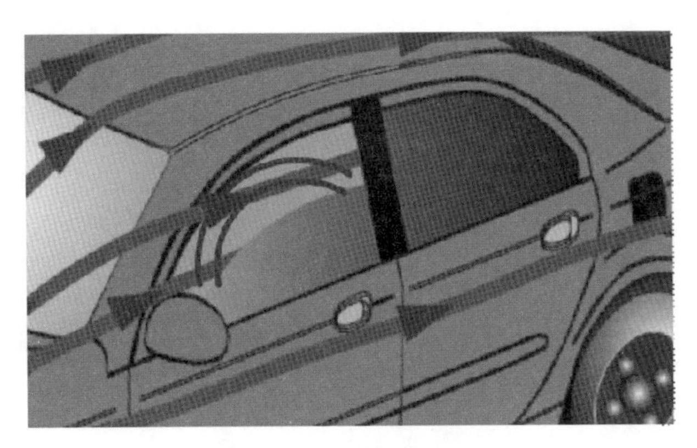

圖 3-4.1 風振噪音

(2) 照後鏡噪音

此乃空氣流經車身外部凸起物（如天線、照後鏡等）而產生的渦流噪音，如圖 3-4.2 所示。當照後鏡蓋與其底座間隙過大時，噪音會很明顯。

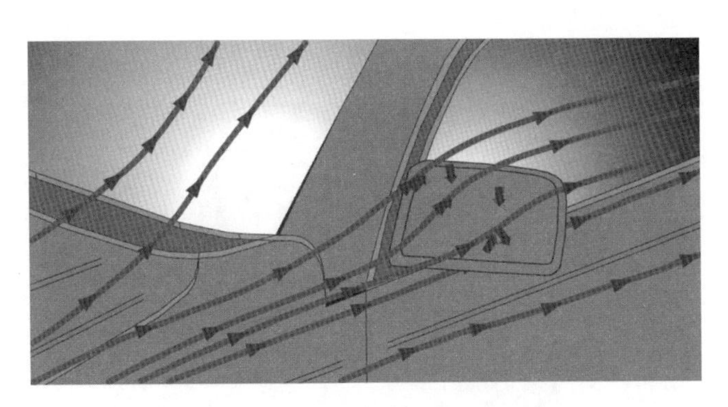

圖 3-4.2 照後鏡噪音

(3) 風漏噪音

汽車高速行駛時，空氣流經車門、車窗表面，車內外的壓力差造成車內氣壓較車門、車窗之密封飾條的氣壓大，使車內空氣經過防水橡膠密封飾條流出車外，並使車外噪音傳至車內，這樣產生的噪音稱爲**風漏噪音**（Aspiration noise），如圖 3-4.3 所示。

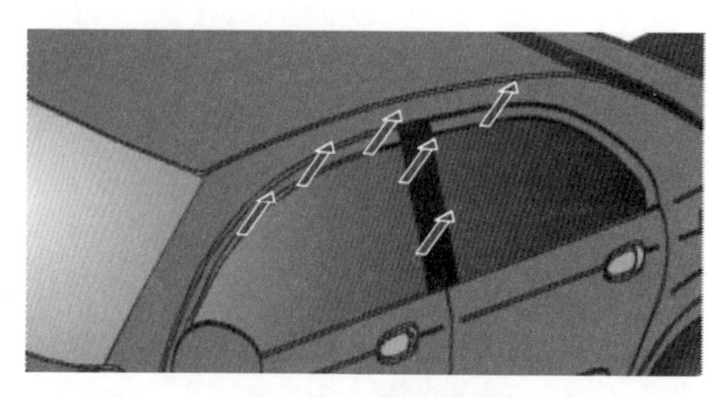

圖 3-4.3 風漏噪音

(4) 空氣流動噪音

空氣與車身摩擦所生成的噪音，或空氣流經汽車表面，因空氣的加速產生亂流，致使空氣振動而產生的噪音，稱為空氣流動噪音，也稱為**亂流噪音**（Turbulence noise），如圖 3-4.4 所示。對空氣流動噪音應檢視車身表面是否有零組件會妨礙或影響空氣流動。

圖 3-4.4 空氣流動噪音

(5) 哨音

空氣流經密閉不良的狹窄通道、孔，會使氣流加速而形成**哨音**（Whistle），如圖 3-4.5 所示。對哨音應檢查零組件之間的間隙，孔與間隙之間是否有毛邊、段差等。

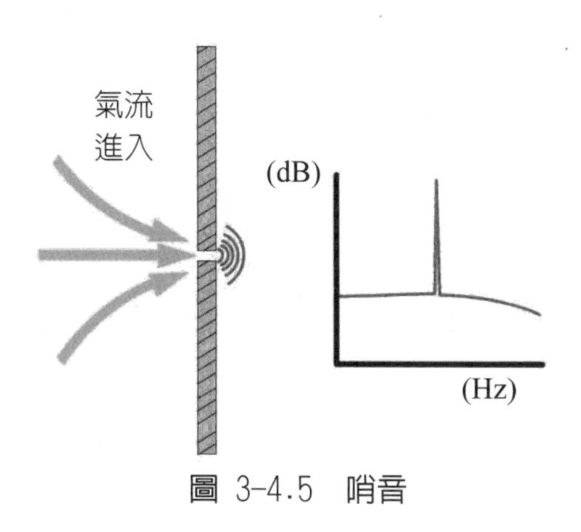

圖 3-4.5　哨音

(6) 啪啪聲

當空氣流經狹小通道產生振動，致使機件唇部振動而發出之噪音，稱為**啪啪聲**（Reed noise）。圖 3-4.6 為啪啪聲的模型，氣流經過狹小通道，引起唇部 m 的振動，使得氣流通過時壓力變化而產生啪啪聲。

若門飾條沒有裝得很好，在某些地方有些小孔，這些飾條因有小孔而類似人們的唇部有一個小口，當氣流流經唇部而產生啪啪聲。

對啪啪聲應檢查橡膠飾條的唇部的自由間隙，較易發生啪啪聲的部位除了門飾條外，還有車擋風玻璃上端的橡膠條、車蓋密封橡膠等地方。

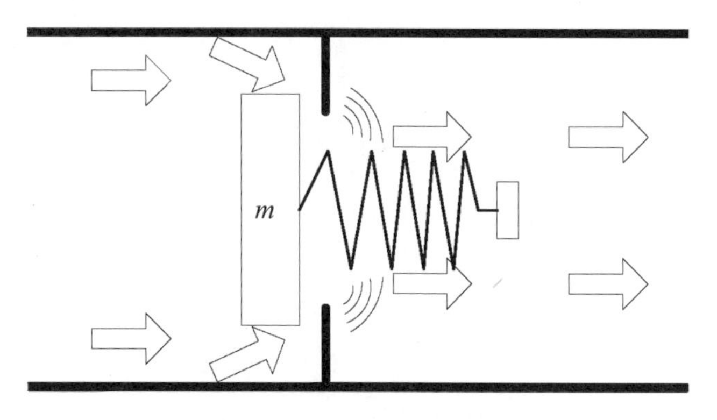

圖 3-4.6　啪啪聲的模型

3-4.2 車內噪音

由於引擎噪音、道路噪音、進排氣噪音、煞車噪音、輪胎噪音、風噪音等都會傳至車室使得車內噪音變成非常複雜。我們在此僅討論車內零組件之間的**晃動聲**（Rattle）、**擠壓聲**（Squeak）。此外，車內本身形成一定形狀的封閉空腔，我們也探討空艙共鳴噪音。

(1) 晃動聲

晃動聲是汽車的元件因鬆動、裝配不良、老化等因素造成元件之間有間隙。當汽車運行（行駛、發動等）時，產生的振動造成元件之間的間斷接觸而發出的聲音。圖 3-4.7 所示為兩機件間有微小間隙，當汽車行駛時會因為振動造成兩機件的間斷式接觸而發出晃動聲。圖 3-4.8 所示為儀表板內元件晃動所發出的異音。

圖 3-4.7　元件晃動聲

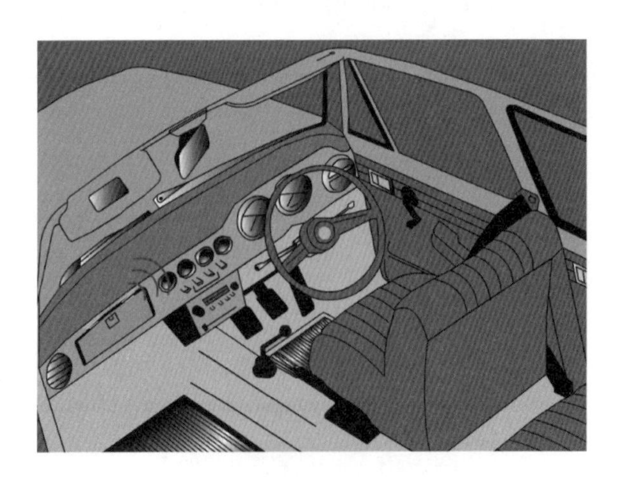

圖 3-4.8　儀表板內元件晃動聲

⑵ 擠壓聲

擠壓聲為汽車內的元件，原來就有接觸，但因鬆動、裝配不良、老化等因素造成汽車運行時，元件之間因連續滑動接觸而發出之聲音。

晃動聲和擠壓聲不一定隨時會出現，有時為了讓這些異音再現，可用汽車起步、停止、轉向、行駛至突起物、碎石或平滑路面等讓異音再現。圖 3-4.9 為一個金屬杯子在金屬桌面上滑動時發出之聲響，此動作類似於車內元件互相滑動接觸而發出擠壓聲之動作。

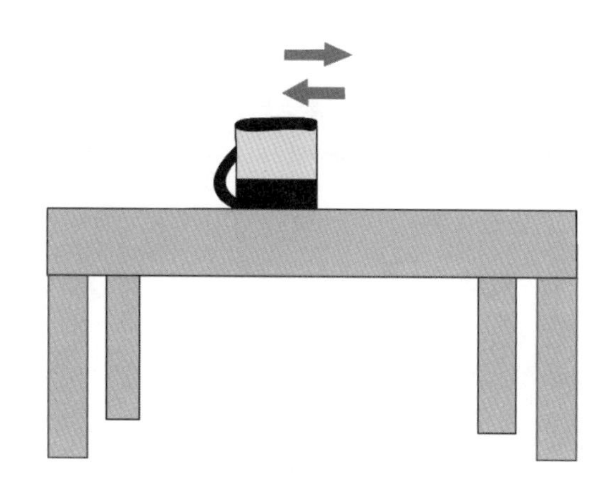

圖 3-4.9　杯子與桌面之擠壓聲

從以上分析可知：晃動聲為兩機件因間斷式接觸而發出的異音；擠壓聲為兩機件因連續滑動接觸而發出的異音。

⑶ 空艙共鳴噪音

車室本身是一個封閉的空艙（空腔），各種激振力傳至車室使車室產生振動，當激振力的頻率與車室自然頻率相同時，會發生共振，並使車室產生空艙共鳴現象，將車內噪音放大，如圖 3-4.10 所示。產生空艙共鳴的主要激振力來源有傳動軸的彎曲振動、懸吊彈簧共振、車身的彎曲振動等。

圖 3-4.10　空艙共鳴噪音

習題

1. 某四缸四行程引擎轉速為 2400 rpm，求其排氣噪音的頻率。
2. 某齒輪的齒數 20，轉速 30 rpm，求齒輪的嚙合頻率。
3. 簡述道路噪音及胎紋噪音。
4. 引擎噪音分哪兩大類？
5. 風切聲大致有哪幾種？

Chapter
第四章

故障診斷程序及方法

所謂汽車噪音與振動問題是指汽車聲音的響度或振動幅度超過正常的程度或汽車出現異音或異常振動。汽車出現噪音與振動問題，經常會造成駕駛及乘客的不舒服，同時也很可能是汽車故障的前兆。因此，如何較有效率地作汽車噪音與振動問題的故障排除，就成了汽車教育界及修護業的重要課題。本章介紹汽車噪音與振動問題的故障診斷程序、診斷注意事項及常用的診斷方法。瞭解及熟悉本章的內容，可提高故障排除的效率。

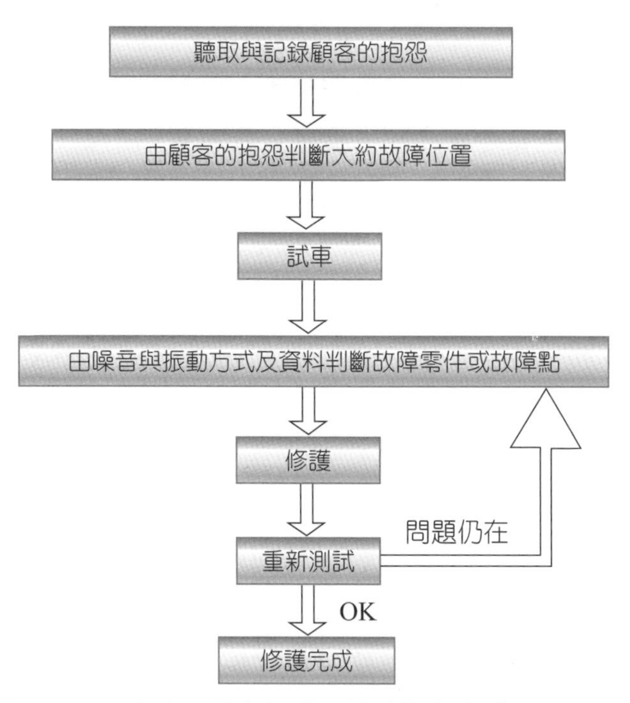

圖 4-1.1　汽車噪音與振動問題診斷與修護流程圖

4-1 診斷程序

當汽車出現噪音與振動問題時，可應用圖 4-1.1 所示的診斷與修護流程圖進行診斷和修護。下面我們介紹一些注意事項：

4-1.1 聽取與記錄顧客的抱怨

汽車噪音與振動問題相當繁瑣，常讓修護者摸不著頭緒，但我們可用初步診斷表（見表 4-1.1）詳細記錄顧客所述有關之汽車噪音與振動問題，以利於作初步診斷。

4-1.2 試車

經過上述的初步診斷後，試車以尋找噪音及振動源。試車時需特別注意下列事項：

(1) 車速及引擎轉速

大多數的汽車噪音與振動問題都對應於某一個轉速或速度區段，從出現噪音與振動問題時的車速及引擎轉速範圍，我們可以大致判斷這些噪音或振動問題可能出自何處。當汽車零組件鬆脫、磨損或不平衡時所造成的噪音和振動問題，出現在各種不同車速範圍，如表 4-1.2 所示[37]。

表 4-1.1　汽車噪音與振動問題初步診斷表

顧客姓名		車牌號碼		製造日期	
住址		車型		交車日期	
		修護日期		里程數	km
何時		□停車/駐車：	□發動	□怠速	
		□起步：	□離合器接合時	□離合器接合後	
		□行駛：	□加速	□減速	□定速
			□滑行	□換檔時	
		□煞車：	□踩下煞車	□煞車作用後	
行駛狀況	車速	□低速 □中速 □高速 從 km/h 到 km/h			
	引擎轉速	□低轉速 □中轉速 □高轉速 從 rpm 到 rpm			
	乘客數				
	冷氣	□開 □關 □送風			
	排檔桿位置	手排: □1 □2 □3 □4 □5 □R □N			
		自排: □P □R □N □D □2 □1 OD: □ON □OFF			
	路面狀況	□柏油路	□非柏油路	□崎嶇不平	□平滑
		□乾燥路面	□潮濕路面		
	轉彎或直行	□右轉 □左轉 □直行 □倒車			
	行李箱載重	□輕 □中 □重			
	坡度	□平地 □上坡 □下坡			
噪音	發生處	車箱內： □車門 □車窗 □車頂			
		外部： □引擎蓋下 □行李箱 □底盤 □輪胎			
	方向	□前 □後 □左 □右 □無法辨別			
	聲音的類型	□摩擦聲	□衝擊聲　　聲	□隆隆聲	□機械性噪音
		□嘶嘶聲	□壓抑聲	□其他	
	聲音多久發生	□持續 □時常 □偶爾			
	情況	□頻率之變化和車速成比例	□頻率之變化和引擎轉速成比例	□音量呈周期性變化	□高音調的聲音
		□低沉的聲音	□其他		
振動	發生處	□方向盤	□儀表板	□煞車踏板	□排檔桿
		□車椅	□車門	□車窗	□車頂
	方向	□前 □後 □左 □右			
	振動方向	□前後	□左右	□上下	□旋轉
		□無法辨別			
	情況	□頻率之變化和車速成比例		□頻率之變化和引擎轉速成比例	
		□其他			
備註					

表 4-1.2　汽車零件出現噪音與振動的車速範圍

車速（km/h）	0	20	40	60	80	100	120	
引擎支座鬆脫或破裂								對引擎轉速敏感
引擎附件鬆脫或破裂								
皮帶鬆弛或磨損								
萬向接頭變形								對車速敏感
傳動軸不平衡或磨損								
萬向接頭角度不正確								
輪胎磨損不均勻								
輪胎或車輪徑向磨損								
輪胎或車輪橫向磨損								
輪胎不平衡								
車輪軸承問題								
等速萬向接頭磨損								
前軸或後軸的齒輪或軸承噪音								對加減速敏感
變速箱襯套磨損								
萬向接頭磨損								
萬向接頭角度不正確								
底盤後部零件鬆脫或磨損								
等速萬向接頭磨損或損壞								

------------ 噪音　　　———— 振動

⑵ 引擎負荷

汽車引擎與底盤的噪音及振動問題，多數和負荷成正比變化，即負荷愈大，噪音或振動也就愈顯著。

⑶ 變速箱的排檔位置

藉由變速箱檔位及汽車的行駛或靜止，經常可判斷噪音與振動問題是來自引擎或底盤。

⑷ 噪音或振動的頻率

汽車的噪音和振動大都有一定的頻率範圍，由經驗來判斷或儀器來量測噪音或振動的頻率是故障診斷的關鍵之一。因此，在試車時需特別注意噪音或振動問題的頻率。圖 4-1.2 是常見汽車噪音的頻率範圍圖 [3,5]。

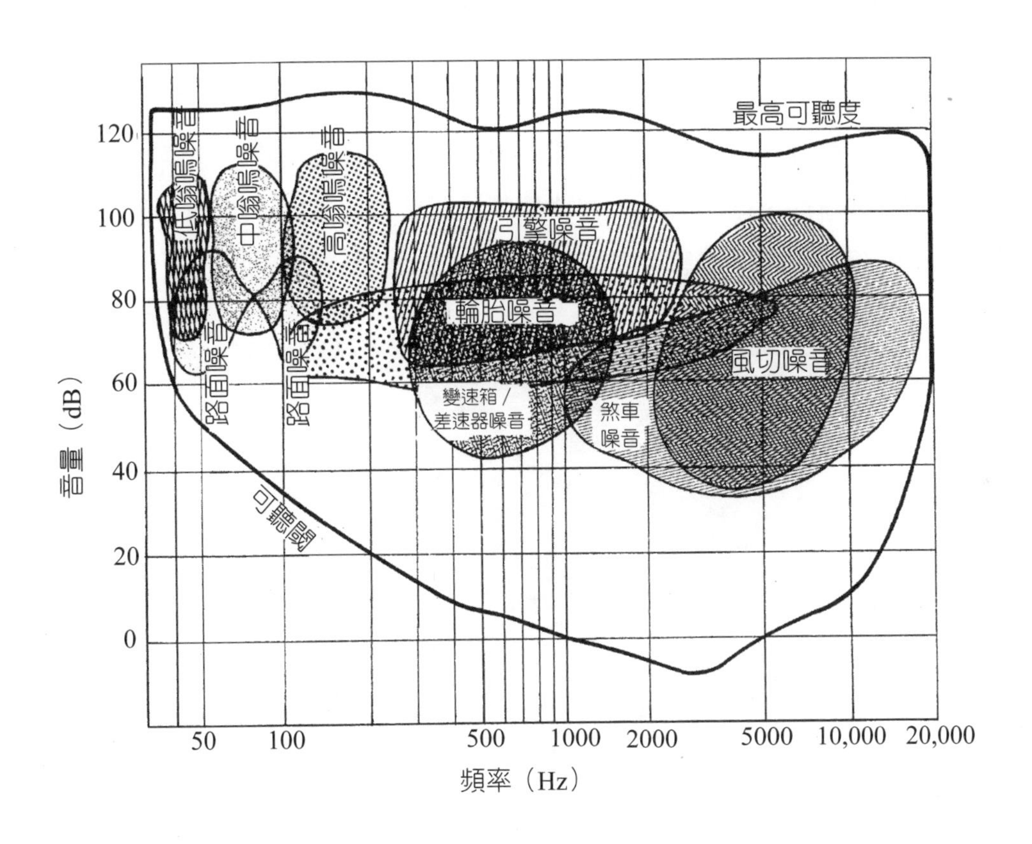

圖 4-1.2　常見汽車噪音的頻率範圍圖

4-2 診斷方法

我們將汽車噪音與振動問題的診斷方法，較有系統的歸類爲傳統診斷法及應用掌上型振動噪音分析儀的診斷方法，敘述如下：

4-2.1 傳統診斷方法

(1) 聽診法

這是一般使用最廣的方法，可用金屬棒或聽診器（見圖 4-2.1）抵在汽車的某個部位（例如引擎、發電機、油泵）來聽異音，如圖 4-2.2 所示；或用空心管置於引擎皮帶輪附近直接聽取空氣傳來的聲音，來判斷異音源。在使用聽診器時，應根據噪音的出現部位及其變化情形，在不同的區域進行聽診。例如，連桿軸承和曲軸軸承鬆動之異音是在引擎中下部。此外引擎各零件發出聲音最明顯時的轉速都不同。因此，在使用聽診器檢查引擎時，應利用改變引擎轉速的方法，在不同的轉速或突然改變轉速，這樣對異音源的尋找很有幫助。

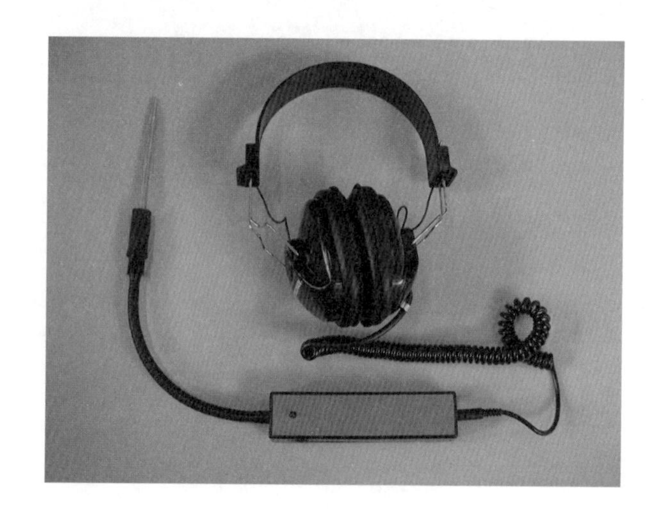

圖 4-2.1　聽診器

(2) 改變負荷法

汽車引擎與底盤的異音與異常振動問題，其強度多數和負荷成正比變化，即負荷愈大，噪音與振動也就愈顯著。根據汽車異音與異常振動隨負荷變化的規律及特點，可判斷故障的位置及性質。負荷法係改變汽車某機件、機構或系統的負荷，以突出某些不明顯的異音與異常振動，或讓明顯的異音與異常振動減弱或消失。改變負荷的方法有下列幾種：

圖 4-2.2　用聽診器作故障診斷

(a) 起步法：

當汽車起步時由於慣性力，零組件承受較大的負荷，可突顯出某些異音與異常振動問題。

(b) 改變汽車速度法：

汽車轉動件不平衡或定位偏離設定值時，當汽車低速行駛時產生的異音與異常振動不是很明顯。提高車速時因不平衡或定位偏離所造成的異音與異常振動問題會增強。此法可用來檢查曲柄連桿機構、傳動軸及車輪等是否平衡不良，車輪定位是否在允許的設定值內。

(c) 踩踏油門法：

將油門踏板從鬆油門狀態突然踩下，使引擎轉速突然升高，然後再鬆油門讓轉速快速下降，並重複上述步驟。此方法主要用於引擎異音問題之診斷。

⑶ 轉速及速度法

當汽車引擎轉速或行駛速度對應的頻率等於汽車車身、系統或零組件的自然頻率時，會產生共振現象，使異音響度或振動幅度增大。即汽車異音與異常振動通常都對應於某一個轉速或速度區段，從這些區段可診斷可能的原因。例如，傳動軸不平衡所發出的聲音在中等車速時比較明顯，而高速行駛時並不顯著。

(4) 從汽車的新舊或修護後的特點作診斷

新車出現異音與異常振動問題多半是某零組件鬆動或裝配不當；舊車發生噪音與振動問題則大多是老化、磨損或鬆動等原因所造成的；修護後的汽車出現異音與異常振動問題一般是調整不當，螺栓、螺帽等未按規定扭力鎖緊，皮帶太鬆或太緊，漏裝或裝錯零件所造成的。

(5) 同型車比較法

如果與同型車相比，大多數車都有同樣的噪音與振動問題，這表示設計或製造出了問題。

(6) 貼膠帶或化學土至可疑空隙法

此法適用於風切聲等高速空氣流動噪音。將膠帶（見圖 4-2.3）或化學土貼至可疑空隙，如後視鏡、門縫等，如果噪音消失，則該處很可能密封不良或縫隙過大。

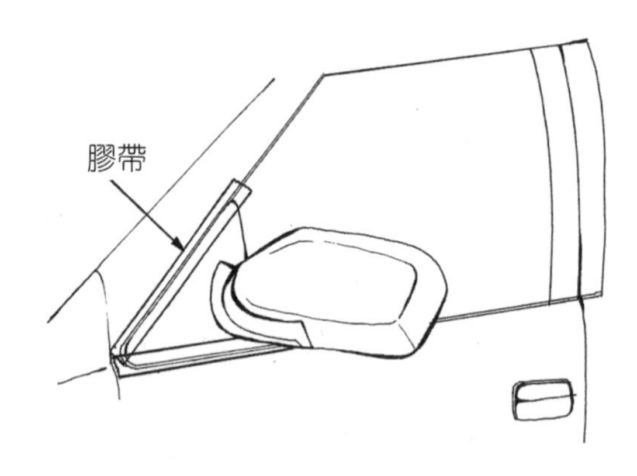

圖 4-2.3　貼膠帶至可疑空隙

(7) 擠壓、敲打、搖動可疑部位法

當零組件因間隙改變或鬆動時，我們擠壓、敲打、搖動可疑部位，機件可能會相對滑動或振動而讓異音突顯出來。此法對診斷車內異音如**晃動聲**（Rattle）、**擠壓聲**（Squeak）等很有用。

⑻ 溫度法

引擎剛發動時溫度較低，有些異音會顯現出來，當溫度升高時異音又會減弱或消失。例如，有些軸承異音冷車時較明顯，熱車時異音會減弱。

⑼ 潤滑法

噴潤滑劑（如 WD40 或油脂）至可疑部位，如果異音消失，很可能該部位有問題。例如，某些車門的鉸鏈在開關車門時出現異音，經噴 WD40 後異音消失或減弱，可確定該零組件欠缺潤滑或零件磨損過度，可噴塗油脂或更換零組件。

⑽ 某缸不噴油或不點火法

如果讓某缸不點火或不噴油時，噪音如果減弱許多或消失，則可能該缸有問題。

4-2.2 應用掌上型振動噪音分析儀法

隨著修護人員知識水準的提高及單通道掌上型振動噪音分析儀（見圖 4-2.4）的便宜化，現在正是推廣使用此法的時機。傳統診斷法有賴經驗之累積，有時亦會判斷錯誤或找不出問題之所在，可藉此種儀器彌補上述診斷方法之不足。掌上型振動噪音分析儀，可用來量測汽車噪音或振動的頻譜圖，藉由頻譜圖上的峰值頻率，配合汽車知識去判斷那個零組件會產生這個峰值頻率，進而找到故障源。由於轉動件的頻譜圖較有規律，此法特別適合旋轉件的故障排除。量測噪音時將噪音計的 AC OUT 用線接至分析儀，噪音計便可當作量測噪音用的麥克風，或將分析儀裝上麥克風置於駕駛或乘客的耳朵附近，即可顯示出噪音的頻譜圖。量測振動時只要在分析儀上將專用電纜線裝上加速規，放置在振動元件表面，即可顯示振動頻譜圖。圖 4-2.5 所示爲利用磁性加速規置於座椅滑軌上量測垂直方向振動之圖。配合前述汽車噪音及振動的產生原理中所敘述之汽車噪音與振動問題發生的可能系統，這對故障的診斷較前述之傳統診斷法更準確。

頻率在故障診斷中是非常重要的判斷數據，可依與轉速有關與否分爲同步振動與非同步振動。

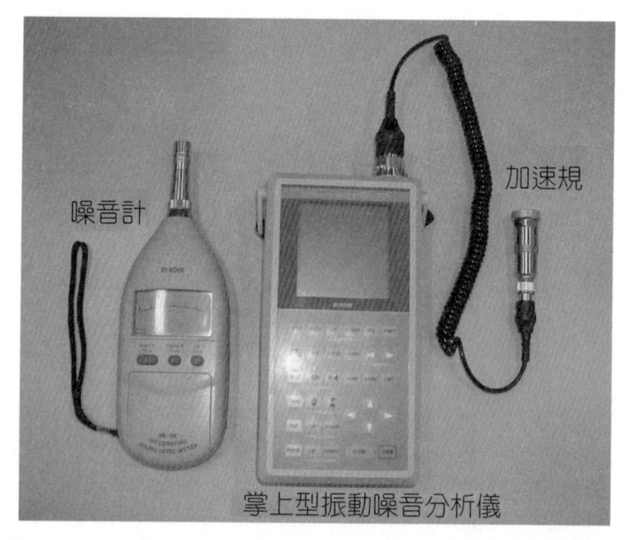

圖 4-2.4 掌上型振動噪音分析儀、加速規、噪音計

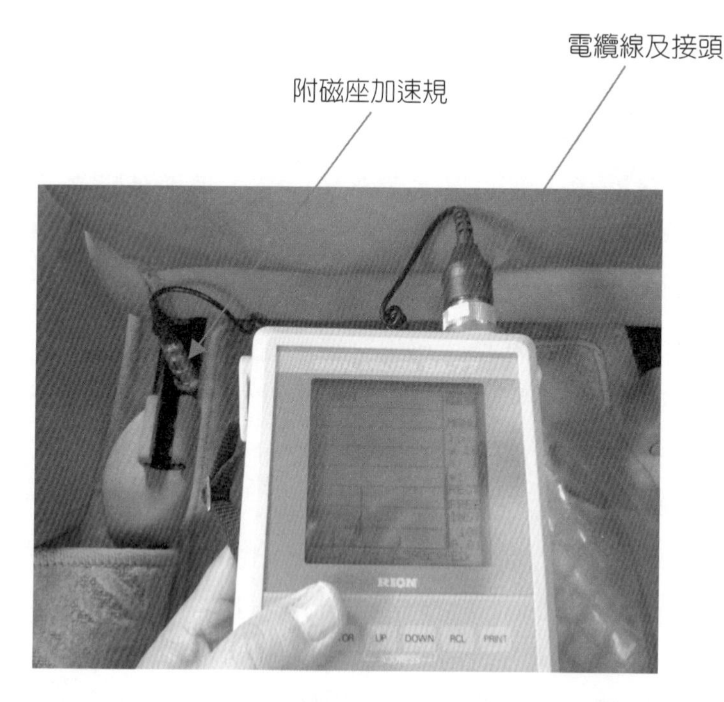

圖 4-2.5 用掌上型振動噪音分析儀作振動頻譜圖量測

同步振動指轉動機械或元件其振動的頻率是轉速對應頻率的整數倍。例如輪胎不平衡時，車輪每轉一圈產生離心力一次，當車輪轉速爲 360 rpm 時，其對應頻率 360/60 = 6 Hz，於是在頻譜圖上便會有 6 Hz 的峰值頻率。在振動

與噪音問題故障診斷中稱轉速對應的頻率爲**基頻**（Fundamental frequency）或 1 **階次**（First order）或以 1×rpm 表示。轉速對應的頻率的 2 倍稱 2 階次或以 2×rpm 表示，其它依此類推。

當振動的頻率不是轉速對應的頻率的整數倍而是有一些特定的振動頻率，這類振動稱爲非同步振動。

一般常見的汽車振動問題的產生原因大致有：(1) 轉動件不平衡；(2) 軸不對心；(3) 軸彎曲；(4) 結構共振。前三項屬於同步振動，而結構共振則屬於非同步振動，以下簡介這些故障的現象：

(1) 轉動件不平衡

汽車有許多轉動件如車輪、傳動軸等，當這些轉動件不平衡時，轉動產生的離心力的大小與轉速平方成正比。因此，轉動件不平衡的頻譜圖的峰值頻率爲 1×rpm，振幅隨著轉速增加而變大，如圖 4-2.6 所示。因此作故障診斷時若只有一個主峰，且其頻率與振幅隨轉速增加而加大，很可能的故障原因就是車輪或傳動軸等不平衡造成的。

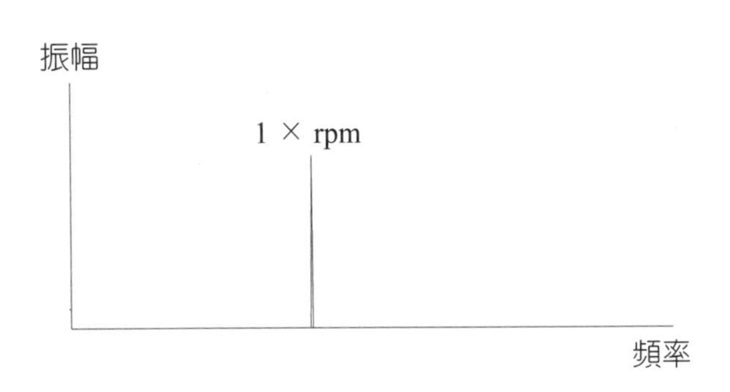

圖 4-2.6　轉動件不平衡的頻譜圖

(2) 軸不對心

軸不對心可分 (a) 平行不對心：轉軸中心線平行；(b) 角度不對心：轉軸中心線相交但不平行，如圖 4-2.7 所示。軸不對心的頻譜圖（見圖 4-2.8）特徵爲2 × rpm 有很大振幅，可能比 1 × rpm 還要大，且有若干**諧波**（Harmonics）存在。

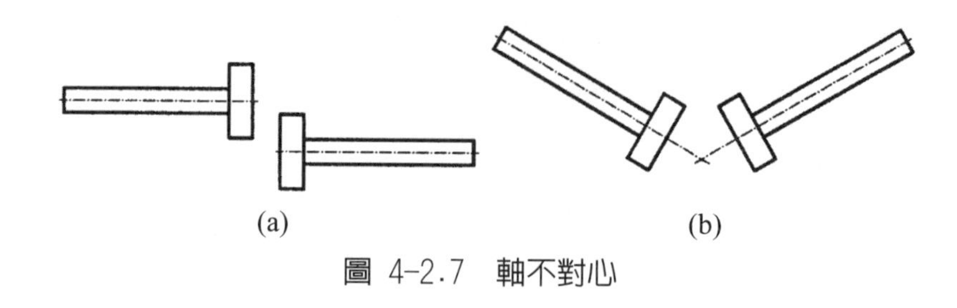

圖 4-2.7　軸不對心

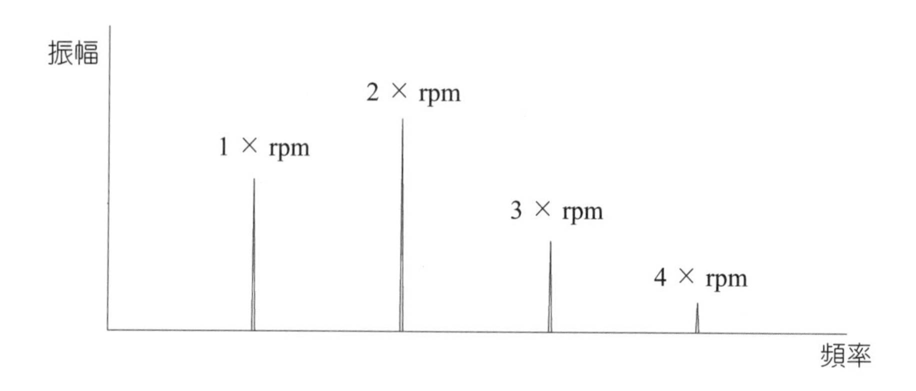

圖 4-2.8　軸不對心的頻譜圖

(3) 軸彎曲

軸彎曲的頻譜圖和軸不對心很類似（見圖 4-2.9），它在 1 × rpm 和 2 × rpm 的軸向振動大，在徑向 2 × rpm 比 1 × rpm 更大。

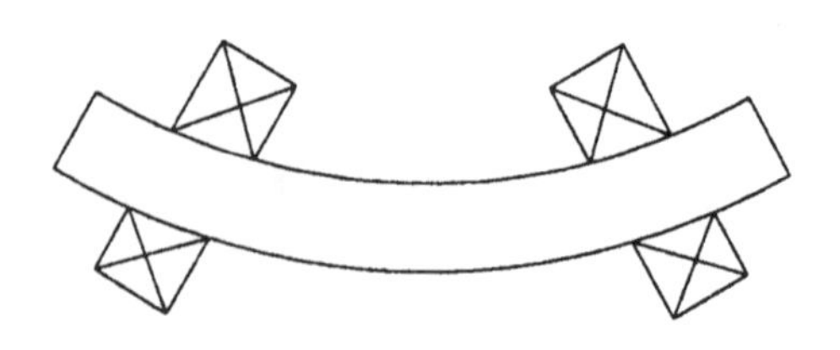
圖 4-2.9　軸彎曲

(4) 結構共振

當轉動軸、結構或零組件被轉速或激振力激起共振時，便會造成異常的振動。由於共振爲固定頻率的振動，其峰值頻率不變。當轉速或激振力避開結構的自然頻率時，振幅便會降低下來。

除了上述提到的振動源外，齒輪損壞或磨損、軸承損壞也會造成振動，但這些振動在汽車上相對較小，較難偵測出，一般較易以噪音的方式出現。但這些振動在一般機械上較容易偵測，圖 4-2.10 所示爲一部機器的振動頻譜圖，圖中的峰值有偏心質量造成的不平衡、軸承缺陷、齒輪嚙合引起的。

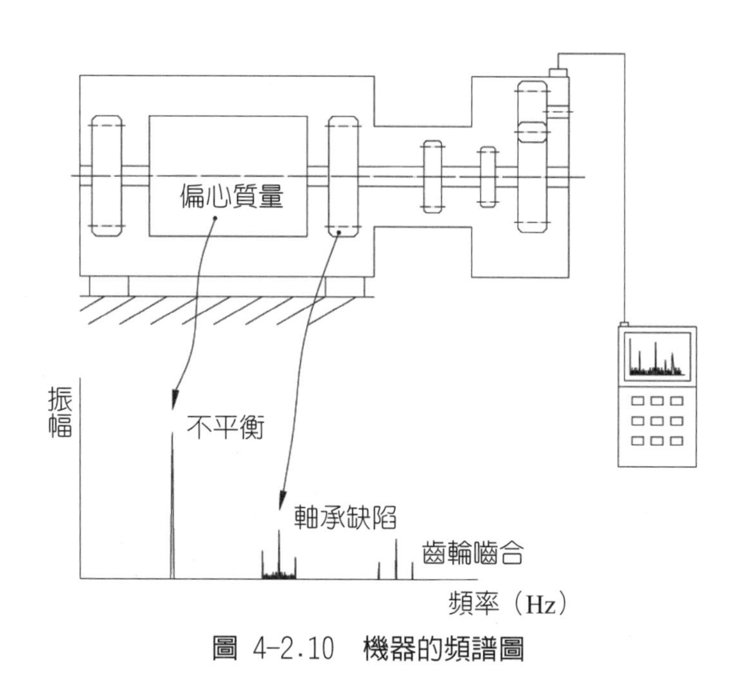

圖 4-2.10　機器的頻譜圖

使用分析儀做試車時，除需觀察車速、引擎轉速及引擎負荷大小外，還需特別注意下列事項：

(1) 頻率範圍

在測試時我們應該特別注意噪音與振動的頻率範圍，這是因爲大部分的問題都發生在某些特定的頻率範圍內。一般來說，從加速規或麥克風頻譜圖上的峰值落在那個頻率範圍，我們比較容易判斷這些噪音或振動可能出自何處。

(2) 結構振動噪音或空氣傳音

通常空氣傳音的頻率較高，而結構振動噪音的頻率較低。

⑶ 激振力的類型

產生汽車噪音與振動的激振力可分爲重覆性（週期性）、隨機性及衝擊性三種。不同的激振力其頻譜圖也不同。對重覆性激振力其頻譜圖爲離散形式；對隨機性激振力其頻譜圖爲連續形式；對衝擊性激振力其頻譜圖爲連續形式，但它的曲線較隨機性激振力曲線平滑，並且曲線會隨頻率增加而衰減至某值。激振力的類型對噪音與振動問題的解決很有幫助。

4-3 應用排除可疑系統和零組件法以縮小故障源

爲了較有效率地尋找故障源，可採用排除可疑系統和零組件法，來逐漸縮小故障源的範圍。此法簡述如下：

圖 4-3.1 所示爲汽車噪音與振動問題的主要可能零組件圖。應用排除可疑系統和零組件法，首先決定是引擎系統或底盤系統或車身所造成的問題，然後再判斷那個零組件是故障源。例如，手排車輛停止（引擎發動中），打入空檔，如果噪音與振動問題仍然存在，則問題是引擎或其相關零組件引起的。再將皮帶拆下，上述噪音與振動問題徵狀消失，則故障源可能是與皮帶相關的引擎輔助件（如發電機、水泵等）。圖 4-3.2 及圖 4-3.3 是我們應用排除可疑系統和零組件法，以尋找可能汽車異音源的大致流程圖。圖 4-3.4 及圖 4-3.5 是我們應用排除可疑系統和零組件法，以尋找汽車振動問題故障源的大致流程圖。

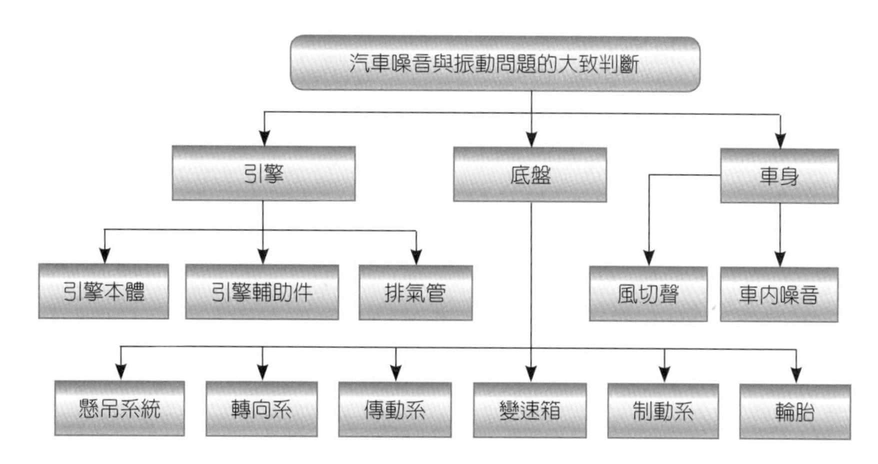

圖 4-3.1　應用排除可疑系統和零組件法尋找故障源流程圖

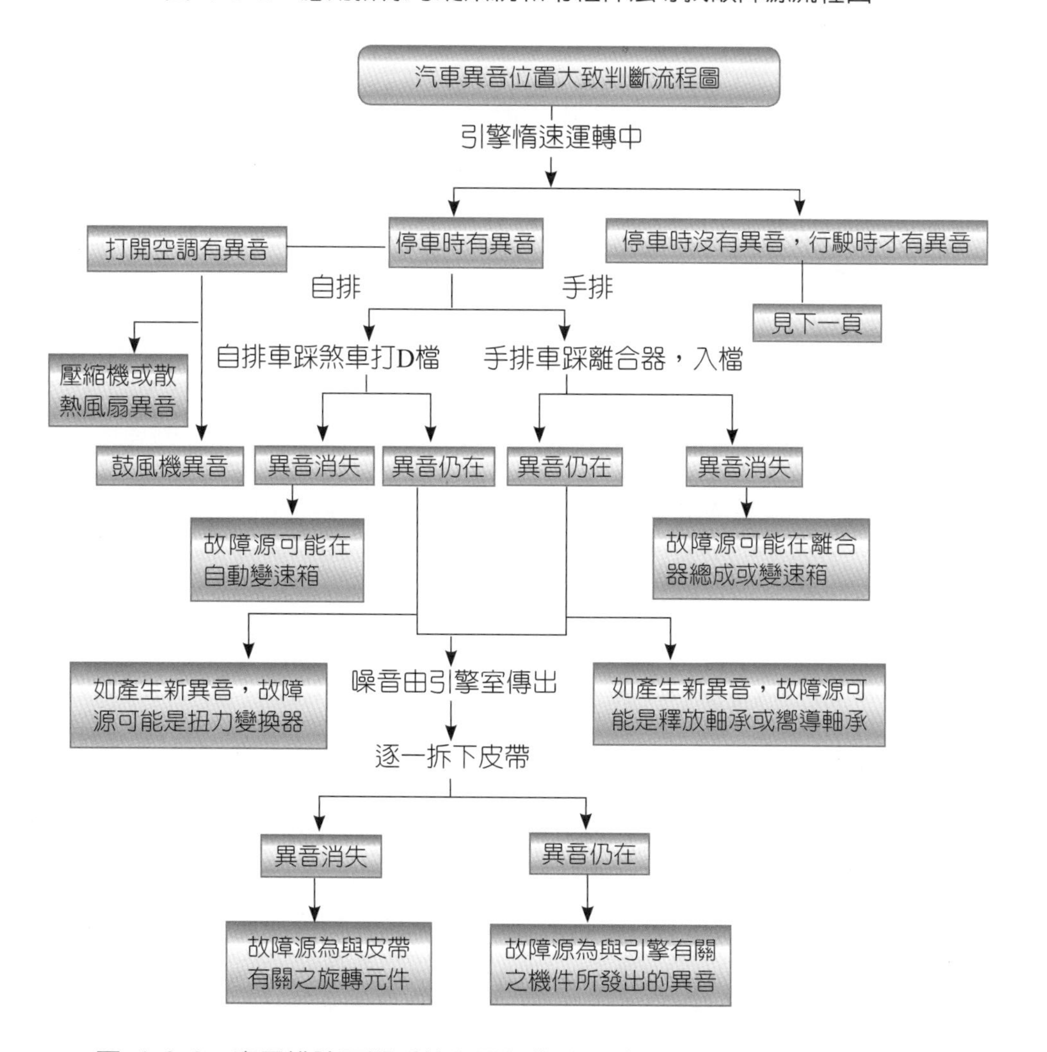

圖 4-3.2　應用排除可疑系統和零組件法尋找汽車異音源之大致流程圖

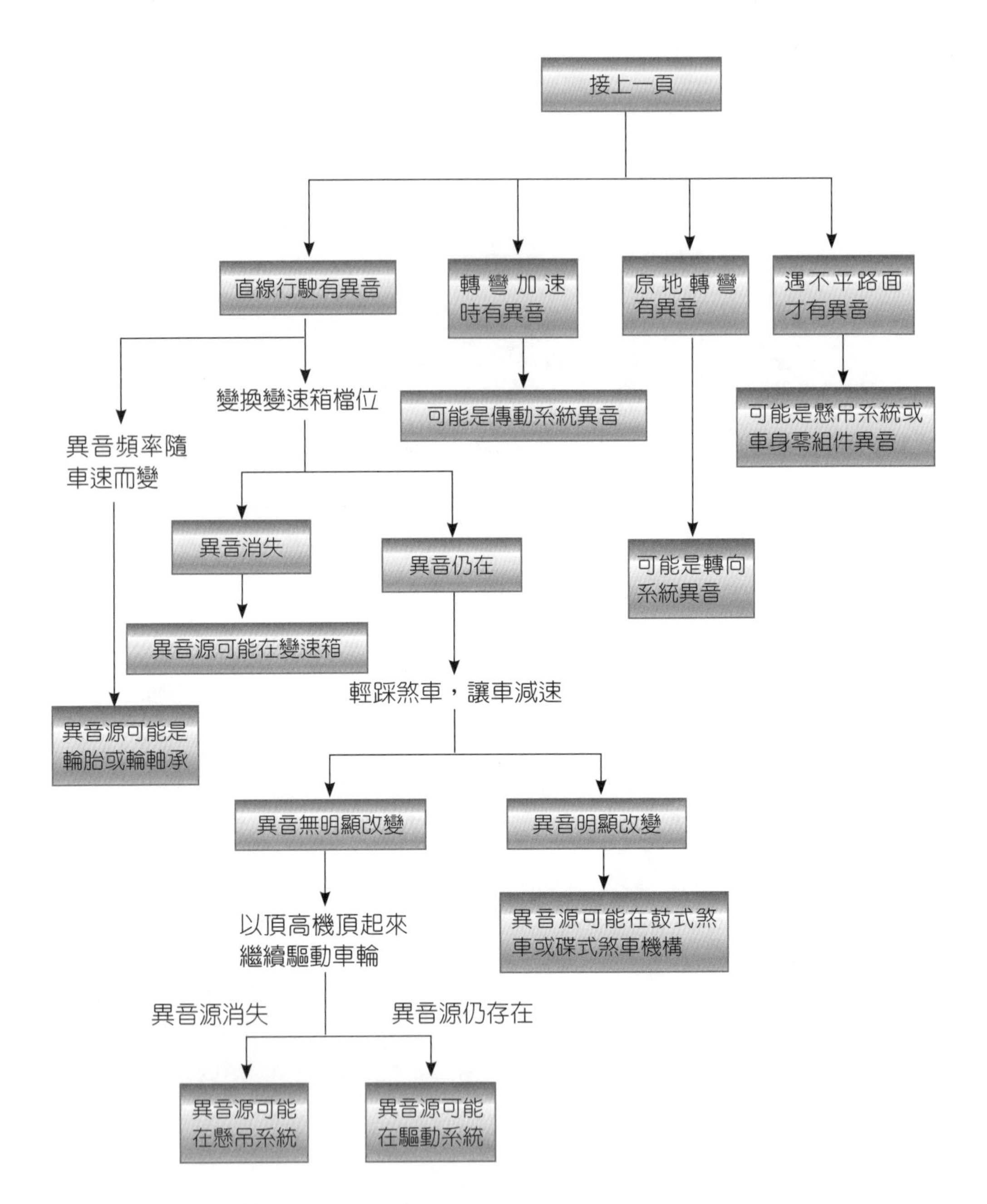

圖 4-3.3　應用排除可疑系統和零組件法尋找汽車異音源之大致流程圖（續）

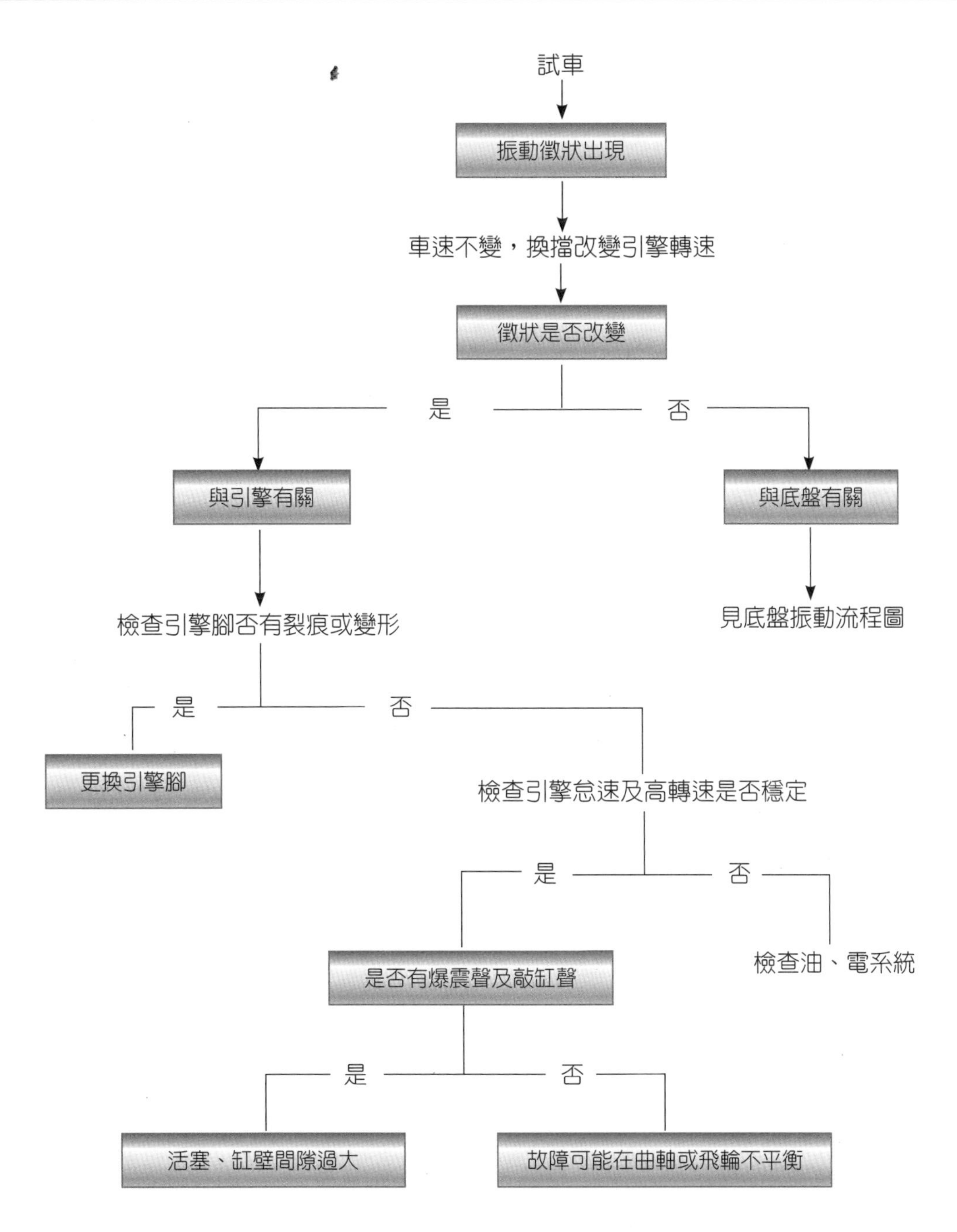

圖 4-3.4　汽車振動問題故障排除之大致流程圖

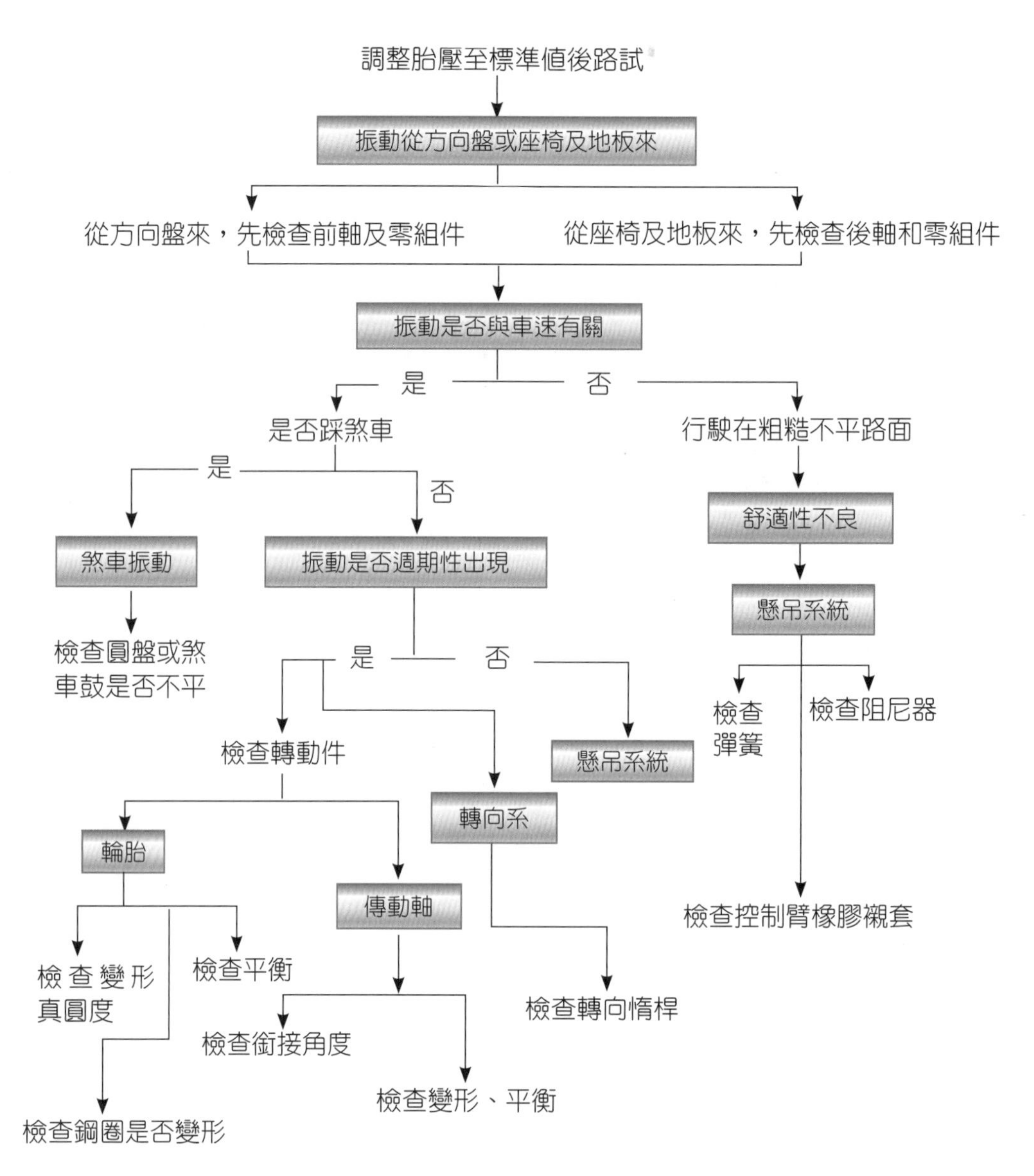

圖 4-3.5　汽車底盤振動問題故障排除之大致流程圖

4-4 實例

下面我們用幾個實際的例子來說明汽車噪音與振動問題之故障診斷及排除。

例 4-4.1

某部手排小貨車行駛至 65 km/h 左右會出現異音伴隨異常振動，車速約到 75 km/h 左右時振動及噪音達到最大，求故障源。

在試車時我們更換變速箱檔位行駛，發現車速仍在 75 km/h 左右振動及噪音最大，這表示異音與引擎轉速及變速箱無關，但與車速有關。應用排除可疑系統和零組件法，我們知道最有可能出問題的是底盤的傳動系或輪胎。我們將噪音計的 AC OUT 接於掌上型振動噪音分析儀，量測時由一人坐於前座，拿著噪音計置於駕駛耳朵附近，在車速約75 km/h 時量得的噪音頻譜圖，如圖 4-4.1 所示。我們用加速規置於手煞車附近量得的振動頻譜圖，如圖 4-4.2 所示。從頻譜圖中，我們得知 66 Hz 有最大峰值，而在 132 Hz 也有峰值，並且測試過程中峰值頻率會隨車速而改變。因此，我們判斷是旋轉件造成的。此車的輪胎型號是 P155/70R12，輪胎半徑等於 (155 × 0.7 + 12/2 × 25.4)/1000 = 0.261 m，所以車輪轉動頻率等於[(75×1000)/3600]/0.261 = 79.85 rad/s = 12.71 Hz。此車的最終齒輪減速比為 5.125，因此傳動軸的轉速為12.71×5.125 = 65.13 Hz 近似於 66 Hz。因此，我們推斷可能的故障源是傳動軸，經檢查後發現傳動軸有輕微彎曲並且質量不平衡，更換傳動軸後問題解決。此例題是屬於結構振動噪音問題，激振力是由於傳動軸不平衡所引起的，共振系統是懸吊系統，傳輸系統是葉片彈簧吊耳。

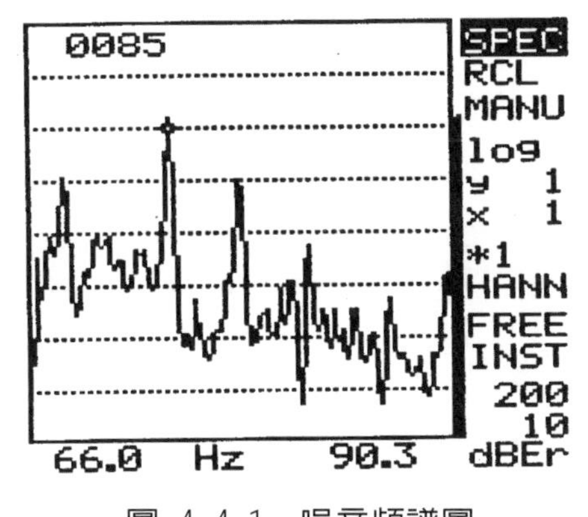

圖 4-4.1　噪音頻譜圖

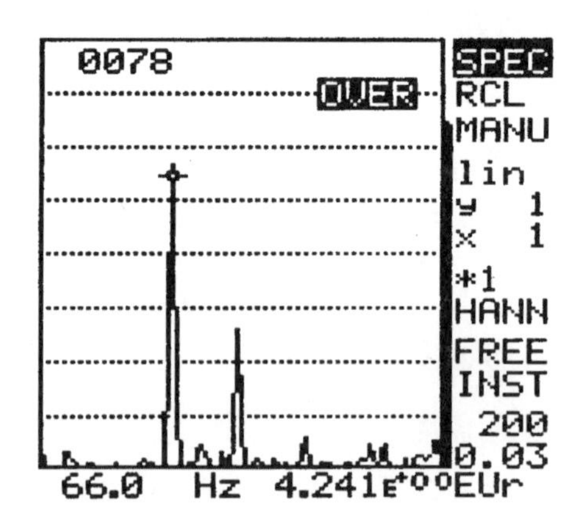

圖 4-4.2　振動頻譜圖

例 4-4.2

某車輛在行駛中或停車時，當打方向盤快到底時會出現「啪、啪」的異音，求故障源。

試車時我們改變變速箱檔位、引擎轉速及引擎負荷，發覺徵狀不變。因此，我們判斷是底盤異音。因與轉向有關，我們首先檢查轉向系統，發覺一切良好，因而我們懷疑是懸吊系統的問題，經更換右前避震器總成後，聲音仍在。從前述分析我們已排除轉向系統及懸吊系統，我們懷疑可能是車身異音。經拆下擋泥板及葉子板後發現右前葉子板內部與隔板間的銲點未完全銲好，當轉向時車身上揚，將未銲接完全的鈑金部分拉開後又彈回，如此就會發出「啪、啪」聲。經 CO_2 銲接後，塗上防銹漆就無異音。

例 4-4.3

某部手排小貨車直線行駛至 50 km/h 左右，當車子經過不平處時，車輪出現擺振，方向盤左右嚴重擺動，鬆油門也不停止，請找出故障源。

解

我們判斷這是屬於自激振動性質的低速擺振（Low speed shimmy），其頻譜圖用掌上型振動噪音分析儀測量，如圖 4-4.3 所示。從圖中我們得知擺振頻率為 8 Hz。大部份的獨立懸吊系統的低速擺振都是轉向系統之零組件間隙過大引起的，因此我們用千斤頂頂起汽車後，搖動車輪，發覺車輪會左右晃動，檢查後發覺惰桿球接頭磨損造成間隙太大，經修理後問題解決。這部車的輪胎規格為 P155/70R12，即車輪半徑 $r = [(12/2)\times 25.4+155\times 0.7]/1000 = 0.261$ m，車速 $v = 50$ km/h $= 13.889$ m/s，由公式 $v = r\omega = r2\pi f$，可得車輪轉動頻率 $f =$ 8.47 Hz。

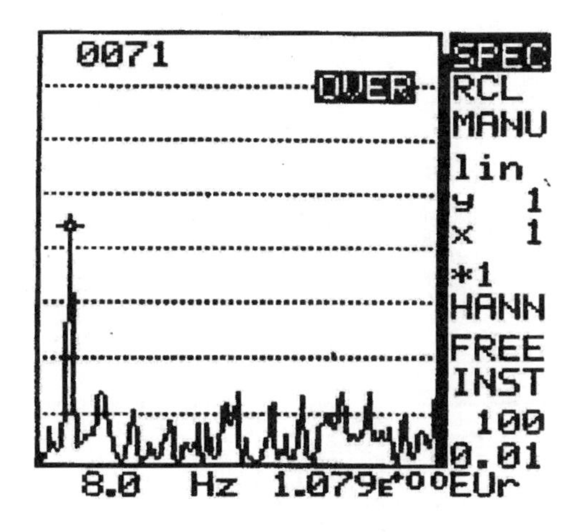

圖 4-4.3　小貨車之擺振頻譜圖

例 4-4.4

某部車於高速行駛時，左右前門車窗處可聽見類似空氣洩漏的噪音，我們懷疑這是因車門密封不良引起的風切聲。首先檢查車門的組裝線及防水膠條的密封性皆良好。使用膠帶貼於門框後試車，噪音消失。這表明門框密封不良，經拆下門框飾條後，發現黏貼的海棉安裝不良，更換海棉條後試車，問題解決。

例 4-4.5

最後一個例題是我們為了描述高速擺振（High speed shimmy）的起因，特別在一部 1990 年小車的前輪位置對稱的地方（即相位差 180 度），加上兩個重量相等的配重。試車時直線行駛至 80 km/h，方向盤出現左右來回轉動、車輪出現擺振，其頻率隨著車速增加而變大。

我們於車速 80 km/h 時在方向盤測量的擺振頻譜圖，如圖 4-4.4 所示。這部車的輪胎規格爲 P165/65R13，即車輪半徑 $r = 0.272$ m，車速 80 km/h，對應的車輪轉動頻率爲 $f = 13$ Hz。因爲左右前輪輪胎上各有一個配重且相位差 180°，車輪轉一圈時，有兩次激振力，故其峰值頻率爲車輪轉速對應頻率的兩倍。此外車輪轉一圈，動不平衡形成的扭矩來回一次，故擺振頻率爲 13 Hz，而不平衡引起的振動頻率爲 26 Hz，如圖 4-4.4 所示。圖4-4.5 所示爲同一部車，但兩相同配重同時加在右前輪的對稱位置，於車速約 85 km/h 量得之擺振頻譜圖，從圖中可知車輪擺振的頻率爲 14 Hz，而不平衡引起的振動頻率爲 28 Hz。這個例題說明高速擺振的頻率與車輪轉動頻率是相同的。

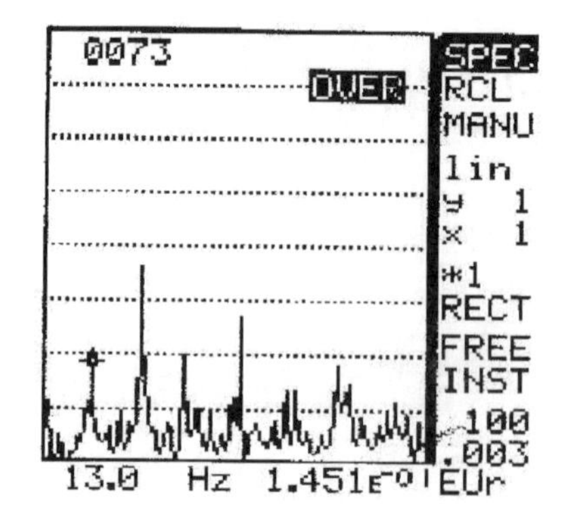

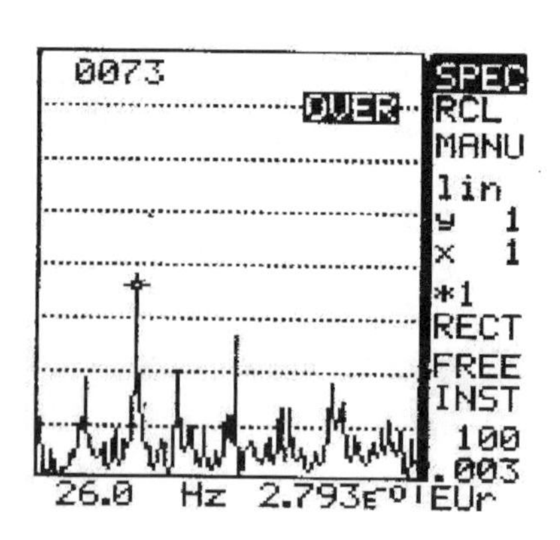

圖 4-4.4 兩個配重在兩個前輪時小轎車之擺振頻譜圖

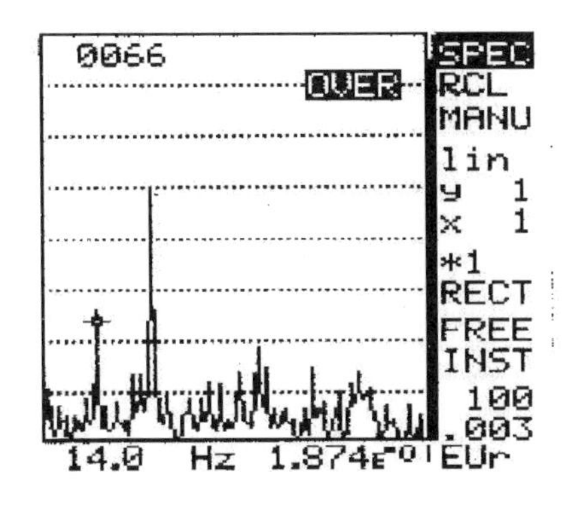

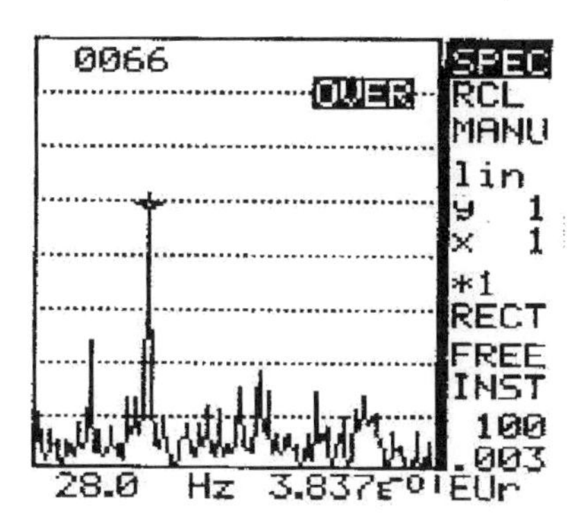

圖 4-4.5　兩個配重皆在右前輪時小轎車之擺振頻譜圖

習題

1. 簡述汽車噪音及振動問題故障診斷的大致步驟？在診斷過程中需注意哪些事項？

2. 汽車噪音與振動問題的故障診斷傳統方法有哪些？

3. 某車以三檔行駛，輪胎規格爲P205/75R14，變速箱傳動比爲1.3，最終傳動比爲 4，當引擎轉速爲 2400 rpm 時，求 (a) 輪胎的半徑；(b) 引擎轉速爲多少 Hz；(c) 車速；(d) 輪胎轉速；(e) 輪胎轉速對應的頻率爲多少 Hz？

Chapter 第五章

問題之歸類及故障排除

5-1 引言

汽車噪音與振動問題千變萬化，我們當然不可能將所有的徵狀和解決方法都詳細列出，成爲包治百病的書。但我們將應用噪音和振動的基礎理論，介紹較有系統及較有效率的診斷方法，並將汽車上常出現的噪音與振動問題及修護作系統化歸類，希望能夠對汽車噪音和振動問題的故障診斷及排除產生舉一反三的作用。

本章先介紹與汽車噪音和振動問題診斷有關的基本原理，並將其加以歸類。在後面則介紹各種常見的汽車噪音與振動問題的產生原理、診斷和修護步驟。

5-2 汽車噪音與振動問題診斷有關的基本原理

本節介紹與汽車噪音和振動問題診斷有關的基本原理，瞭解這些基本原理後，便能進行較有系統的診斷。在第二章我們提到汽車工業界將汽車噪音及振動依傳遞路徑分成兩大類，這兩類噪音的產生原理不同，故障排除的方法也不一樣，在此作詳細敘述如下：

5-2.1 結構振動噪音

汽車是由非常多的零件所組合而成的，當這些零組件在激振力（例如引擎、輪胎的不平衡，崎嶇路面等）的作用下會發生振動，這振動會以彈性波的形式在相鄰的結構中傳播，使周遭空氣振動而輻射噪音。當振動的頻率及振幅在人可感覺的範圍時，人們就感覺到振動的存在；當輻射噪音的頻率及聲壓在人耳的聽覺範圍（20～20,000 Hz）時，人們便感覺到噪音的存在。

結構振動噪音（Structure-borne NVH），是指激振力經過結構的傳遞而到達車身，引起車身或其元件振動，而發出之噪音。結構振動噪音的產生，可用圖 5-2.1 加以說明：激振力引起某個結構振動或共振（共振系統），這個振動會經相鄰的結構稱爲傳輸系統（例如引擎腳架、排氣管固定架等）之傳遞而到達車身，引起車身或其內部元件振動而發出噪音。例如，引擎扭矩變化所引起的振動力（激振力），激起排氣管共振（共振系統），其彈性波經過排氣管固定架（傳輸系統）的傳輸，引起車身的振動，並輻射噪音至人耳。又例如輪胎的不平衡（激振力）激起懸吊系統、轉向系統（共振系統）的振動，其彈性波經過控制臂的橡膠襯套（傳輸系統）到達車身，引起方向盤、座椅、踏板等元件的振動。診斷這類噪音或振動問題時，應從激振力、共振系統、傳輸系統、車身或其元件著手。

常見的激振力有輪胎的不平衡、失均勻性、變形、傳動軸的不平衡、道路的不平度、引擎的非均勻燃燒等。上述的共振系統、傳輸系統構成傳遞路徑，因此診斷時我們可思考激振力經過何種傳遞路徑到達車身，例如引擎的振動通常經過引擎腳架或排氣管及其吊耳傳至車身，因此診斷時須注意是否有零組件變形損壞或鬆動、腳架是否有裂痕、變形等。檢查結構振動噪音常採用的措施如表 5-2.1 所示。對結構振動噪音如果只指噪音的部份，則可稱爲**結構傳音**（Structure-borne noise）。

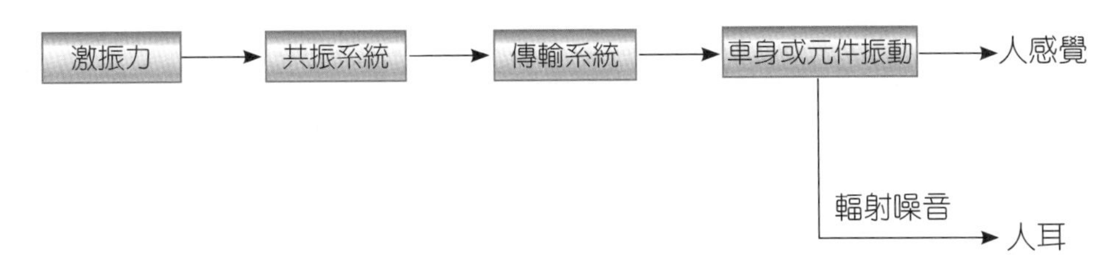

圖 5-2.1　汽車結構振動噪音

表 5-2.1　汽車結構振動噪音可能故障原因之檢查

	檢　查
激振力	．旋轉元件（輪胎、飛輪、傳動軸等）是否平衡 ．調整引擎，以減少扭矩的變化 ．傳動軸、驅動軸的銜接角度
共振系統	．零組件是否有鬆動 ．質量減振器或動力吸振器 ．懸吊彈簧及阻尼器是否良好
傳輸系統	．檢查襯套及橡皮墊（懸吊系統的襯套、扭力桿的襯套、排氣管支架隔熱襯套、引擎座橡皮墊等）是否破損或變形
車身或元件	．車身底板舖阻尼材料是否良好 ．使用的毛氈墊是否良好 ．車身崁板、柱及軸是否變形

5-2.2 空氣傳音

汽車工業界定義凡是噪音不是從振動源以彈性波的方式傳至車身，引起車身或元件振動而產生的噪音稱爲**空氣傳音**（Airborne noise），也可稱**空氣噪音**。常見的風切聲、進排氣聲、風扇噪音都屬於空氣噪音，它的形成如圖 5-2.2 所示。空氣噪音主要包含 (1) 振動體表面輻射的噪音，穿透車身的**隔音裝飾**（Sound package）而傳到車內；(2) 空氣打在汽車上，因空氣流場變化所形

成之噪音（例如因有孔、縫隙等，則氣流通過會造成流場變化而產生噪音）。因此，診斷這類噪音時應從隔音、吸音、消音及檢查孔、縫隙著手。通常檢查空氣傳音採用的措施如表 5-2.2 所示。

對於空氣傳音，其頻率通常較結構振動噪音高，若振動噪音分析儀上量測的頻譜圖上之峰值頻率大於 300 Hz 以上，則這噪音很可能是空氣傳音，它會傳到人耳，很可能是吸音、隔音材料或消音裝置出了問題。

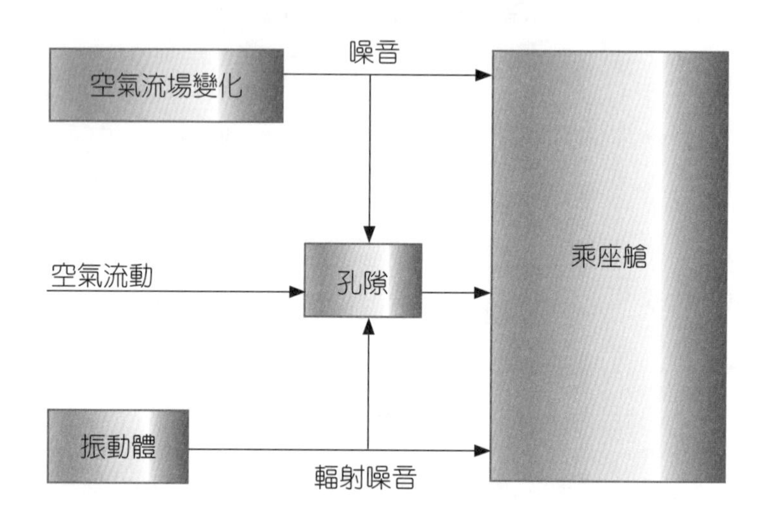

圖 5-2.2　空氣傳音（空氣噪音）

表 5-2.2　空氣噪音（空氣傳音）可能故障原因之檢查

	檢　查
隔音	・隔音墊是否安裝良好 ・各縫隙是否密封良好
吸音	・地毯、車頂蓬內襯等吸音材料
消音	・排氣管是否有破洞

5-3 汽車噪音與振動問題的歸類

汽車噪音及振動問題千變萬化，我們當然不可能將所有的問題列出。本書依汽車行駛（滑行）、停止、煞車、起步等四種操作狀況再加上汽車異音，將汽車的噪音與振動問題歸類，如圖 5-3.1、圖 5-3.2、圖 5-3.3 所示。診斷時可依圖 5-3.1 至圖 5-3.3 的分類，判斷汽車噪音及振動問題可能是屬於哪一類，才能較有效率地尋找故障源。圖中的 1 代表結構振動噪音，2 代表空氣傳音。

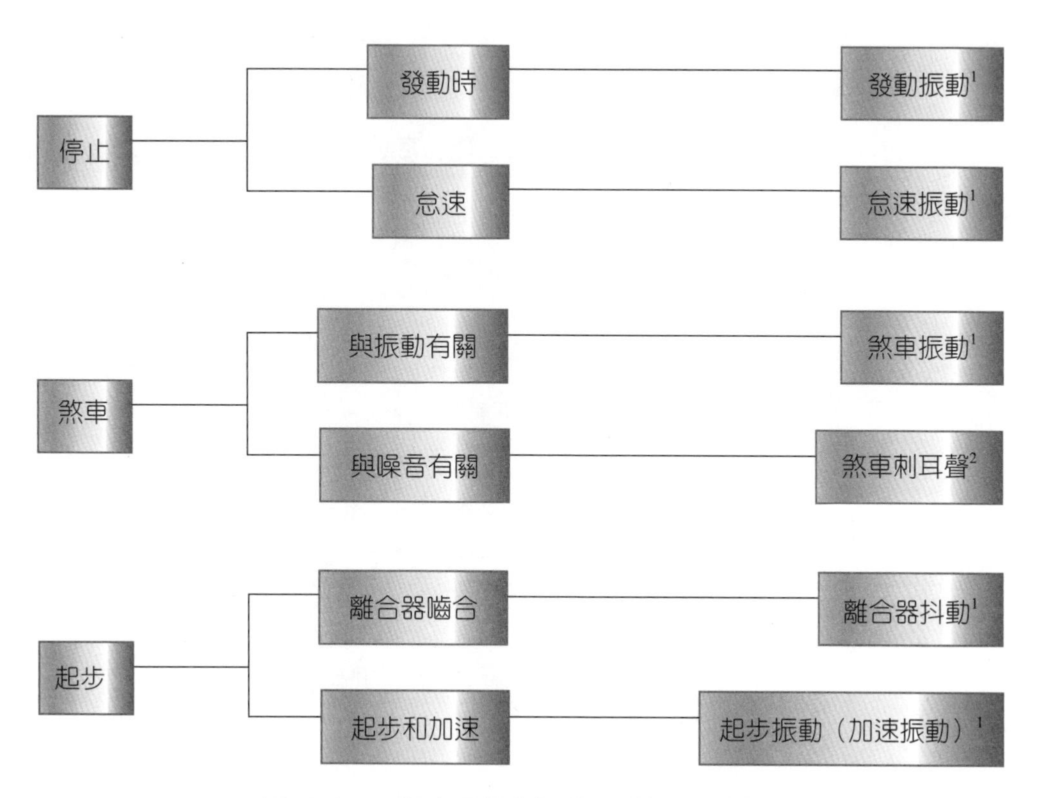

圖 5-3.1　汽車噪音與振動問題的大致歸類

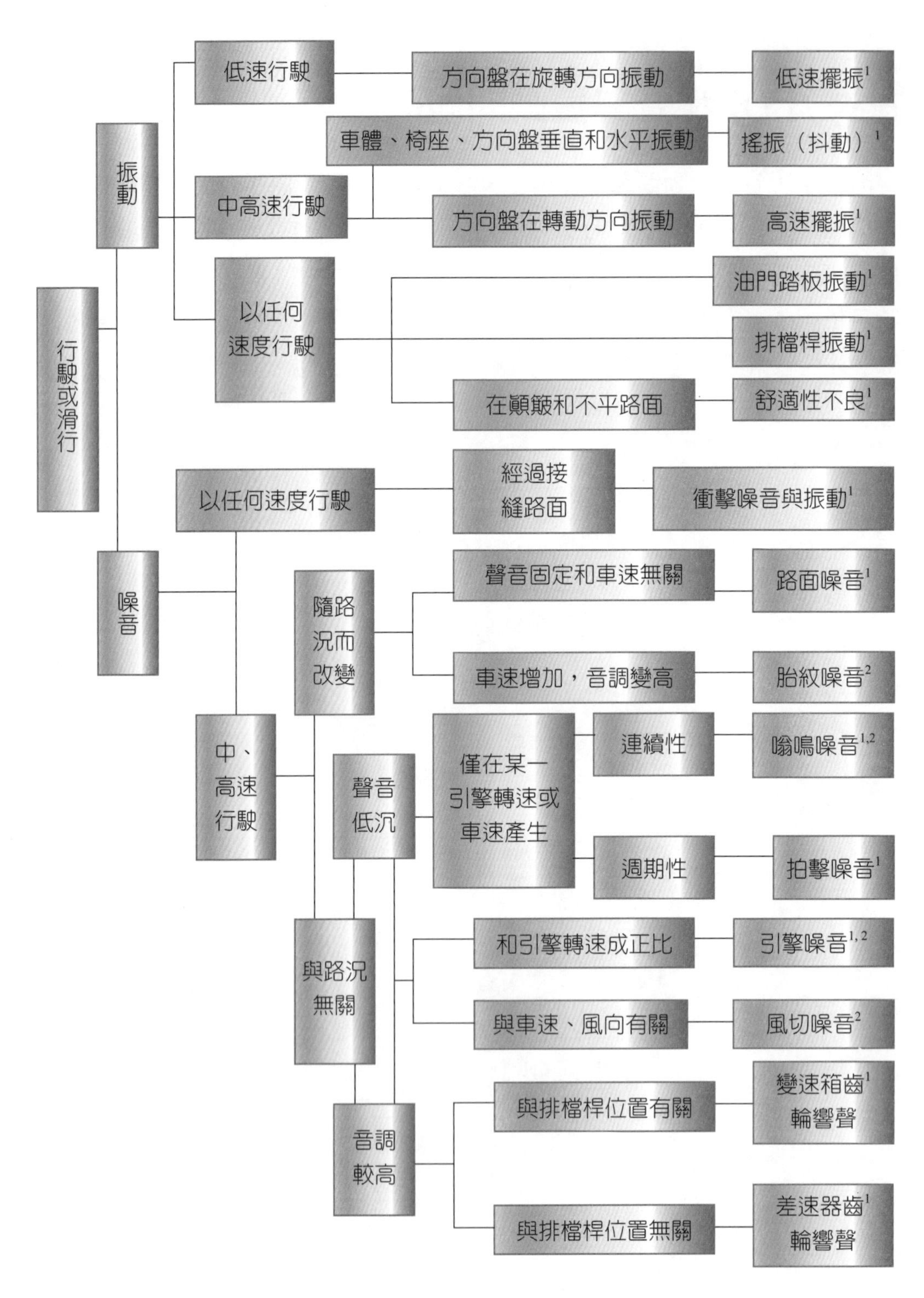

圖 5-3.2 汽車噪音與振動問題的大致歸類（續）

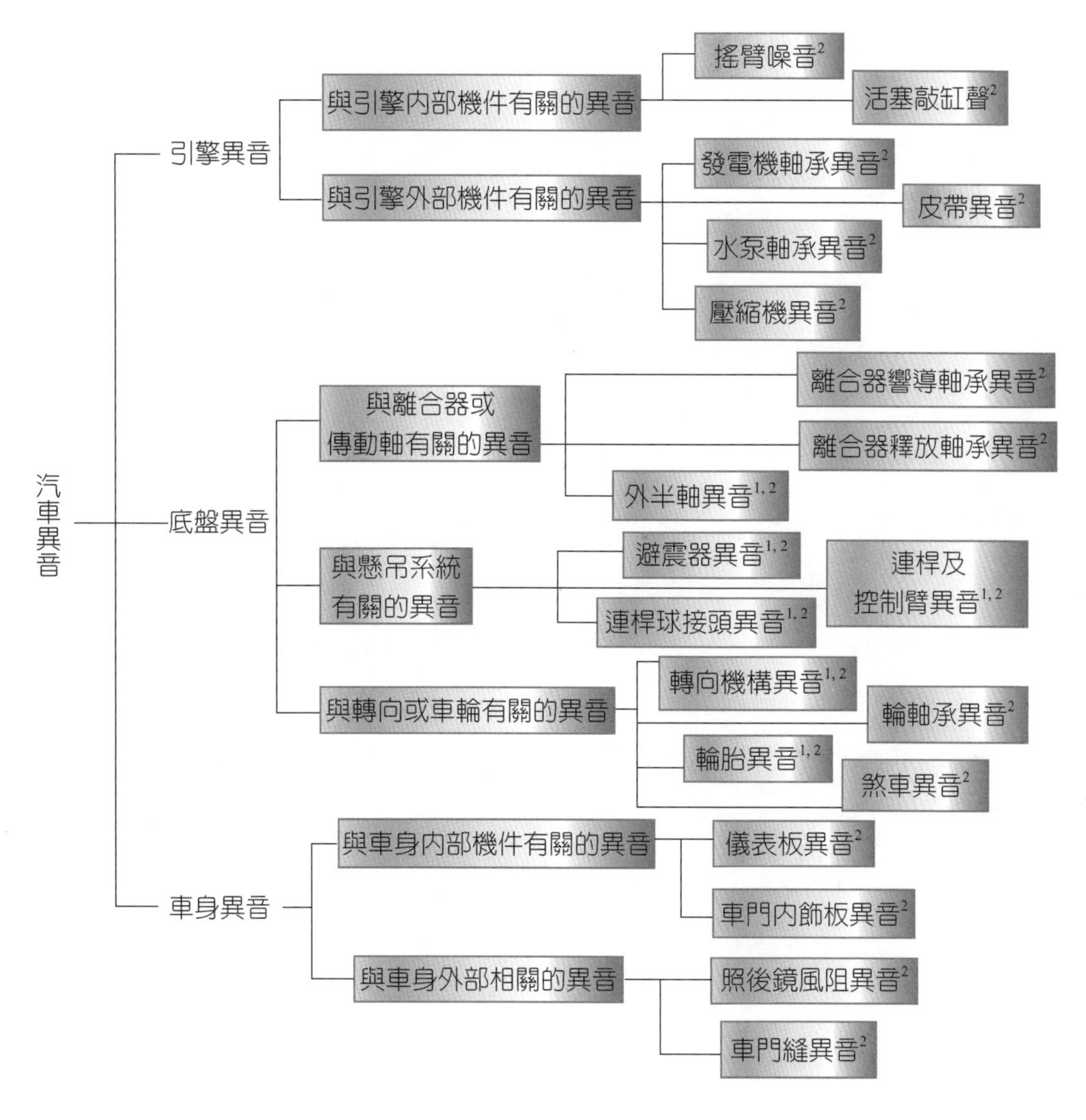

圖 5-3.3　汽車噪音與振動問題的大致歸類（續）

應用前節之基本原理，例如圖 5-3.2 的搖振其可能的激振力有車輪的不平衡、輪胎失圓、傳動軸銜接角度不正確或不平衡；可能的傳遞路徑為振動經懸吊系統的共振放大、再經控制臂橡膠襯套傳至車身；或振動傳給引擎，當振動頻率與引擎自然頻率接近時引起引擎共振，振動被放大再經由引擎腳傳至車身，引起車身搖振。因此對搖振的故障排除可從如下著手：

激振力：車輪的不平衡、輪胎失圓、傳動軸銜接角度不正確或不平衡、驅動軸不平衡。

共振系統：懸吊系統、引擎系統。

傳輸系統：懸吊系統之控制臂、連桿、避震器橡膠襯套、引擎腳。

車身及其元件：車內座椅、飾板。

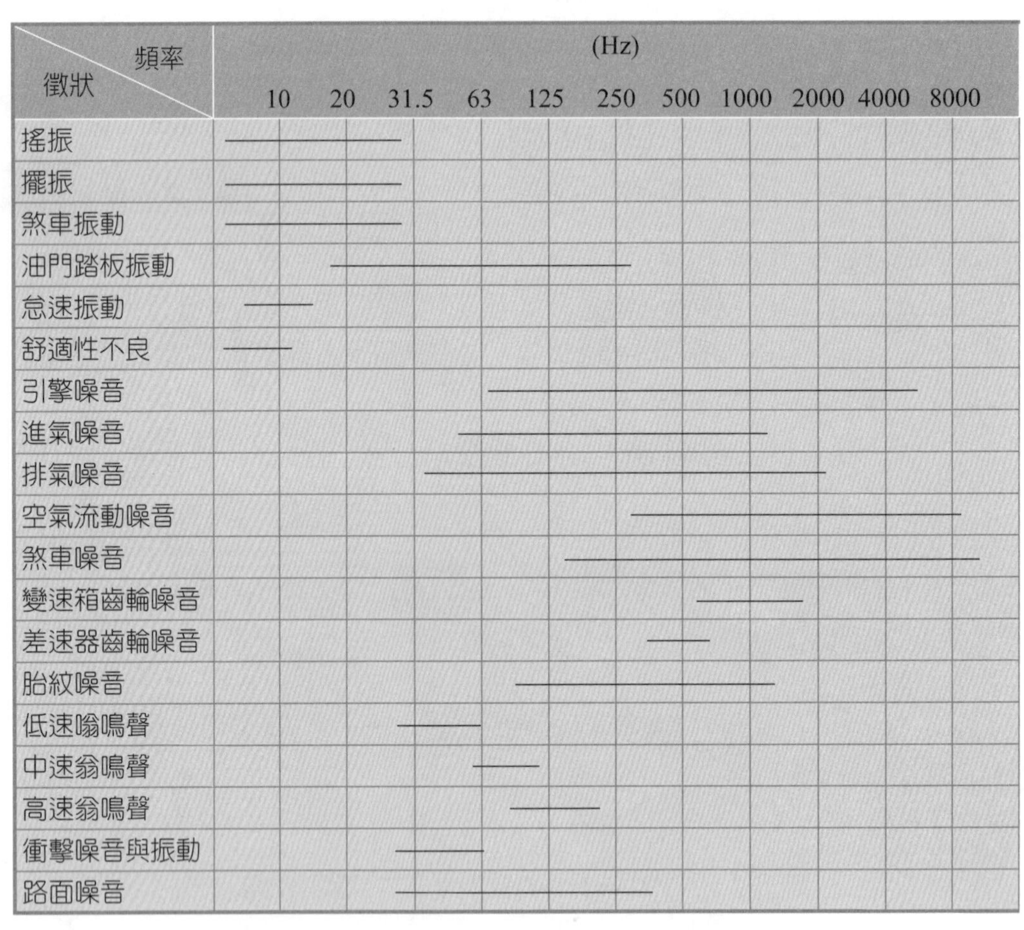

圖 5-3.4　汽車噪音與振動問題的頻率範圍

汽車的噪音和振動問題大都有一定的頻率範圍，由經驗來判斷或儀器來量測噪音或振動的頻率是故障診斷的關鍵之一。圖 5-3.4 是常見汽車噪音與振動問題的頻率範圍圖 [5]。

從 5-4 到 5-10 節我們將針對圖 5-3.1 至圖 5-3.3 所示之汽車噪音與振動問題逐項作說明。每項皆包含：徵狀、產生原理及故障排除三部份，並做詳細說明。限於篇幅，我們只畫出部分之圖。讀者可參閱本書附之光碟片或「汽車噪音與振動問題之故障排除多媒體教學」網站（http：//faculty.stust.edu.tw/~ccchang/nvh/），在光碟片中及網站內有動畫顯示，可以增加學習效果。

5-4 行駛或滑行

5-4.1 低速擺振

(A) 徵狀

車輪**擺振**（Shimmy）是指汽車或機車在行駛時，出現前輪繞其**轉向軸**（Steering axis）或大王銷（King-pin）往復轉動，並帶動方向盤或機車把手左右來回擺動的現象。車輪**低速擺振**（Low speed shimmy）的頻率較低，其值大都很接近系統的自然頻率，因此擺角較大，常讓人感覺驚慌害怕，對汽車的損害也較嚴重。

(B) 產生原理

基本上低速擺振是轉向系統中零組件磨損、間隙過大，造成配合鬆動，使得抵抗側向力、回正力矩之摩擦阻力降低造成的；或因車輪定位參數不當引起的，如圖 5-4.1(a) 所示。

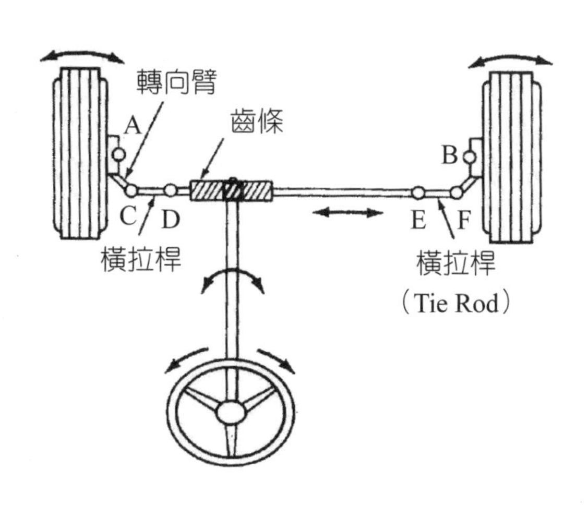

圖 5-4.1(a)　低速擺振

(C) 故障排除

(1) 檢查間隙、鬆動及平衡：

頂起車子檢查轉向機構之橫拉桿、直拉桿和惰桿等的接頭，以及大王銷是否間隙過大、安裝鬆動。再察看懸吊系統之避震器、控制臂及平穩桿之橡膠襯套是否有損壞，而造成間隙過大與鬆弛。如果有上述情況則進行修護或調整，再試車後如果徵狀消失，表示擺振是上述原因造成的。如果試車後擺振依然存在，則需進行車輪定位（Wheel alignment）參數的測量與調整。

(2) 車輪定位參數之測量與調整：

檢查前輪定位的參數如後傾角、前束和外傾角等，如果參數不在允許範圍內，調整後再試車，如圖 5-4.1(b) 所示。

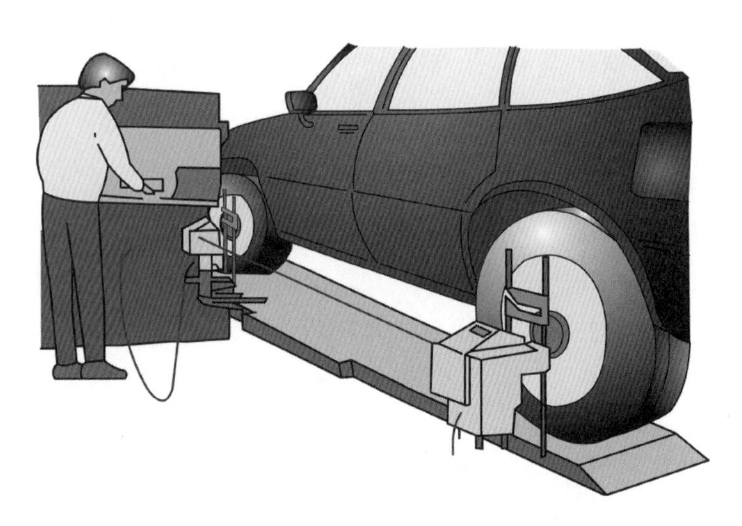

圖 5-4.1(b)　車輪定位參數之量測與調整

5-4.2 搖振 [2]

(A) 徵狀

所謂搖振（Shake）或稱抖動是指汽車在行駛過程中發生如下的振動：(1) 車身前部、座椅和方向盤垂直上下振動；(2) 車身和座椅的橫向振動；(3) 有時這兩種振動交替發生，如圖 5-4.2(a) 所示。此時駕駛會感覺臀部和腰部振動以及整個身體的振動，同時會感覺到方向盤的振動，其頻率大約是 10 到 30 Hz。

(B) 產生原理

可將汽車簡化爲上下兩部分：

⑴ 車身：由懸吊彈簧支撐，此部份稱爲**承載質量**（Sprung mass）。

⑵ 車身以下部分：如軸、輪胎等懸吊彈簧所不支撐的質量稱爲**非承載質量**（Unsprung mass）。輪胎的不平衡及路面粗糙度是振動源，輪胎的不平衡質量形成一種干擾力；路面的不平度形成一種支承運動，從而引起承載質量的強迫振動。

⑶ 輪胎的彈性恢復力引起非承載質量系統的共振。

⑷ 非承載質量系統的振動經由懸吊彈簧和阻尼器傳給車身及引擎，從而引起後者強迫振動。

⑸ 當非承載質量系統的振動傳給引擎，並且其頻率接近於引擎與橡膠墊系統的自然頻率，則引起後者共振。

⑹ 當非承載質量系統的振動傳給車身，並且其頻率接近於車身的彎曲或扭轉振動自然頻率，則引起後者共振。

⑺ 有時車前後抖動和橫向抖動會交替發生。這是因爲輪胎的滾動半徑有差別，並且由於左右兩輪不平衡質量的相位有所不同所致。

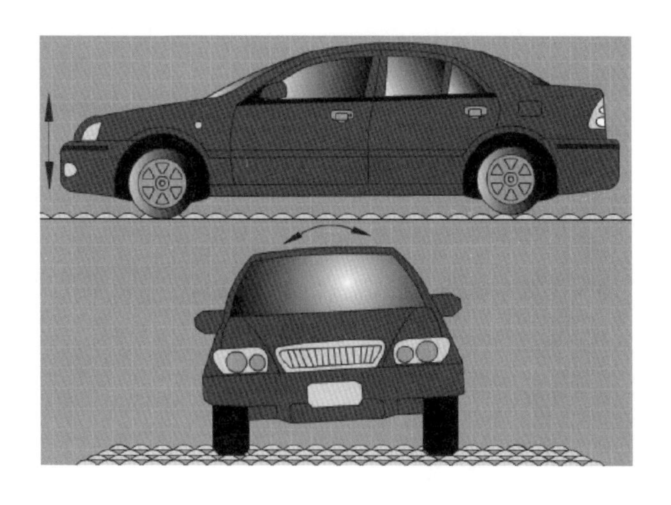

圖 5-4.2(a)　搖振

(C) 故障排除

⑴ 檢查輪胎及輪圈：

1. 檢查輪胎的**偏擺量**（runout）。參考值：小於等於 1.0 mm，縱向與橫向偏擺量均不得超過此範圍。

2. 檢查輪圈的偏擺量，所謂的偏擺量是指轉動物體尺寸誤差的一種度量，可用千分錶置於待測轉動件的表面，旋轉物體千分錶的讀數就是偏擺量，如圖 5-4.2(b) 所示。參考值：小於等於 1.0 mm。

3. 檢查輪胎本身的不平衡質量。標準值：最大 10 克。

如果更換輪胎問題得以解決，表明：

①輪胎偏擺量太大。

②輪圈的偏擺量太大。

③輪胎不平衡。

⑵ 檢查輪胎及輪圈安裝在車上是否正確：

1. 輪胎及輪圈在車上的平衡性。

2. 將汽車頂起，則輪胎及輪圈應能自由旋轉。

3. 輪胎的偏擺量應小於等於 1.0 mm。

如果更換或調整後，問題得以解決，表明：

①車輪安裝不正確。

圖 5-4.2(b)　檢查輪圈的偏擺量

②煞車碟盤偏擺量太大或不平衡。

③**輪轂**（Hub）偏擺量太大或不平衡。

⑶ 檢查引擎橡膠墊，如圖 5-4.2(c) 所示：

1. 每個橡膠墊不應有裂紋或損傷。
2. 檢查各橡膠墊支架有否鬆動。
3. 檢查各橡膠墊的橡膠部分是否有永久性扭曲變形，或與其它金屬零件相接觸。
4. 檢查引擎減振器是否有漏油或其它變形。

圖 5-4.2(c)　檢查引擎橡膠墊

5-4.3 高速擺振

(A) 徵狀

所謂**高速擺振**（High speed shimmy）是指車速達 80 km/h 或更高時發生下列振動：⑴ 方向盤的扭轉振動；⑵ 同時車身發生橫向振動；⑶ 有時這種振動會逐漸增大，以致再也無法控制方向盤；⑷ 其頻率一般在 5 到 15 Hz 左右。

(B) 產生原理

⑴ 如果輪胎不平衡（有偏心質量），當輪胎旋轉時將產生一種離心力，從而形成一種強迫力。

⑵ 這種強迫力形成一力偶，使輪胎發生橫向振動。

⑶ 轉向系統構成一個扭轉振動的系統：轉向柱齒輪及齒條構成扭轉彈簧，方向盤構成慣性質量，此系統有一定的自然頻率。

⑷ 當輪胎橫向振動的頻率接近上述自然頻率時，轉向系統將發生強烈扭轉振動，如圖 5-4.3(a) 所示。

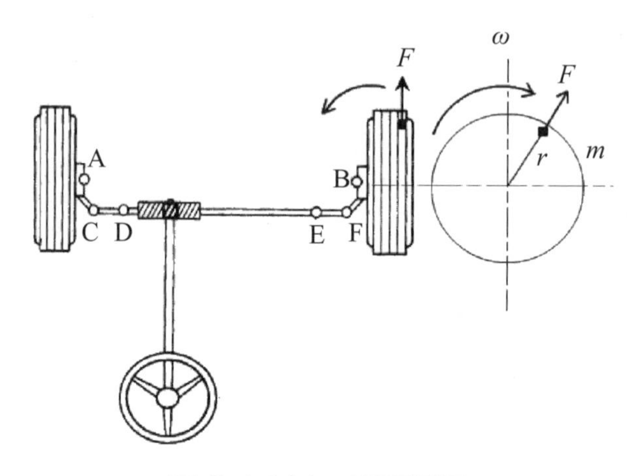

圖 5-4.3(a)　高速擺振

(C) 故障排除

⑴ 檢查輪胎及輪轂：

1. 檢查輪胎（見圖 5-4.3(b)）及輪轂是否有不正常磨損。
2. 檢查胎壓是否正常。
3. 檢查輪胎的偏擺量：

   參考值：小於等於 1.0 mm。
4. 檢查輪盤的偏擺量：

   參考值：橫向、垂直方向小於等於 1.0 mm。
5. 檢查輪胎的偏心質量：小於等於 10 克，如果更換輪胎後，問題得以解決，則表明：

   ①輪胎非正常磨損或輪轂有缺陷。

   ②輪胎壓力偏低。

   ③輪胎偏擺量過大。

④輪胎不平衡（偏心質量過大）。

圖 5-4.3(b)　檢查輪胎面

(2) 檢查轉向系統：

檢查轉向機的安裝：轉向機的固定橡膠墊是否與橫軸的凹陷部分吻合，如圖 5-4.3(c) 所示。

圖 5-4.3(c)　檢查轉向機

⑶ 檢查橫拉桿：

檢查**橫拉桿**（Tie rod）末端球接頭處的鎖緊力偶（扭矩或汽車修護界俗稱的扭力）應符合標準值。

⑷ 檢查懸吊系統：

1. 檢查**下控制臂**（Lower control arm）之**球接頭**（Ball joint）和**橡膠襯套**（Rubber bushing）是否有裂紋或損傷，如圖 5-4.3(d) 所示。

2. 檢查支柱（Strut）：

避震器（Shock absorber）的阻尼過低，只在很小情況下會引起擺振，因此主要檢查避震器的支柱：

(a) 檢查固定座是否鬆動。

(b) 橡膠部分是否損傷。

(c) 檢查油封環是否變形或損傷。

(d) 檢查是否漏油。

(e) 用力壓左邊或右邊前避震器然後再釋放，檢查本身是否持續不斷上下振動，或有不正常聲音發生。如果更換懸吊系統零組件後問題得以解決，這表明：

①懸吊系統是造成高速擺振的主要原因。

②支柱有毛病。

圖 5-4.3(d)　檢查懸吊系統

(5) 檢查車輪的定位：

如圖 5-4.3(e) 所示，可參考 5-4.1 節內之說明。

圖 5-4.3(e)　檢查車輪的定位

5-4.3 油門踏板振動

(A) 徵狀

當腳放在油門踏板時，腳底會感覺振動。

(B) 產生原理

引擎的振動使油門拉索或連桿產生振動，這些振動傳至油門踏板，使其產生振動。這種振動通常發生在於引擎轉速過高時，但與車速無關，如圖 5-4.4(a) 所示。

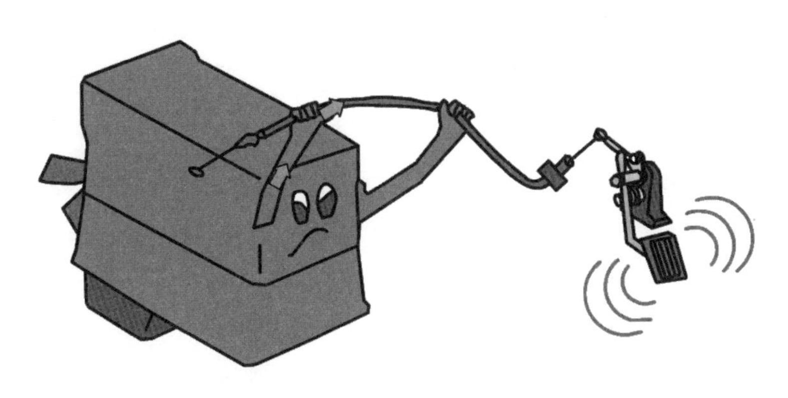

圖 5-4.4(a)　油門踏板振動

(C) 故障排除

⑴ 檢查油門踏板是否餘隙過大、回動彈簧是否正常，如圖 5-4.4(b) 所示。

⑵ 檢查節流連桿零組件是否鎖緊。

⑶ 檢查油門線路徑是否恰當。

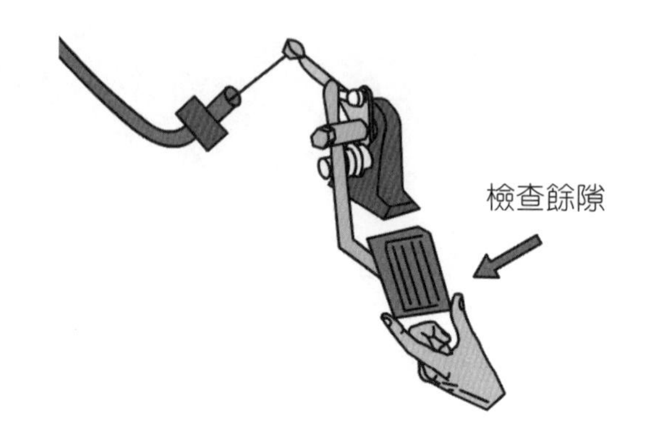

圖 5-4.4(b)　檢查油門踏板餘隙

5-4.5 排檔桿振動

(A) 徵狀

引擎低轉速時，排檔桿會振動。

(B) 產生原理

⑴ 引擎扭矩的變化，使傳動系產生扭轉振動，此振動傳至變速箱引起外殼的強烈振動，振動傳至排檔桿引起排檔桿振動。

⑵ 引擎運轉不順，使排檔桿總成產生振動，如圖 5-4.5(a) 所示。

(C) 故障排除

⑴ 檢查引擎是否運作正常、引擎腳是否正常。

⑵ 檢查排檔桿總成零組件是否適當鎖緊及其狀況是否良好，如圖 5-4.5(b) 所示。

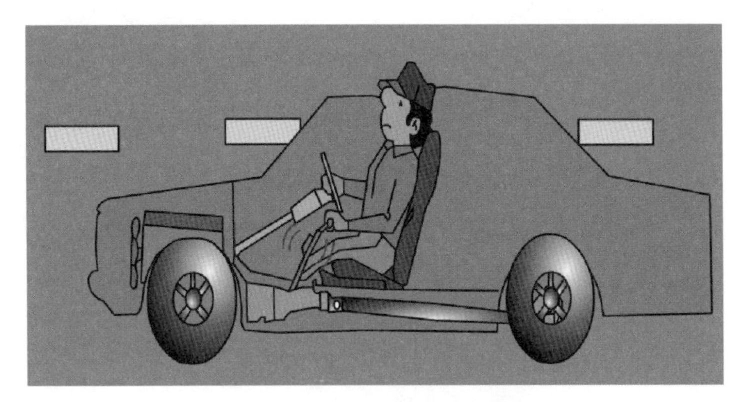

圖 5-4.5(a)　排檔桿振動

圖 5-4.5(b)　檢查排檔桿總成

5-4.6 舒適性不良

(A) 徵狀

所謂汽車的**舒適性**（Comfort）問題，是指汽車在行駛過程中發生如下振動：(1) **側傾**（Rolling）；(2) **俯仰**（Pitching）；(3) **跳動**（Bouncing）。

(B) 產生原理

當汽車行駛在崎嶇不平的道路上時，地面的不平度相當於作用在非承載質量的激振力，從而引起承載質量的強迫振動，如圖 5-4.6 所示。這種振動的頻率通常在 1 Hz 到 4 Hz 左右，而非承載質量系統的振動頻率大約在 10～15 Hz 左右。

圖 5-4.6　舒適性不良

(C) 故障排除

⑴ 檢查輪胎：如果輪胎規格不符合標準或太重（非承載質量過大），應予更換。

⑵ 檢查胎壓：胎壓不應超過標準值，如胎壓不正確，應予調整。

⑶ 檢查避震器：

避震器應符合以下標準。

① 當用力壓車前**保險桿**（Bumper）左端或右端，然後再釋放時，車身不應持續上下振動兩次以上。

② 零件不應有鬆動或磨損。

③ 橡膠元件不應有磨損。

④ 不應有漏油現象。

⑷ 檢查彈簧：

① 懸吊彈簧規格應符合標準。

② 彈簧不應有變形或裂紋。

③ 彈簧不應有損傷並安裝正確。

5-4.7 衝擊噪音與振動

(A) 徵狀

當汽車通過接縫或凸起或階梯式路面時會有明顯的「碰碰聲」伴隨方向盤、座椅的振動，如圖 5-4.7(a) 所示。

(B) 產生原理

當車輪通過路面接縫或突起物時，輪胎會受到縱向（車輛的前後方向）的衝擊力，此力經由懸吊傳至車身，造成振動並發出「碰碰聲」。由於衝擊噪音與振動主要是縱向衝擊力造成的，改善的方法就是降低縱向衝擊力的傳遞，為此可降低懸吊縱向剛度或採用較軟的橡膠襯套，但必須以不影響轉向性能為原則。

圖 5-4.7(a)　衝擊噪音與振動

(C) 故障排除

檢查懸吊系統的橡膠襯套是否有損壞、老化情形，如圖 5-4.7(b) 所示。

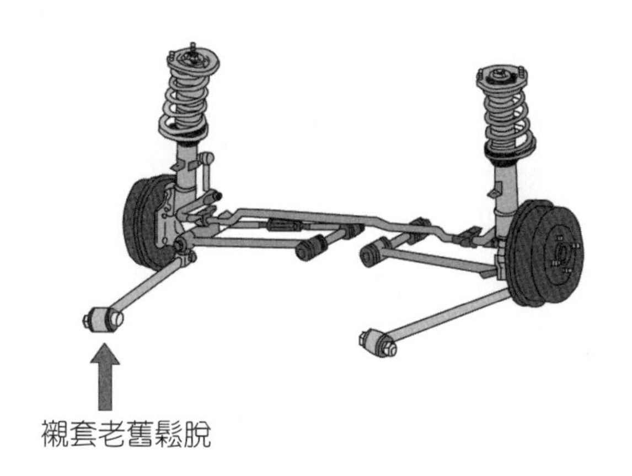

圖 5-4.7(b)　檢查橡膠襯套

5-4.8 路面噪音

(A) 徵狀

路面噪音又稱**道路噪音**（Road noise），它是一種固定音調的「隆隆」噪音，其音量隨車速加快而增加。路面噪音是因車輛行駛在不良的路面時產生的噪音。

(B) 產生原理

路面噪音是結構振動噪音，當車輛行經舖設不良的路面時，輪胎產生小的振動。當這些振動的頻率與輪胎自然頻率相同時，會使輪胎產生共振。這些振動從懸吊系統傳遞至車身，而使車身飾板產生「隆隆」噪音，如圖 5-4.8(a) 所示。

圖 5-4.8(a)　路面噪音

(C) 故障排除

此噪音源大多與行經的路面品質有關，所以改善方式大多採取加強車輛的隔振及隔音材料爲主，如圖 5-4.8(b) 所示。

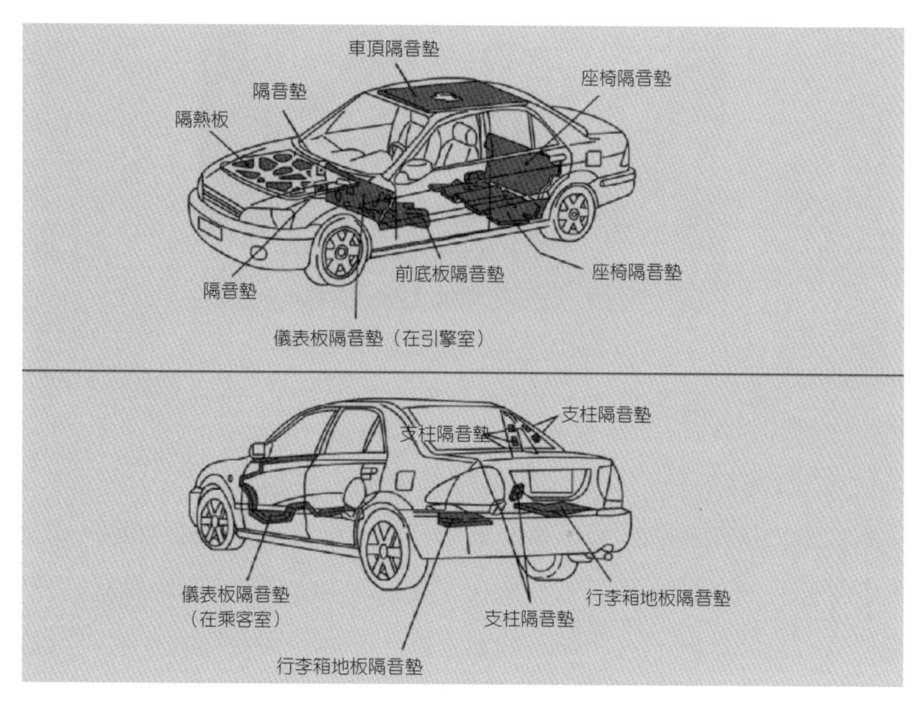

圖 5-4.8(b)　加強車輛的隔音材料

5-4.9 胎紋噪音

(A) 徵狀

胎紋噪音（Pattern noise）爲車輛行駛時輪胎胎紋溝槽內的空氣被釋放所產生的噪音，它的音量隨著車速加快而增加。

(B) 產生原理

胎紋噪音屬於空氣噪音（空氣傳音），當輪胎在路面上轉動時，聚集在胎紋溝槽之間空氣被壓縮而與路面接觸，當輪胎繼續轉動，壓縮空氣被釋出。當空氣被釋放時，空氣擴張，產生的噪音稱爲胎紋噪音，如圖 5-4.9(a) 所示。

圖 5-4.9(a)　胎紋噪音

(C) 故障排除

胎紋型式如果是塊狀且排水溝槽較寬者是容易聚集空氣產生隆隆噪音的輪胎。所以更換溝槽較細的輪胎可改善胎紋噪音的問題，但是必須考慮輪胎排水性不可太差，才不致影響行車安全，如圖 5-4.9(b) 所示。當沿輪胎表面往後摸感覺起來有鋸齒狀時，可將左右輪胎互換，讓鋸齒尖端朝後，可降低輪胎噪音，但必須注意有方向性的輪胎不能互換。

圖 5-4.9(b)　檢查輪胎

5-4.10 嗡鳴噪音 [2]

(A) 徵狀

嗡鳴噪音（Booming or Droning）也稱嗡鳴聲或震耳聲，可分爲低、中速和高速兩類。

⑴ 低、中速情形：

1. 在低、中速發生的一種無方向性的低音調噪音。
2. 耳朵感覺有壓迫感。
3. 振動的振幅較小。
4. 噪音的頻率大約在 30 至 100 Hz。

⑵ 高速情形：

1. 一種迴旋（Whirling）噪音，令人很不舒服，且無方向性。
2. 嚴重時，下車後耳朵彷彿仍能感覺到。
3. 噪音頻率大致為 100 到 200 Hz。人們感覺主要是噪音而不是振動問題。

(B) 產生原理

⑴ 排氣管的彎曲共振：

1. 當引擎振動時，與之相連的排氣管發生彎曲振動或其它振動。
2. 如果引擎和排氣管共振，則整個排氣系統的振動被放大。
3. 於是排氣管的振動經過消音器的吊耳橡膠墊傳向車身，引起後者振動而產生嗡鳴聲。

⑵ 其它輔助件的共振：

振動傳向引擎的輔助件包括：

1. 交流發電機。
2. 動力轉向的油壓泵。
3. 冷氣壓縮機。

這些輔助件的振動因共振而被放大後，經過引擎的橡膠墊而傳至車身，常引起高速下的嗡鳴聲。

⑶ 驅動軸的彎曲共振：

1. 引擎的驅動扭矩經過傳動軸傳至驅動軸，引擎的振動引起驅動軸的彎曲振動。
2. 當引擎和驅動軸共振時，軸的振動被放大。

3. 放大的軸振動經過**轉向節**（Steering knuckle）和懸吊系統橡膠襯套傳至車身，引起嗡鳴聲。

注意：較長的驅動軸的彎曲共振常常是產生嗡鳴聲的主要原因。爲此，在設計時常將驅動軸分成幾段，中間用軸承支撐，使彎曲共振頻率遠高於通常人們駕車的車速之外。另一種方法是在軸的中央設置動力減振器。

⑷ 懸吊系統連接件的共振：

輪胎嚴重不均（在一圈內有的地方硬，有的地方軟）形成一種強迫力，迫使**控制連桿**（Control links）或控制臂和懸吊彈簧發生振動，甚至共振。

⑸ 引擎振動的傳遞：

引擎是一個大的振動源，這種振動經橡膠墊傳至車身而引起嗡鳴聲，如圖 5-4.10(a) 所示。

⑹ 排氣噪音的傳遞：

排氣噪音屬於空氣噪音。排氣噪音雖經消音器消音，但並不完全被消除，這種低音調的噪音功率很大，傳至車內會引起車內空氣柱共鳴而形成嗡鳴聲。

注意：這種噪音是以空氣壓力波傳播，即使將消音器與懸掛點隔開也不能消除。

⑺ 進氣噪音的傳遞：

進氣噪音也是一種空氣噪音，空氣濾清器和混合箱是一種共振腔，能有效吸收高音調噪音，但低音調噪音會加強，並會傳至車內引起嗡鳴聲。

圖 5-4.10(a)　嗡鳴噪音

(C) 故障排除

(1) 檢查輔助件：

1. 依次移去冷氣壓縮機皮帶，動力轉向油泵皮帶，和交流發電機皮帶，看噪音的變化，如圖 5-4.10(b) 所示。
2. 現今車輛大都用單一皮帶完成所有輔助轉動件的帶動，可用聽診器來聽取噪音源。

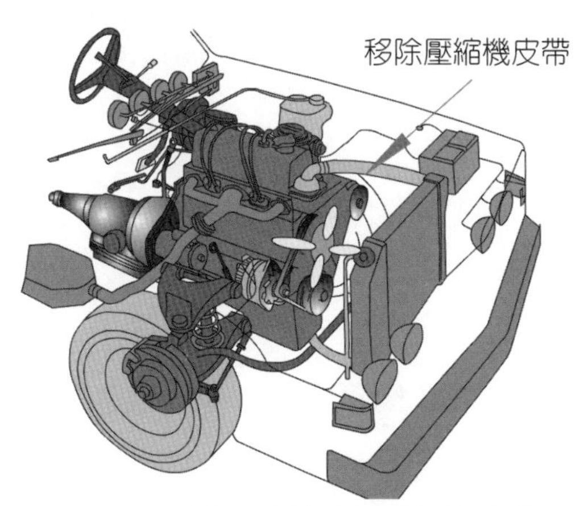

圖 5-4.10(b)　移除冷氣壓縮機皮帶

(2) 檢查引擎橡膠墊：

1. 檢查是否有裂紋、變形。
2. 檢查每個橡膠墊固定支架是否鬆動。

3. 檢查橡膠墊是否有扭轉變形或與其他金屬件相接觸。

(3) 檢查排氣系統：

1. 檢查是否有洩漏。
2. 檢查是否有銹蝕。
3. 檢查吊耳橡膠是否變形及有裂痕，如圖 5-4.10(c) 所示。

若更換排氣系統後問題得以解決，這說明：

①排氣噪音輻射或傳送引起嗡鳴聲。

②排氣管的彎曲振動引起嗡鳴聲。

4. 將排氣管的所有懸掛點與車身隔開，用一支架支撐排氣系統。若噪音消失，表明排氣管的彎曲振動是造成嗡鳴聲的主要原因。

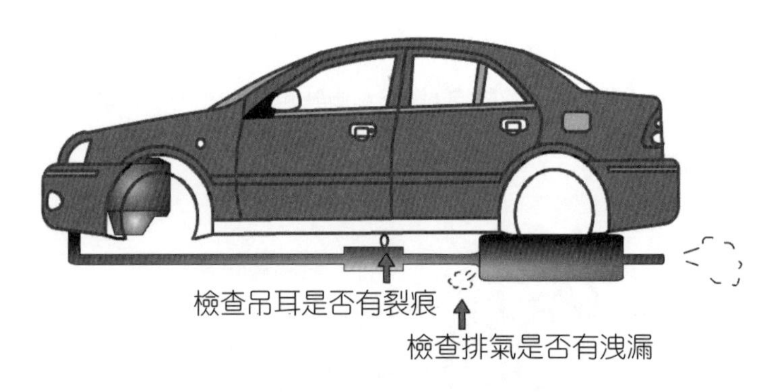

圖 5-4.10(c)　檢查排氣系統

(4) 檢查懸吊系統：

檢查所有懸吊系統的隔振橡膠襯套是否有變形、裂紋，安裝是否正確，如圖 5-4.10(d) 所示。

(5) 檢查驅動軸：

檢查驅動軸的不平衡、變形等。

(6) 檢查輪胎：

檢查輪胎的均勻性或更換輪胎。

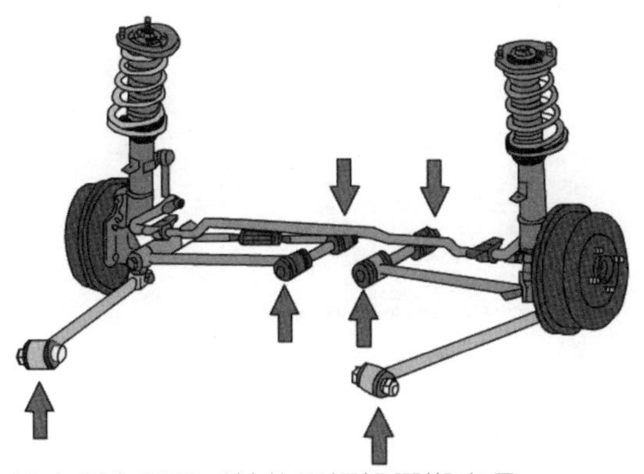

圖 5-4.10(d)　檢查懸吊系統的橡膠襯套

5-4.11 拍擊噪音

(A) 徵狀

拍擊噪音（Beat noise）呈現忽大忽小的週期性變化，噪音的頻率隨車速加大而增加。即使車身拍擊噪音很小，仍然很容易被感覺到，因爲它們呈現週期性的強、弱變化。

(B) 產生原理

拍擊噪音大致可由下列幾點所造成：

⑴ 滑行中所產生的拍擊噪音通常是輪胎不平衡與傳動軸不平衡而產生的振動頻率很接近（干涉）引起的。

⑵ 加速時的拍擊噪音主要起因於：

① 引擎扭矩變化及傳動軸銜接角度變化引起扭矩變化，這兩個扭矩變化的頻率很相近，互相干涉而引起拍擊噪音。

② 傳動軸不平衡與引擎旋轉不平衡引起的振動干涉。

⑶ 自排車以 D 檔行駛，在速度範圍內之拍擊噪音是由扭力變換器滑差引起的，除了先前所說因不平衡所產生的振動外，由引擎扭力變化、扭力變換器滑差和接頭角度所產生的扭力變化而組成的變動，也會成爲產生車身拍擊噪音的振動力，如圖 5-4.11(a) 所示。

圖 5-4.11(a)　拍擊噪音

(C) 故障排除

⑴ 檢查輪胎及鋼圈是否規格正確，車輪是否平衡良好。

⑵ 檢查傳動軸銜接角度，如圖 5-4.11(b) 所示，並與沒有拍擊噪音之同型車比較。

⑶ 檢查傳動軸平衡。

⑷ 檢查自排車扭力變換器是否有損壞跡象，如圖 5-4.11(c) 所示。

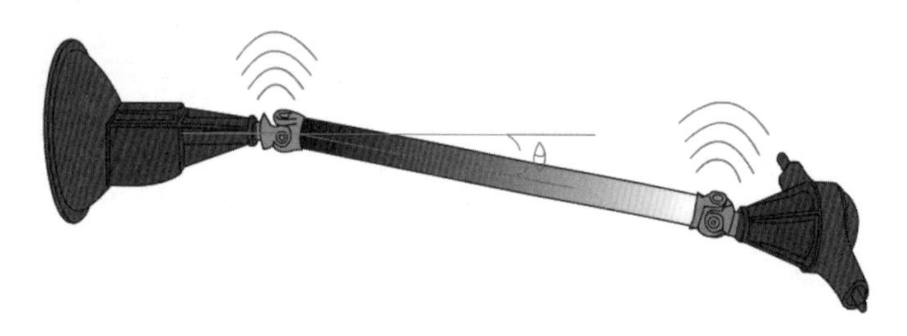

圖 5-4.11(b)　檢查傳動軸銜接角度

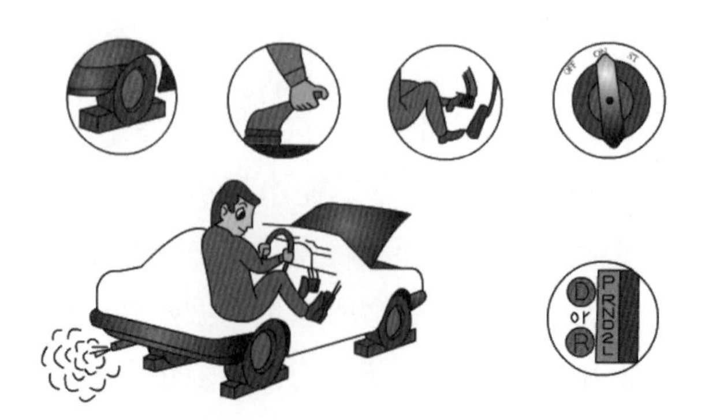

圖 5-4.11(c)　檢查自動變速箱扭力變換器

5-4.12 引擎噪音

(A) 徵狀

在引擎高轉速或高負荷時感覺來自引擎的高音調噪音，隨著引擎轉速增加，噪音會增大。噪音量的大小也與隔音、吸音、消音裝置是否良好有關。

(B) 產生原理

見第三章汽車噪音之引擎噪音的詳細說明。

(C) 故障排除

除檢查引擎是否運轉正常外，還需檢查引擎振動的傳遞路徑，如引擎腳之橡膠墊是否有裂痕損壞，油門線是否正常，如圖 5-4.12 所示。

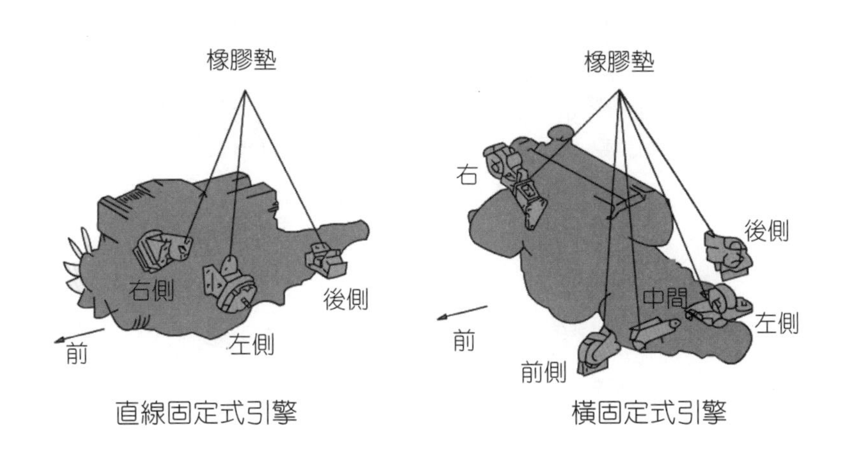

圖 5-4.12　檢查引擎腳之橡膠墊

5-4.13 風切噪音

(A) 徵狀

當汽車行駛時空氣會經過車身縫隙或孔道等進入車內而形成的噪音，稱風切聲或稱風切噪音、風噪音。

(B) 產生原理

汽車行駛時空氣流經車外，車內外的壓力差使車內空氣經過防水橡膠密封飾條流出車外所產生的**風漏噪音**（Aspiration noise）；此外，空氣流經車身外部凸起物（如天線、照後鏡架等）而產生渦流噪音及空氣與車身摩擦所生成的噪音，這些噪音通稱為風切聲。由於空氣阻力和車速的平方成正比，因此通常車速較低時不會出現風切聲，而高速行駛時風切聲較明顯。風切聲的頻率較高，人們對此噪音的感覺是來自車窗的嘶嘶聲或沙沙聲。當車速及風向改變時，風切聲的大小也會改變，如圖 5-4.13(a) 所示。

圖 5-4.13(a)　風切噪音

(C) 故障排除

⑴ 檢查汽車車身、飾板、擋風玻璃、門窗是否密封良好，其檢查重點如圖 5-4.13(b) 及圖 5-4.13(c) 所示。

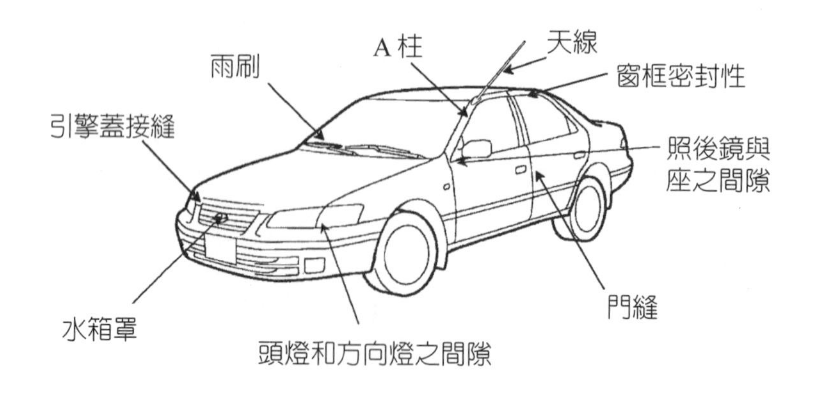

圖 5-4.13(b)　風切噪音之檢查重點

(2) 檢查車身組件的間隙、斷差與外觀。

(3) 檢查黏貼膠帶後噪音大小是否改變。若有改變可能該處間隙太大。

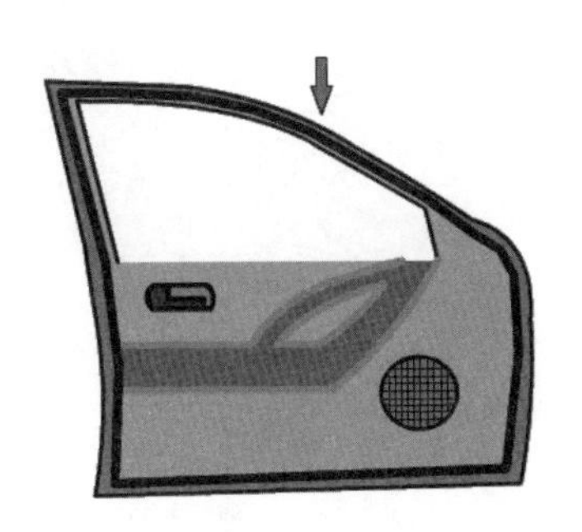

圖 5-4.13(c)　檢查密封橡膠

5-4.14 變速箱噪音 [3]

(A) 徵狀

它是變速箱齒輪嚙合傳輸扭力時產生的噪音，是一種頻率很高的聲音，大多是從底板端傳來，並且通常在某一特定檔位聽得較清楚。

(B) 產生原理

(1) 後輪驅動車輛

齒隙使齒輪嚙合時產生振動，齒輪振動經由變速箱外殼和引擎後支撐構件傳輸到車身飾板而發出聲音。此外，齒輪振動會與傳動軸和後懸吊系統發生共振而被放大，再經由懸吊構件或控制臂傳輸到車身而產生噪音。

(2) 前輪驅動車輛

機油泵運作或齒輪嚙合時的振動由聯合傳動器外殼，經引擎固定架傳輸到車身引起噪音，如圖 5-4.14(a) 所示。另一途徑是由聯合傳動器經排檔連桿，然後傳輸至車身而發出噪音，此外在乘客座也可能直接聽到聯合傳動器的噪音。

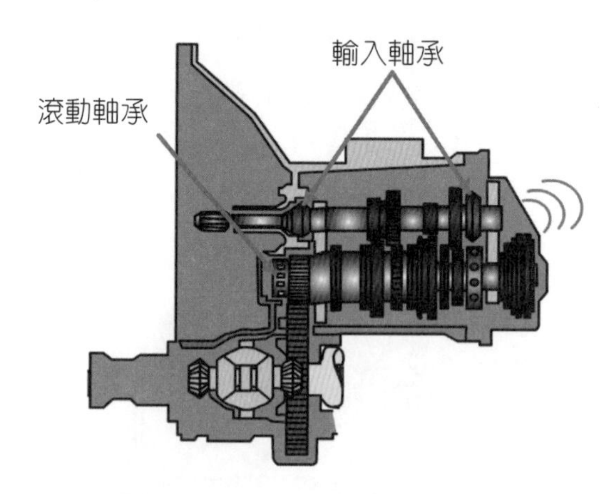

圖 5-4.14(a)　變速箱噪音

(C) 故障排除

⑴ 檢查變速箱油位及油的品質，如圖 5-4.14(b) 所示。

⑵ 檢查行星齒輪，若有損傷則更換之。

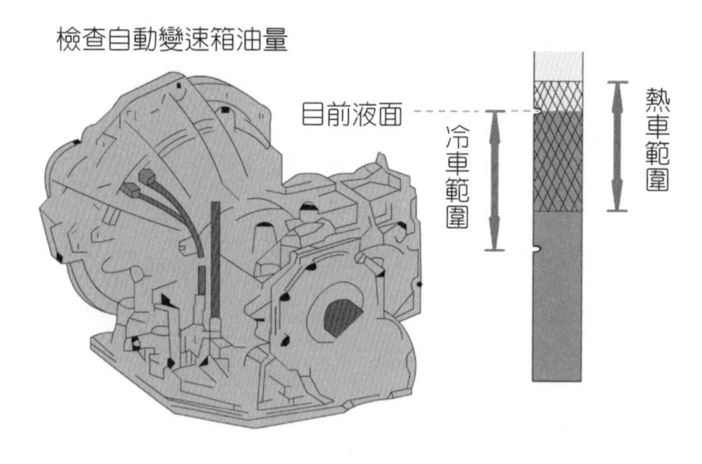

圖 5-4.14(b)　檢查變速箱油位

⑶ 檢查扭力變換器是否平衡。

⑷ 檢查閥門及閥門彈簧是否正常。

5-4.15 差速器齒輪噪音[3]

(A) 徵狀

差速器齒輪嚙合時，因齒隙不正確引起咬合振動所產生的噪音，它是一種音調很高的聲音，發生於某特定車速，與選擇的檔位無關，如圖 5-4.15(a) 所示。

(B) 產生原理

(1) 後輪驅動車輛

當差速器環齒輪和主動小齒輪嚙合時，其齒隙不良使兩個齒輪的轉速產生變化，因而齒輪產生振動。當傳動軸和後懸吊與齒輪振動產生共振，使這些在差速器托架內部的振動被放大並傳輸至車身，使車身振動而產生噪音。

(2) 前輪驅動車輛

差速器齒輪嚙合時，振動經由聯合傳動器外殼和引擎固定架傳輸至車身引起噪音。另一途徑是齒輪振動由聯合傳動器，經排檔連桿或速率表傳輸至車身產生噪音。

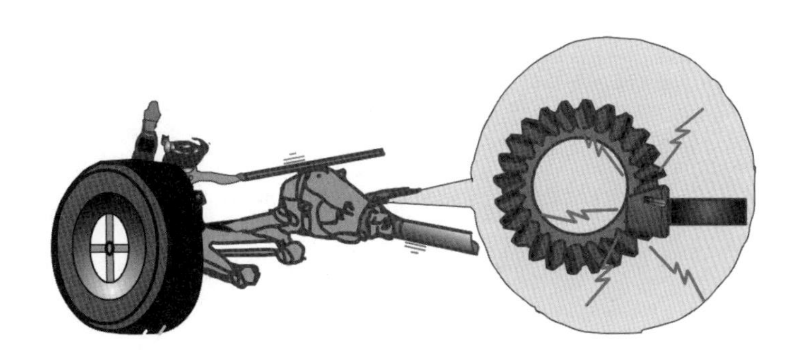

圖 5-4.15(a)　差速器齒輪噪音

(C) 故障排除

檢查盆形齒輪與角尺齒輪之間隙，如過大則調整之，如圖 5-4.15(b) 所示。

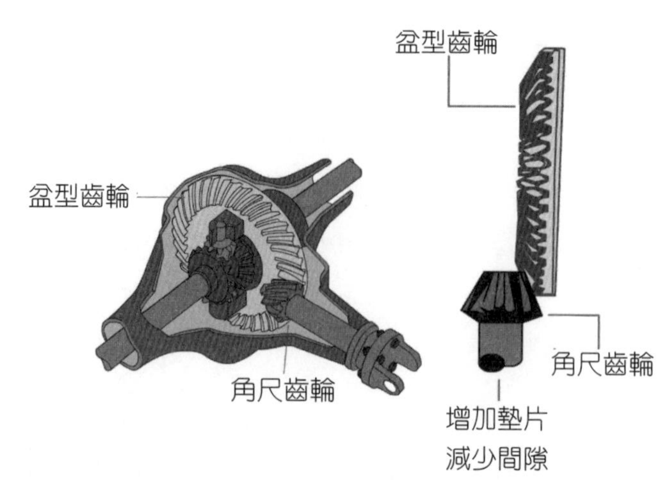

圖 5-4.15(b) 檢查盆形齒輪與角尺齒輪之間隙

5-5 引擎異音

依圖5-3.3之分類，汽車異音分引擎異音、底盤異音和車身異音，本節介紹引擎內外部異音之故障排除。5-6節與5-7節分別介紹底盤異音和車身異音之故障排除。

5-5.1 搖臂異音

(A) 徵狀

搖臂產生的異音隨引擎轉速增加而增強，假如引擎無其它故障，怠速時及加速時是搖臂異音最明顯的時候，因為此時引擎周圍的其它噪音最小，搖臂異音就特別明顯。

(B) 產生原理

搖臂異音是因為汽門間隙調整不當（間隙過大），造成搖臂調整螺絲與汽門桿互相敲擊而生成的。

(C) 故障排除

如果是汽門間隙太大（超出廠家規範），只要將汽門調整螺絲放鬆，用厚薄規調整到廠家規範即可，如圖 5-5.1 所示。如果是機件磨損則需更換磨損的機件。

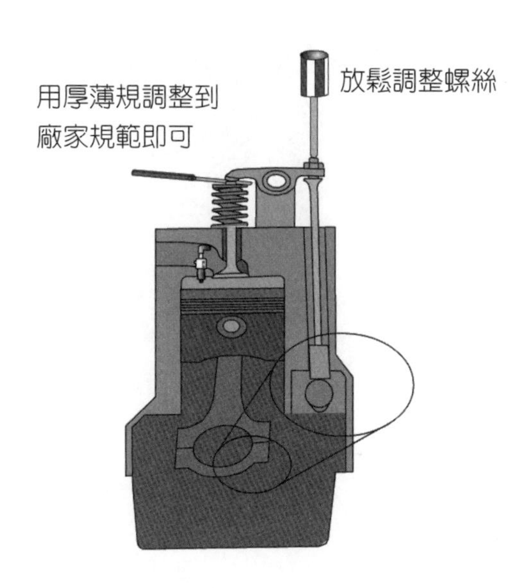

圖 5-5.1　用厚薄規調整汽門間隙

5-5.2 爆震聲異音

(A) 徵狀

爆震聲異音就是俗稱的引擎爆震聲，其徵狀主要是因引擎溫度過高或點火提前太多所造成。在引擎低轉速高負荷時、或是車輛起步急加速時，在引擎內部產生機件敲擊汽缸的聲音，聽起來如「達達」聲。

(B) 產生原理

混合汽在燃燒室中燃燒的時間，僅短暫的 0.003 秒鐘左右，但其正常燃燒過程可分為三階段：**火焰核期**（Nucleus of Flame）、**孵化期**（Hatching out）、**繁殖期**（Propagation）。而當混合汽在繁殖期，火焰的傳播未能穩定，而使火焰尚未波及的混合汽，突然受到極大的壓力形成高溫，以致自燃，使火焰的速度與火焰峰的形狀發生突變的現象，會產生極高的壓力波，與火星塞點燃的火焰峰相碰撞，使燃燒室四周的機件互相撞擊，發生類似金屬敲擊的聲音，此現象稱為**爆震**（Detonation），如圖 5-5.2(a) 所示。

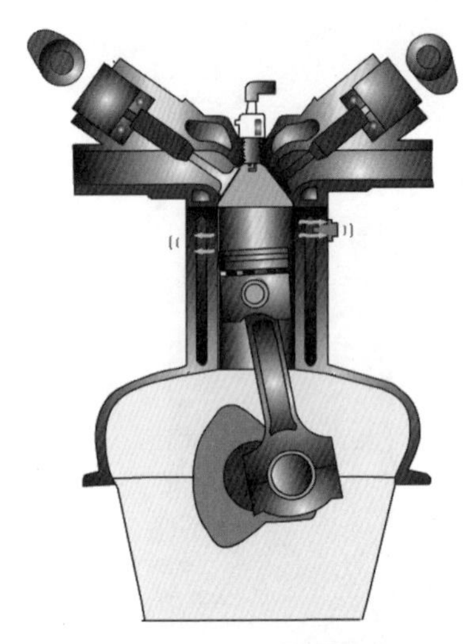

圖 5-5.2(a)　爆震聲異音

(C) 故障排除

⑴ 如果是積碳產生爆震，其處理方法一般是清洗燃燒室的積碳，以降低燃燒室產生混合汽預燃的機會，如圖 5-5.2(b) 所示。

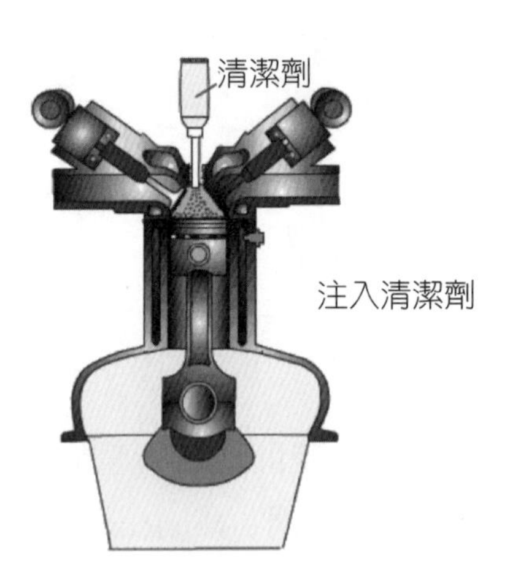

圖 5-5.2(b)　清除積碳

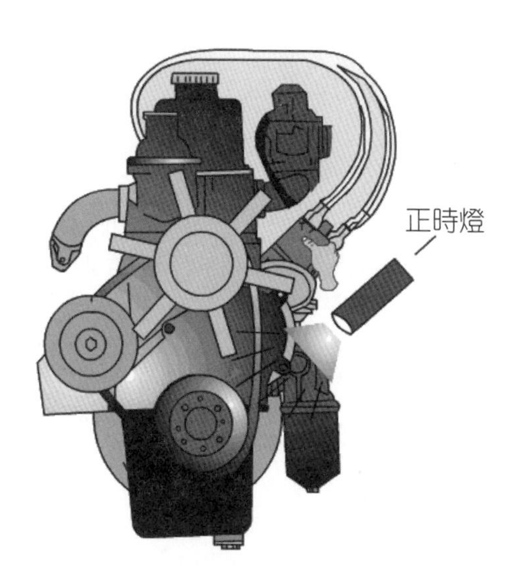

圖 5-5.2(c)　檢查點火正時

⑵ 如果是點火角度不正確所造成（點火太早），則將分電盤放鬆，將點火角度調整到廠家規範即可，如圖 5-5.2(c) 所示。

⑶ 如果是引擎低轉速高負荷所造成，則降檔行駛或檢查冷卻系統即可解決此問題，如圖 5-5.2(d) 所示。

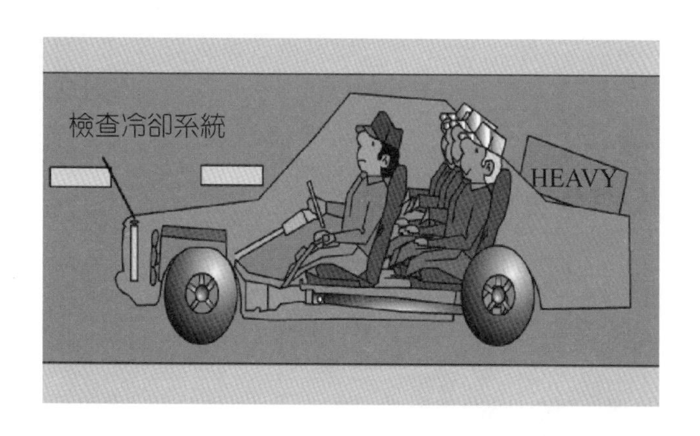

圖 5-5.2(d)　降檔行駛或檢查冷卻系統

5-5.3 發電機軸承異音

(A) 徵狀

發電機軸承異音的徵狀是一般軸承所發出的尖銳聲，通常以皮帶盤那一邊的軸承較容易壞。一般軸承異音冷車時較明顯。

(B) 產生原理

發電機軸承一般是密封式軸承，也就是它的軸承鋼珠是靠軸承內部的黃油來自行潤滑，而非外部潤滑油。當它使用一段時間後，軸承的密封性隨著使用時間及外在環境的影響而日趨不良，造成黃油揮發及外洩，導致軸承磨損或損壞而發出異音，如圖 5-5.3(a) 所示。

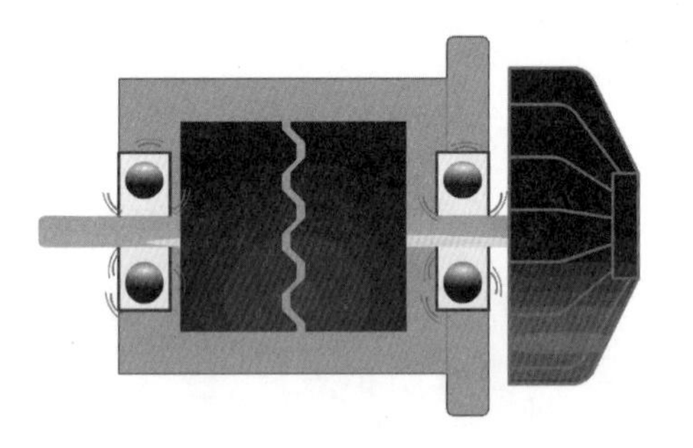

圖 5-5.3(a)　發電機軸承異音

(C) 故障排除

將損壞軸承更換即可，如圖 5-5.3(b) 所示。

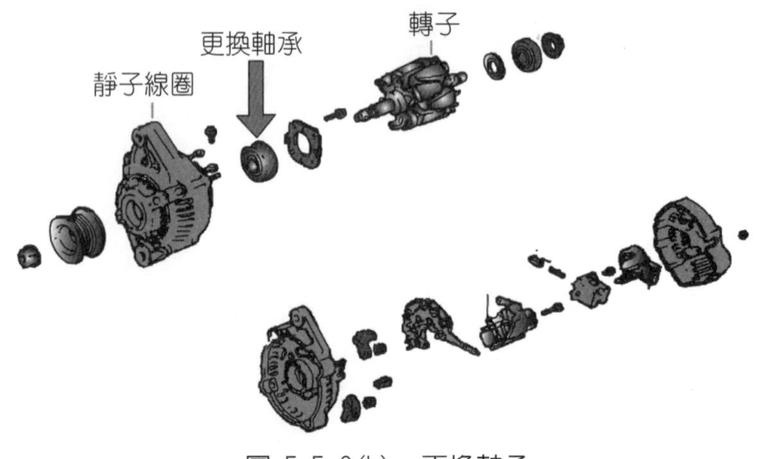

圖 5-5.3(b)　更換軸承

5-5.4 皮帶異音

(A) 徵狀

皮帶異音一般是皮帶太鬆以致和皮帶盤發生打滑所產生的橡膠高速滑動的尖銳聲，或是皮帶硬化所產生的異音，聽起來如鳥叫聲。皮帶異音在冷車發動引擎加速時特別明顯。

(B) 產生原理

當引擎外部皮帶太鬆時，皮帶與皮帶盤在引擎轉速改變時，產生滑動摩擦，造成尖銳的橡膠摩擦聲（嘰嘰叫）。

當引擎外部皮帶硬化後，雖然皮帶緊度適當，但因皮帶橡膠部分硬化，造成當皮帶進入皮帶盤座時，硬化的橡膠無法產生彈性及撓度，會在進出皮帶盤時產生低頻的「刷刷聲」，如圖 5-5.4(a) 所示。

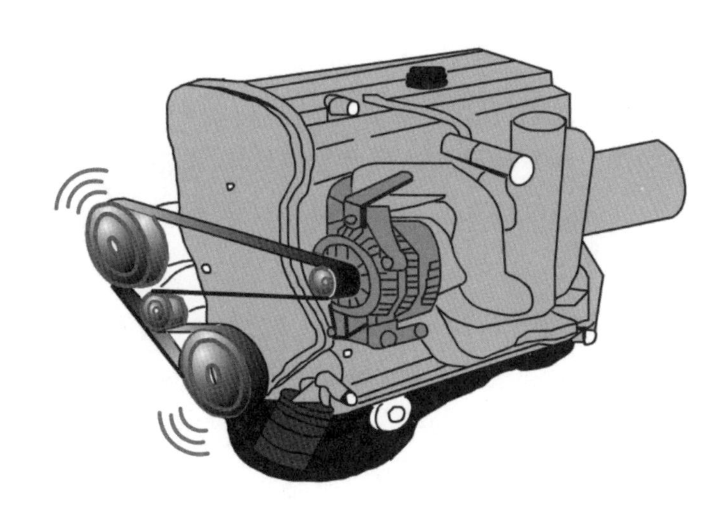

圖 5-5.4(a)　皮帶異音

(C) 故障排除

如果是皮帶硬化造成異音，更換新皮帶即可改善；如果是皮帶太鬆所造成，則將皮帶緊度調整到廠家規範即可，如圖 5-5.4(b) 所示。

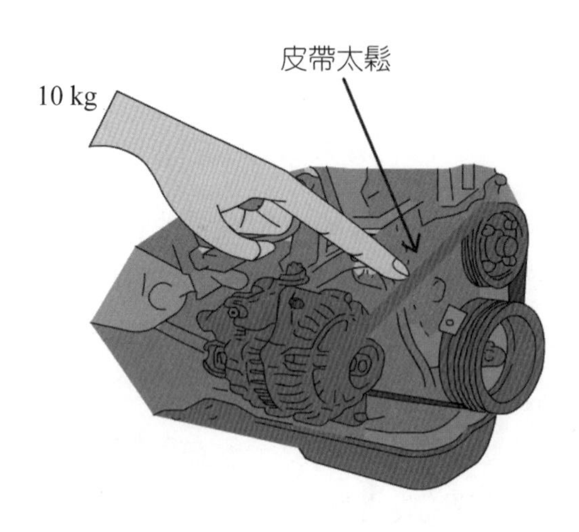

圖 5-5.4(b)　皮帶太鬆

5-5.5 水泵軸承異音

(A) 徵狀

水泵軸承異音一般發生在冷車發動時，隨著引擎轉速逐漸提高，在某一轉速下之對應頻率會與水泵損壞軸承運轉的頻率相同而產生共振，此時水泵異音會最大。通常引擎轉速低於 3000 rpm，即可聽出水泵軸承異音。

(B) 產生原理

水泵軸承所處的環境較特殊（周圍有水環繞），所以當水泵軸承的油封損壞後，水會滲透到水泵軸承內造成軸承生鏽損壞，甚至造成引擎從水泵處漏水。水泵軸承因爲是生鏽造成的損壞，所以其異音是類似軸承乾枯沒有油潤滑的聲音，它是較低沉的異音，聽起來像「咕咕叫」，如圖 5-5.5(a) 所示。

(C) 故障排除

發現異音源來自水泵，先要確定水泵下方排水孔是否有水漬或漏水，如圖 5-5.5(b) 所示。如果有這些現象很可能是水泵軸承故障，因爲水泵損壞嚴重會由水泵排水孔漏水。如果確定水泵損壞則更換新品即可。

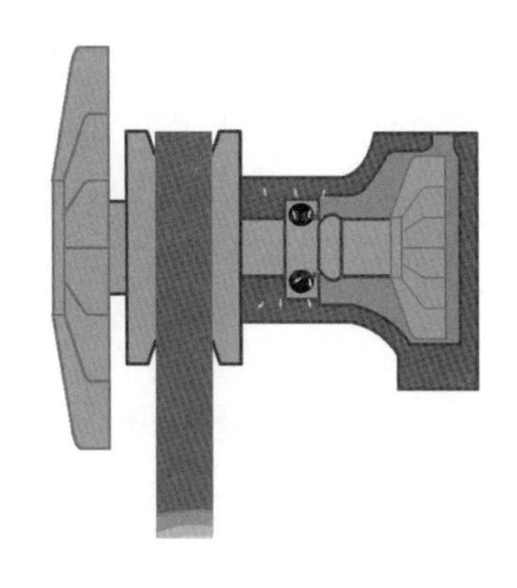

圖 5-5.5(a)　水泵軸承異音

圖 5-5.5(b)　檢查水泵是否損壞

5-5.6 壓縮機異音

(A) 徵狀

一般常見的壓縮機異音有離合器磨損打滑的尖銳聲及進排氣閥門磨損異音。壓縮機離合器磨損後，當引擎冷氣作用時，會在壓縮機離合器處產生尖銳的金屬摩擦聲，並隨引擎轉速上升而增強。而進排氣閥門異音則會隨引擎轉速上升而減弱，怠速運轉時最明顯。

(B) 產生原理

壓縮機離合器接合面磨損後，離合器接合時，因離合器片摩擦力不足，造成離合器片打滑產生金屬摩擦聲。壓縮機進排氣閥門異音主要是進排氣閥門磨損及內部機件磨損，在壓縮機轉速低時因效率降低造成冷凍油潤滑不足所產生「吋吋」的異音，如圖 5-5.6(a) 所示。當壓縮機轉速增加吸油效率增加（冷凍油充足）後，異音便會減低或消除。

(C) 故障排除

壓縮機離合器磨損異音，需要更換整組磁性離合器，如圖 5-5.6(b) 所示。進排氣閥門異音，則需要整修更換壓縮機內部機件才能解決此一問題，一般都由專門維修冷氣壓縮機的廠商維修爲主。

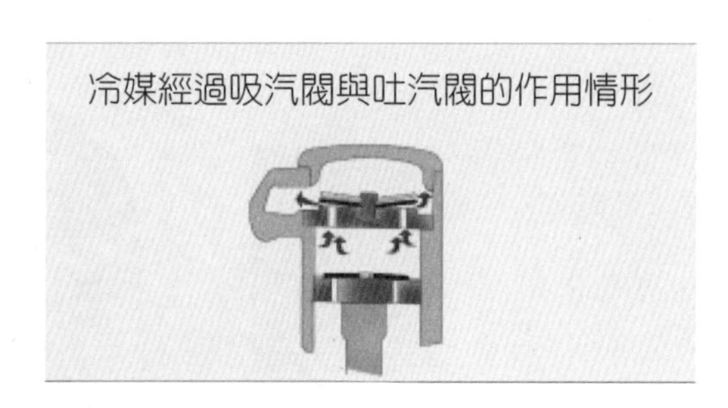

圖 5-5.6(a) 壓縮機進排氣閥門異音

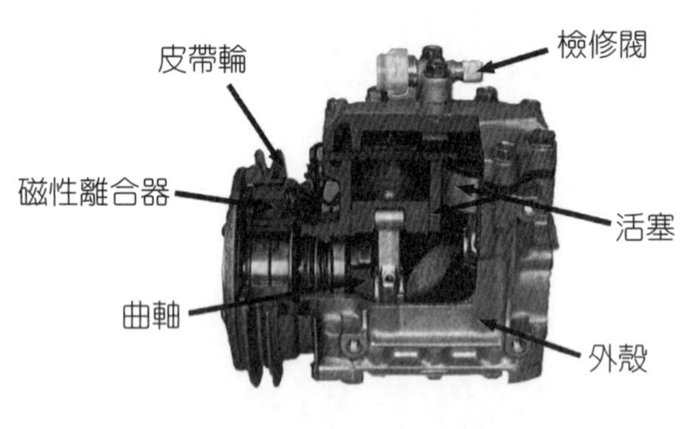

活塞式壓縮器

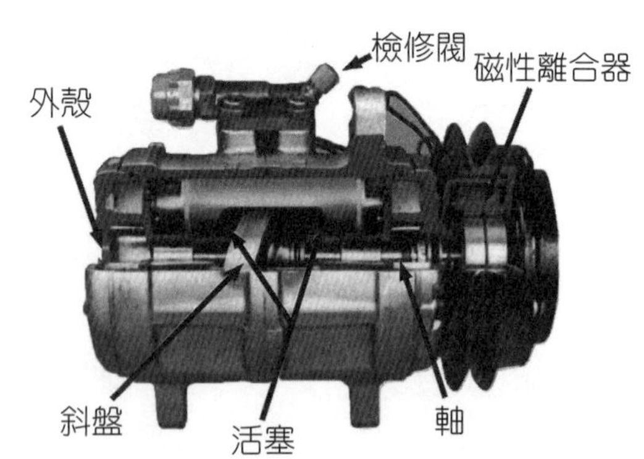

斜盤式壓縮機

圖 5-5.6(b) 壓縮機內部構造 [12]

5-6 底盤異音

5-6.1 離合器嚮導軸承異音

(A) 徵狀

離合器作用時由變速箱傳來聲響，踩離合器踏板（離合器不作用）異音即消失。

(B) 產生原理

嚮導軸承用來支撐變速箱輸入軸，當變速箱輸入軸轉動時，嚮導軸承會隨著變速箱輸入軸轉動。所以當嚮導軸承損壞後，只要離合器接合就會發出聲響，如圖 5-6.1(a) 所示。

(C) 故障排除

檢查嚮導軸承有無磨損、粗糙或呈現喇叭形狀。如發現有前述現象，則拆下變速箱，更換嚮導軸承即可改善，如圖 5-6.1(b) 所示。

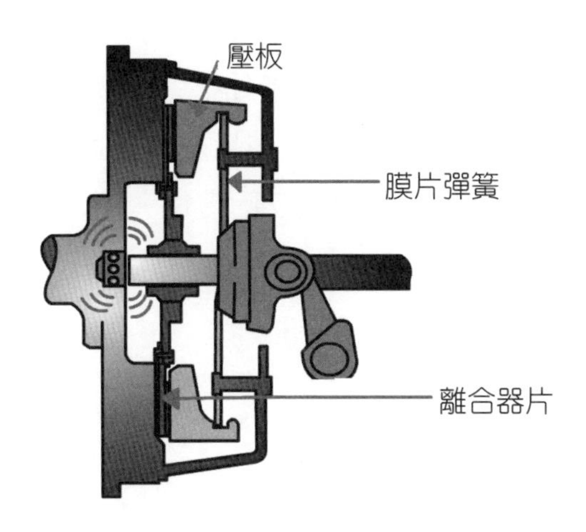

圖 5-6.1(a)　離合器嚮導軸承異音

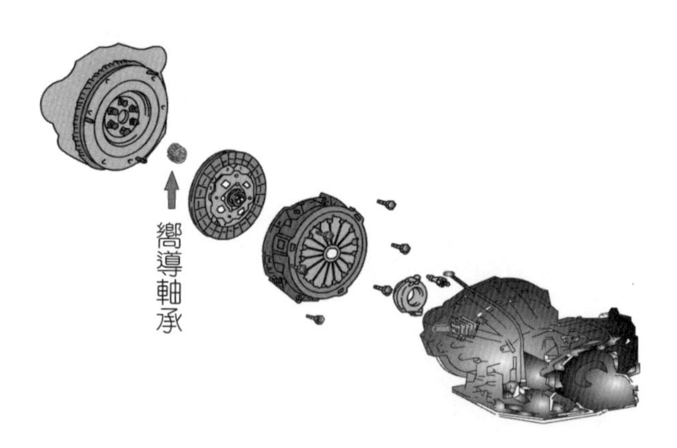

圖 5-6.1(b) 檢查嚮導軸承

5-6.2 離合器釋放軸承異音

(A) 徵狀

手排變速箱釋放軸承損壞時產生異音的時機，是在踩離合器踏板時產生異音，放鬆踏板異音即消失。

(B) 產生原理

釋放軸承位於變速箱動力輸入軸的軸轂上，受釋放叉的作用，壓於釋放槓桿，使壓板圈狀彈簧被壓縮，而將離合器片與壓板分離。

當釋放軸承損壞時，只要釋放叉作用於釋放軸承上，釋放軸承將抵住釋放桿做旋轉運動而產生異音，當釋放叉回復後，釋放軸承停止轉動，異音便消失，如圖 5-6.2(a) 所示。

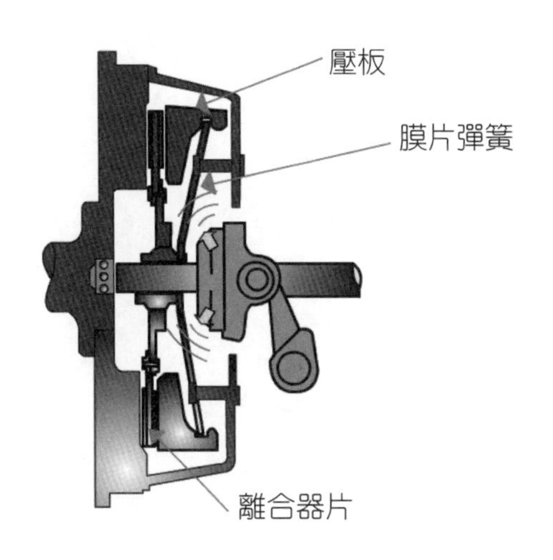

圖 5-6.2(a)　離合器釋放軸承異音

(C) 故障排除

單片式離合器踩離合器異音存在，放鬆離合器異音消失，則確定是釋放軸承損壞，只要拆下變速箱即可更換釋放軸承，如圖 5-6.2(b) 所示。

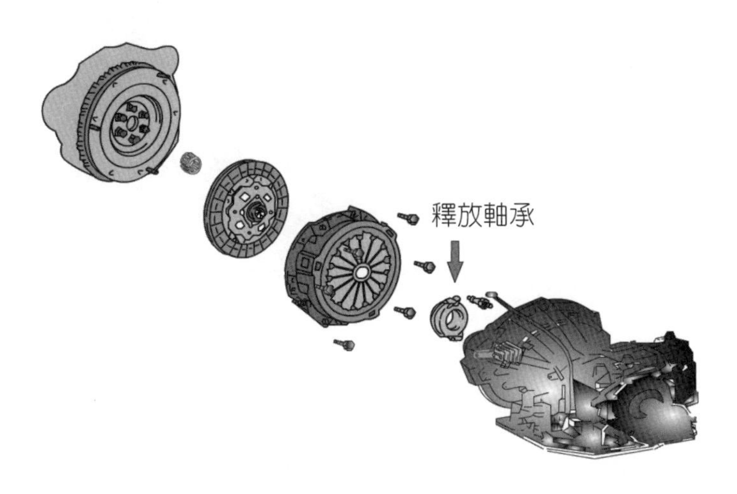

圖 5-6.2(b)　檢查釋放軸承

5-6.3 外半軸異音

(A) 徵狀

外半軸損壞時，在車輛行駛中轉彎或急加速時會有「扣扣聲」。

(B) 產生原理

外半軸內部是由內球座、鋼球、球框、外球座所組成，而且成緊密配合。當外半軸內部磨損時，其內部機件相對間的間隙只要變大，鋼球與球框就會在內球座與外球座間互相撞擊產生異音，如圖 5-6.3(a) 所示。這就是爲什麼在車輛轉彎或加速時，損壞的外半軸會發出異音的原因了。當然只要外半軸持續磨損到一定程度，不用轉彎，在車輛直線加速時也會發出異音。

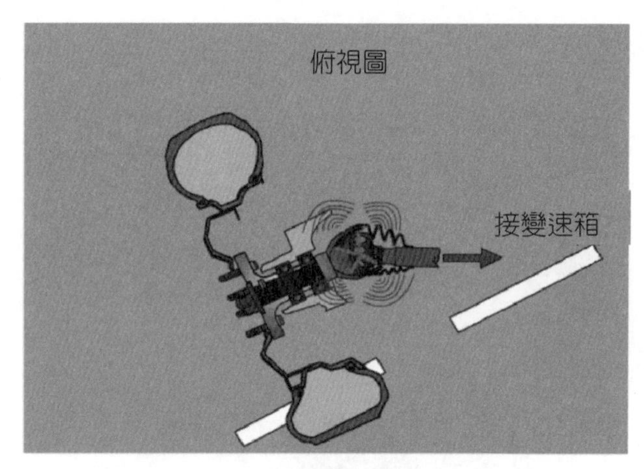

圖 5-6.3(a)　轉彎產生的外半軸異音

(C) 故障排除

一般如果是傳動軸防塵套破裂但尚未發出異音，只需清洗外半軸並添加傳動軸專用新黃油即可改善。但是如果已發出異音，就需更換新的外半軸並添加傳動軸專用新黃油才可將問題解決，如圖 5-6.3(b) 所示。也有將外半軸內部的鋼球換大一號的尺寸或重新清洗後再裝新黃油來處理。

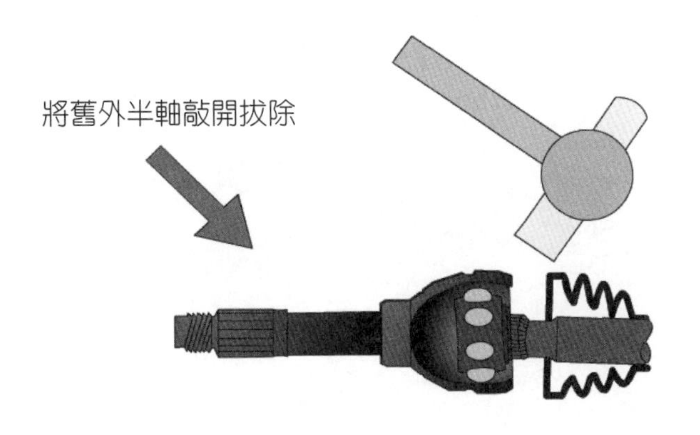

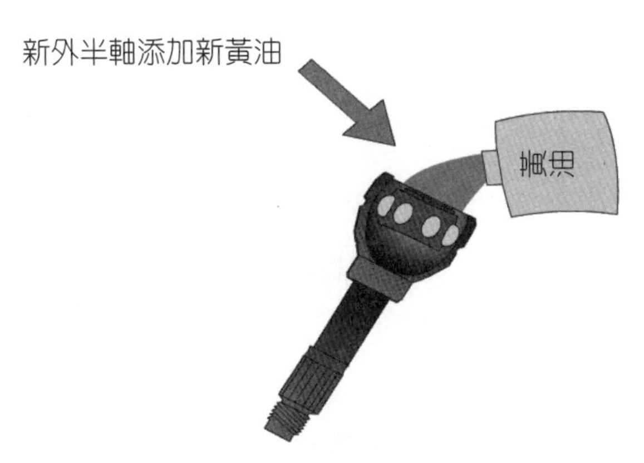

圖 5-6.3(b)　更換新的外半軸

5-6.4 避震器異音

(A) 徵狀

車輛高速行駛時車身不穩定，遇到不平路面時由底盤傳來「扣扣聲」，且較易上下跳動，造成行駛上的困難。

(B) 產生原理

避震器的功用一般是吸收彈簧的作用力，以減緩彈簧壓縮的次數，增加乘坐的舒適性。

當避震器損壞後，車子行經不平路面時，因沒有緩衝的作用，易造成車體上下跳動及左右晃動而使車輛不穩定，有時避震器撞擊到底部或避震器上座橡膠與金屬分離時還會發出「扣扣聲」的異音，如圖 5-6.4(a) 所示。

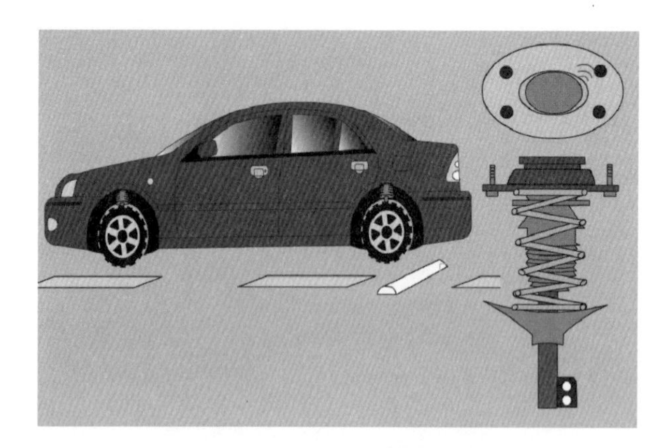

圖 5-6.4(a)　避震器異音

(C) 故障排除

檢查避震器是否有漏油，如圖 5-6.4(b) 所示，或壓縮車輛的四個角落，如果在壓下車身後馬上放手，車身還會上下跳動一次以上則更換新品。此外，也需檢查避震器上座在方向盤轉動時是否有異音。

圖 5-6.4(b)　檢查避震器是否有漏油

5-6.5 連桿及控制臂異音

(A) 徵狀

車輛行經不平路面時，由底盤傳來「扣扣聲」。

(B) 產生原理

當車輛行經不平路面時，連桿或上下控制臂會隨車輪做上下運動。當連桿及上下控制臂的球接頭磨損後會在接合處產生間隙，隨著輪胎做上下運動的球接頭，便會因磨損後所產生的間隙，在作動時產生異音，如圖 5-6.5(a) 所示。

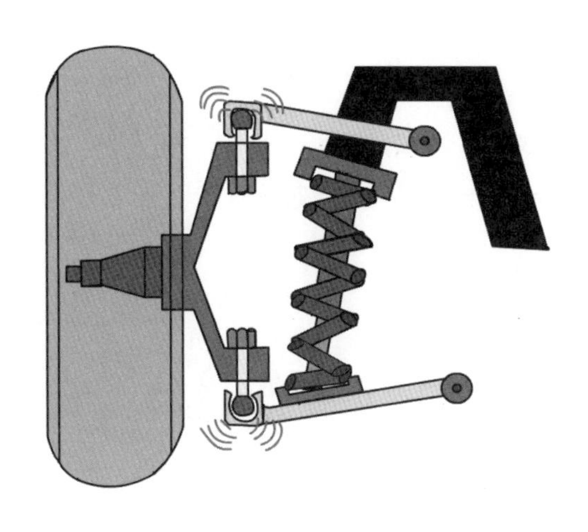

圖 5-6.5(a)　連桿及控制臂異音

(C) 故障排除

檢查懸吊系統各相關機件是否有鬆動或防塵套破裂損壞的情形，如果有，更換新品即可改善，如圖 5-6.5(b) 所示。

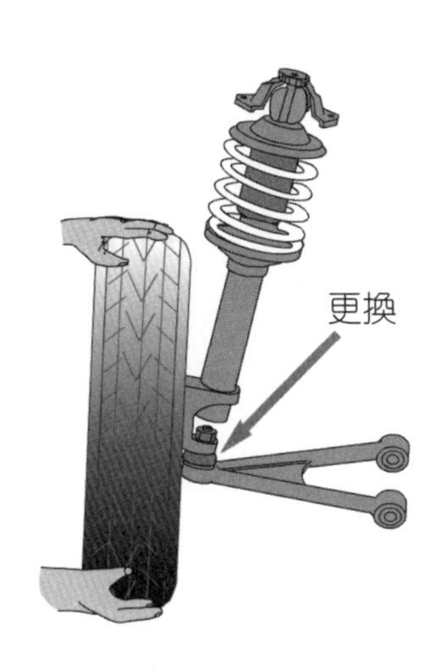

圖 5-6.5(b)　檢查機件是否有鬆動

5-6.6 連桿球接頭異音

(A) 徵狀

車輛原地左右來回轉向時，由底盤傳來「扣扣聲」，轉向間隙變大，高速行駛方向盤有抖動現象，前輪胎有異常磨損。

(B) 產生原理

轉向連桿及球接頭經長期使用磨損後會在球接頭產生間隙，致使轉向時間隙變大，嚴重時原地轉向會有異音，且因前輪左右方向產生間隙（轉向連桿及球接頭損壞造成），在車輛高速行駛時方向盤會抖動而使前輪不正常磨損，如圖 5-6.6(a) 所示。

圖 5-6.6(a) 連桿球接頭異音

(C) 故障排除

將車輛頂起檢查輪胎左右方向是否有間隙，確定轉向惰桿及球接頭是否有損壞，如果有損壞，更換新品即可，如圖 5-6.6(b) 所示。

圖 5-6.6(b)　檢查輪胎左右方向是否有間隙

5-6.7 轉向機構異音

(A) 徵狀

車輛發動時，原地轉動方向盤，由動力方向機傳來異音（吱吱聲）。

(B) 產生原理

當轉向機油封老化損壞後，方向機的潤滑油會由油封處洩漏，若潤滑油洩漏到一定量，致使外部空氣被動力泵打入方向機的油壓缸內部時，空氣與潤滑油會在內部混合產生氣泡，而當這些氣泡在通過油道時（打方向盤時）便會產生「吱吱聲」的異音，如圖 5-6.7(a) 所示。

(C) 故障排除

發動引擎，轉動方向盤，如果有異音，先檢查動力泵油液面是否在規定的範圍內，如圖 5-6.7(b) 所示。如果不是，檢查方向機或動力泵是否漏油，如果有，更換其油封即可改善。

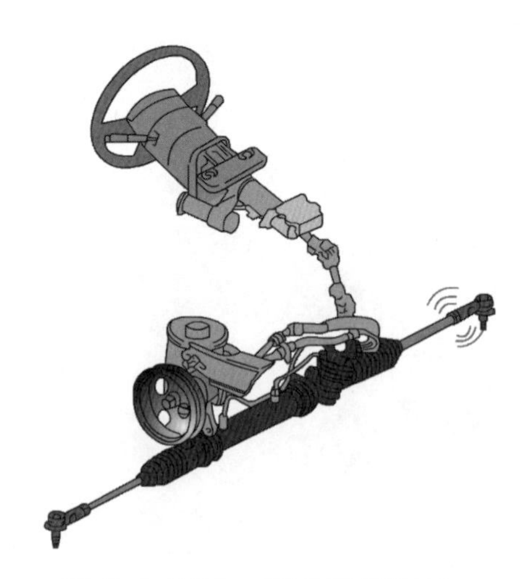

圖 5-6.7(a)　轉向機構異音

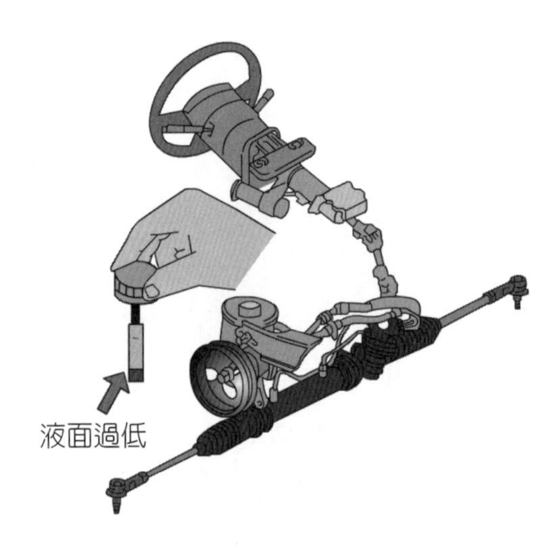

圖 5-6.7(b)　檢查動力泵油液面

5-6.8 輪軸承異音

(A) 徵狀

當車輛行駛到某一速度時，會由輪胎處傳來軸承低沉乾枯「哄哄」的聲音，且在頂起車輛後，檢查輪胎會有軸向間隙。

(B) 產生原理

車輛輪軸承是密封的滾珠、滾柱軸承，內部已有潤滑用的高溫黃油，但是當此軸承的油封損壞時，會造成水或異物跑入軸承內部污染黃油而造成軸承磨損產生異音。有些軸承剛開始產生異音時，並不會產生軸向間隙，很可能只是黃油跑出，軸承缺乏潤滑，磨損不很嚴重才會只產生異音而尚未產生軸向間隙，如圖 5-6.8(a) 所示。

(C) 故障排除

如果由輪胎處傳來軸承低沉乾枯「哄哄」的聲音，則頂起車輛，檢查各輪是否有軸向間隙，如果有，更換新的軸承即可，如圖 5-6.8(b) 所示。有些前輪軸承異音並沒有明顯的軸向間隙，則必須將車輛頂起固定其中一輪，入檔加

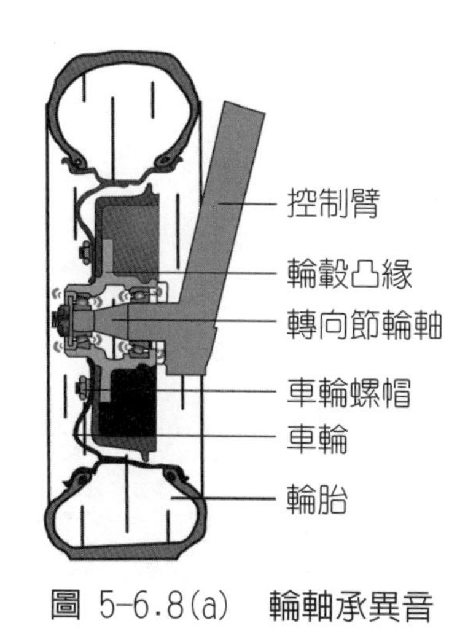

圖 5-6.8(a)　輪軸承異音

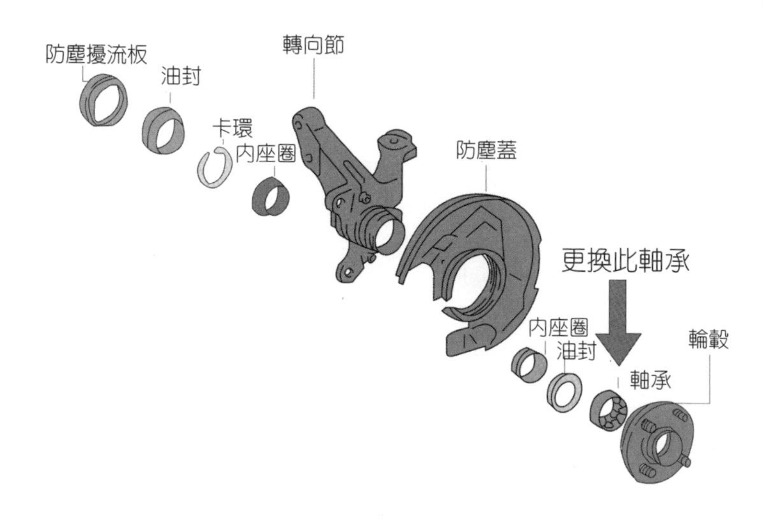

圖 5-6.8(b)　更換新的軸承

速使另一輪高速運轉來判斷異音在那一輪。注意：配備新式裝備的車輛可能不適合此動態方式檢查。

5-6.9 輪胎異音

(A) 徵狀

車輛不論低速或高速行駛都有「轟轟聲」，且隨車速增加而增強，檢查輪胎胎面會有齒狀花紋或凸點。

(B) 產生原理

輪胎年份較久（超過 4～5 年以上）造成橡膠硬化，在車輛行駛時會與地面產生不正常的摩擦而發出異音，如果是變形（形成凸點），會造成車輛行駛時，輪胎變形處撞擊地面時產生車身晃動。尤其是發生在前輪時，更會造成方向盤在車輛低速行駛時，因變形的凸點每撞擊到地面就將方向盤拉向一邊，而造成方向盤左右擺動，如圖 5-6.9(a) 所示。

圖 5-6.9(a)　輪胎異音

(C) 故障排除

檢查四個輪胎的胎面及胎壓是否正常，前束是否在規定值內。如果胎面變形則更換輪胎；如果前束不正確則作車輪校正即可改善，如圖 5-6.9(b) 所示。

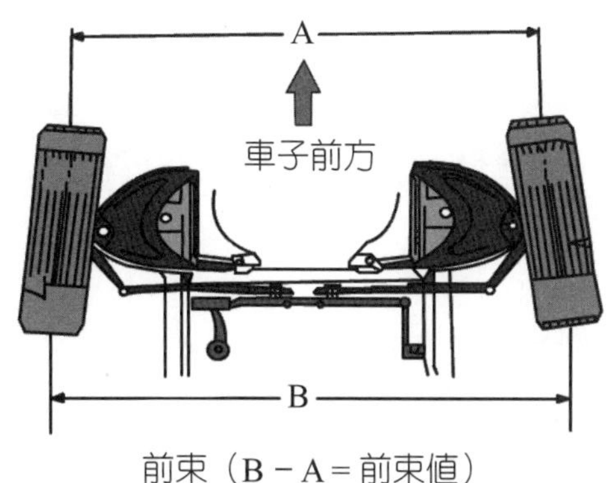

前束（B－A＝前束値）

圖 5-6.9(b)　檢查前束

5-6.10 煞車異音

(A) 徵狀

輕踩煞車時會由煞車碟盤傳來尖銳的鐵片摩擦聲。

(B) 產生原理

煞車系統裡，煞車來令片的好壞左右煞車異音的產生，如果來令片磨損不均也會造成煞車碟盤磨損不均，而容易在冷車時產生微小的異音。因爲來令片與碟盤在熱脹時磨損成相對稱的紋路，在冷縮時因膨脹係數不一樣，而造成輕踩煞車時，來令片與碟盤不是面接觸而是點接觸，發出金屬摩擦的尖銳聲，當煞車力逐漸增強時，來令片與碟盤逐漸變成面接觸而使異音消失，如圖 5-6.10(a) 所示。此外，當煞車片磨損必須更換時，煞車片磨耗指示響片就會發出尖銳聲，以警告駕駛。

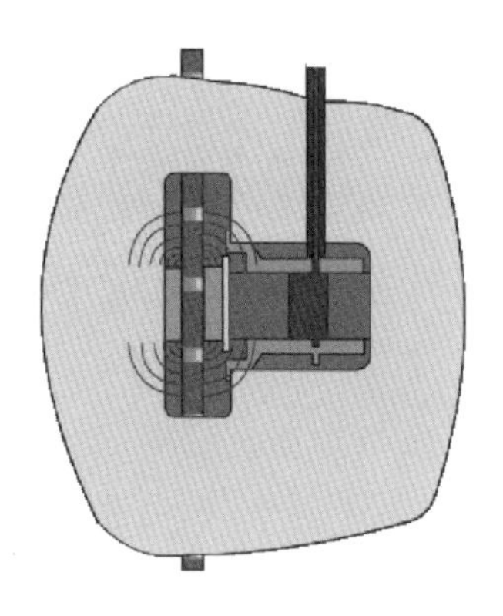

圖 5-6.10(a)　煞車異音

(C) 故障排除

檢查發出異音的碟盤與來令片是否磨損不均，如圖 5-6.10(b) 所示。如果有，則將碟盤拆下研磨，來令片更換較好品牌的材質即可改善此一問題。

圖 5-6.10(b)　檢查來令片是否磨損不均

5-7 車身異音

5-7.1 儀表板異音

(A) 徵狀

儀表板異音常見的有速率表的驅動鋼索所造成的「唰唰聲」。現代汽車逐漸採用電子式速率表，就會減少此一毛病。

(B) 產生原理

因爲速率線是由變速箱齒輪所帶動，連接到儀表板來驅動速率表及里程計數器。速率線鋼索是由多條鋼絲所絞合而成一條鋼索，當速率線鋼索使用到一定期限後，會因旋轉的扭矩使鋼索彈性疲乏而造成斷線（可能只斷一、二條），導致在被驅動時，與周邊的零件相互摩擦而形成異音，如圖 5-7.1(a) 所示。

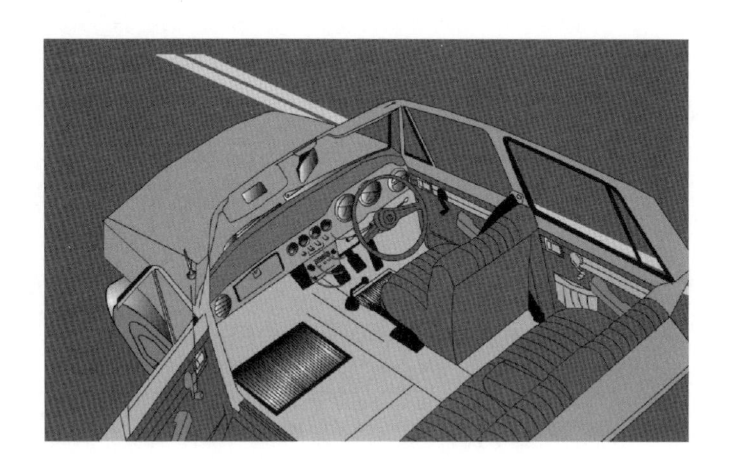

圖 5-7.1(a)　儀表板異音

(C) 故障排除

確定異音源是否來自速率表？可將速率線暫時拆除，再發動引擎入檔行駛，確認儀表板異音是否消失，如果是，則更換速率線即可解決此一問題，如圖 5-7.1(b) 所示。

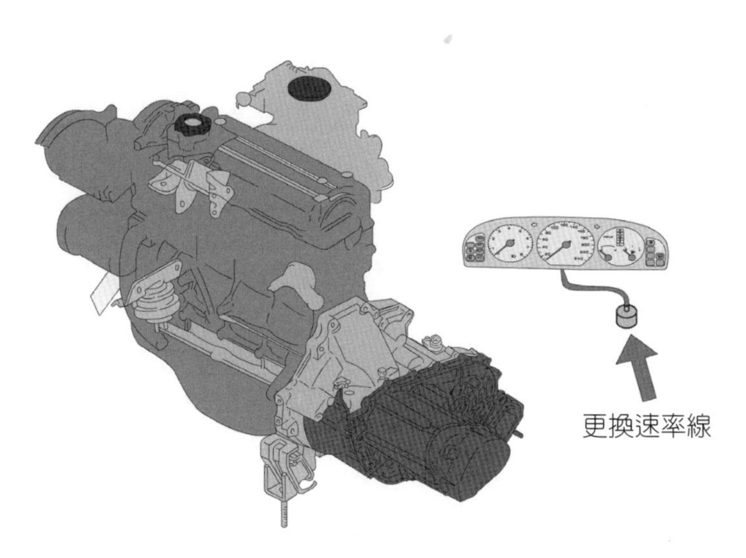

圖 5-7.1(b)　更換速率線

5-7.2 車門內飾板異音

(A) 徵狀

車輛行駛時，車門內飾板間的機件傳出異音。

(B) 產生原理

因為內飾板是由塑膠螺絲或塑膠卡榫及螺絲釘所組合而成，容易在維修拆裝的過程中掉落或損壞，如果不去注意很容易在車輛行駛時，因為車身的晃動而導致飾板與車門間產生摩擦或敲擊而發出異音，如圖 5-7.2(a) 所示。

圖 5-7.2(a)　車門內飾板異音

(C) 故障排除

先找到發出異音的飾板，檢查是否有鬆動的地方，加以重新固定即可，如圖 5-7.2(b) 所示。

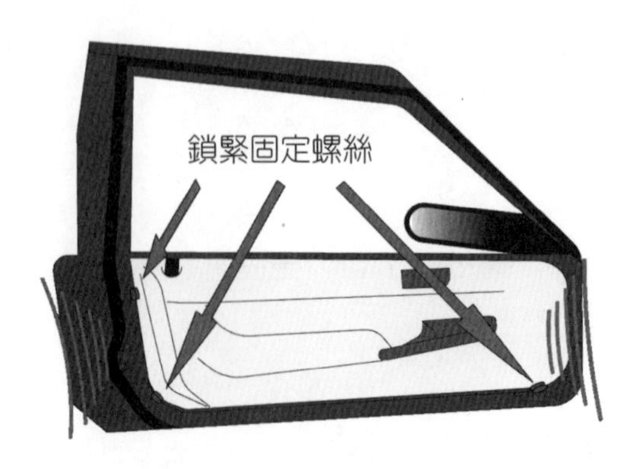

圖 5-7.2(b)　鎖緊固定螺絲

5-7.3 照後鏡風阻異音

(A) 徵狀

車輛高速行駛時，在照後鏡的位置易聽到風切聲。

(B) 產生原理

照後鏡與車身接觸的地方有密封橡皮，如果密封橡皮在安裝時沒有裝好或是橡皮老化，易造成照後鏡與車身接觸的地方有空隙，此空隙在車輛高速行駛時，容易讓空氣由此吹入車箱內形成風切聲，如圖 5-7.3(a) 所示。當照後鏡蓋與其底座間隙過大時，噪音會很明顯。

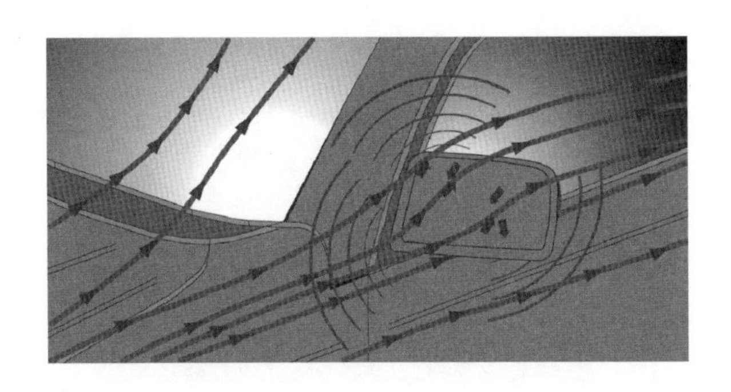

圖 5-7.3(a)　照後鏡風阻異音

(C) 故障排除

先找出有風切聲的一邊（可在門縫可疑噪音源外貼上膠帶作測試），再檢查密封橡皮是否變形或老化，如果有則重新安裝或更換新品，如圖 5-7.3(b) 所示。

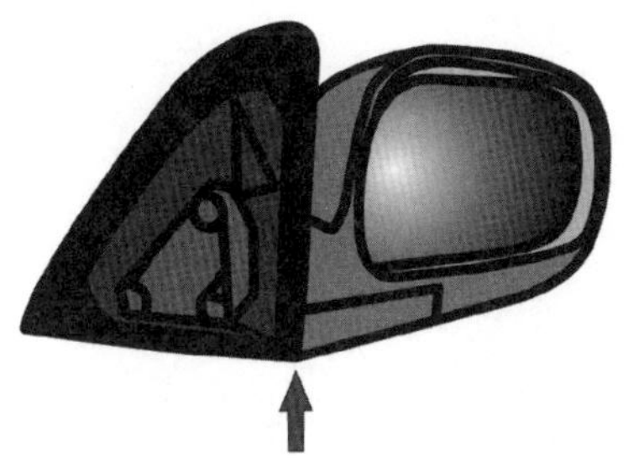

圖 5-7.3(b)　檢查密封橡皮

5-7.4 車門縫異音

(A) 徵狀

車輛高速行駛時，可由車門縫聽到風切聲。

(B) 產生原理

車輛的車門與車身接觸的地方，有密封條作緩衝與密合的功能。當車體經過撞擊變形後，或是橡皮老化，都容易造成車門與車體間產生空隙。當車輛高速行駛時，高速的氣流會往密封不足或有空隙的地方吹入車內，並在撞擊空隙後產生風切噪音，如圖 5-7.4(a) 所示。

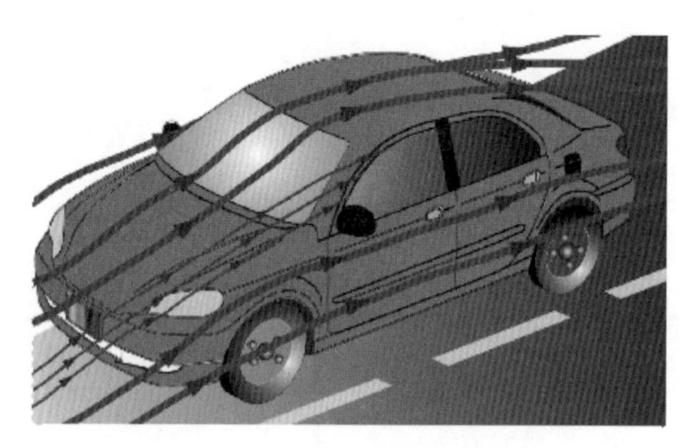

圖 5-7.4(a)　車門縫異音

(C) 故障排除

先找出有風切聲的一邊（可在門縫噪音源外側貼上膠帶作測試），再檢查密封橡皮是否變形或老化，如果有，重新安裝或更換新品，如圖 5-7.4(b) 所示。如果有晴雨窗也需檢查是否有損壞。

圖 5-7.4(b)　檢查門縫隙及密封橡皮

5-8 停止

5-8.1 發動振動

(A) 徵狀

發動引擎時，車身有緩慢地搖動的現象。此振動是發生在啓動引擎時（引擎 key 在 start 那一段），引擎發動後（引擎 key 在 ON 那一格），此現象便應停止。

(B) 產生原理

產生發動振動的主要原因是引擎扭力的變化及車身共振。發動引擎時，每一汽缸的壓力變化，使引擎繞其軸線作橫向搖動，經由引擎固定架傳到車身，使車身、方向盤和座椅產生振動，如圖 5-8.1(a) 所示。

圖 5-8.1(a)　發動振動

(C) 故障排除

如果有異常的聲音伴隨這種振動，除檢查引擎零組件及固定架是否正常外，還需要檢查排氣管是否因吊耳或本身斷裂而敲擊車身，如圖 5-8.1(b) 所示。

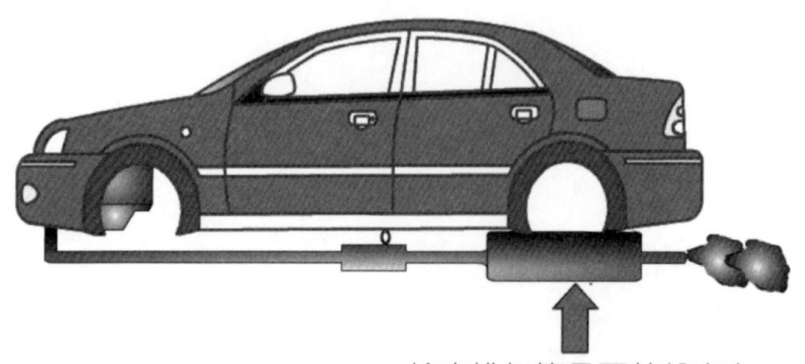

圖 5-8.1(b)　檢查排氣管

5-8.2 怠速振動 [3]

(A) 徵狀

當車輛怠速運轉不良時，會在車身、儀表板、方向盤和座椅產生間歇性或連續性的輕微振動，其頻率約 5 至 15Hz。當引擎轉速提高時，這些振動便會停止。

(B) 產生原理

引擎扭力變化，使引擎搖擺產生振動。若引擎負荷增加或引擎運轉不順，此振動將會增大，經由引擎固定架傳輸至車身，使車身產生振動。此外，引擎的振動也會傳輸至排氣管，使排氣管產生振動，此振動經排氣管支撐吊環傳輸至車身，方向盤和座椅也跟隨車身而振動，如圖 5-8.2(a) 所示。

圖 5-8.2(a)　怠速振動

(C) 故障排除

當車輛在停止狀態拉手煞車或踩腳煞車而自動變速箱排於 D 檔，鼓風機馬達作用，而冷氣 ON 時，很容易產生振動。

如果振動幅度過大，則應先察看引擎怠速是否正常及變速箱入檔後或開冷氣時，引擎是否有提昇轉速，如圖 5-8.2(b) 所示。如果 OK 則檢查排氣管吊耳是否正常。另外，引擎機能不良或固定架橡膠老化也會造成振動幅度增大。

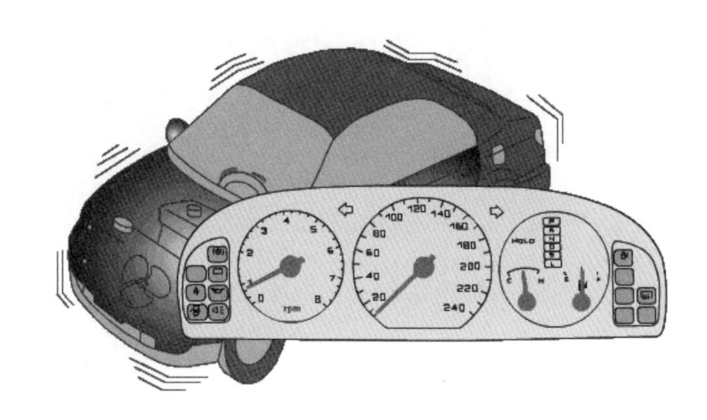

圖 5-8.2(b)　檢查引擎怠速是否正常

5-9 煞車

5-9.1 煞車振動 [3]

(A) 徵狀

煞車時，儀表板、方向盤和座椅產生振動，其頻率約 5Hz 至 30Hz，此時在煞車踏板上可感受到與此振動相同頻率的脈動，雖然此頻率和車身搖動的頻率相似，但煞車振動的振幅較大。它通常在中高車速，踩下煞車時產生。

(B) 產生原理

當煞車圓盤或煞車鼓失圓時，踩下煞車將使煞車蹄片或來令片產生振動。此振動經由液壓系統傳輸，而使煞車踏板產生脈動，如圖 5-9.1(a) 所示。此時煞車圓盤或煞車鼓亦同時產生振動，並使轉向節、車軸或軸轂在垂直和

前、後方向產生抖動，駕駛經由方向盤可明顯感覺此一抖動傳至手部。車軸的振動經懸吊系統傳至車身，使車身產生共振而增大此振動，其振動形式與車身搖動類似。

圖 5-9.1(a) 煞車振動

(C) 故障排除

先檢查輪胎胎壓及胎面是否正常，如圖 5-9.1(b) 所示。如果中高速行駛時踩煞車，煞車踏板產生脈動則需檢查煞車碟盤的失圓度是否過大及厚度是否不同。

圖 5-9.1(b) 檢查胎壓

5-9.2 煞車刺耳聲 [3]

(A) 徵狀

刺耳聲分爲兩種，一種是高音調的尖銳聲，另一種是低音調的隆隆聲，這些噪音發生於煞車踏板踩下，至車輪幾乎被鎖住的位置時。在碟式煞車中，有時輕微踩煞車也會產生刺耳聲。

(B) 產生原理

來令片摩擦力的變化及煞車圓盤、煞車鼓或煞車底板剛度不夠，因而產生共振由煞車圓盤、煞車鼓、來令片發出的噪音，如圖 5-9.2(a) 所示。

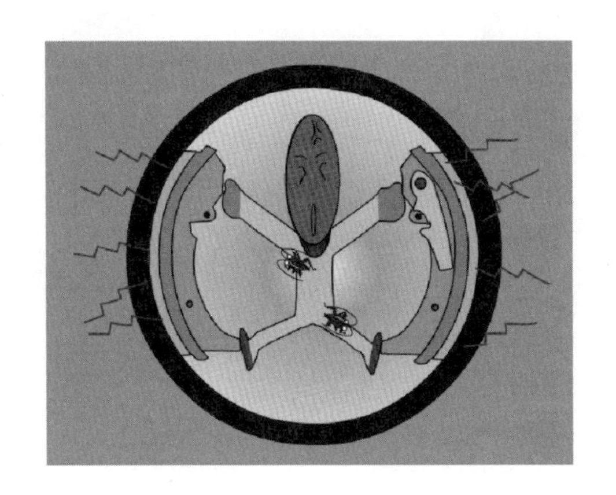

圖 5-9.2(a)　煞車刺耳聲

(C) 故障排除

(1) 碟式煞車

當踩下煞車時，若煞車片和圓盤產生高音調的尖銳聲，則檢查煞車圓盤是否磨損不均或來令片的材質是否硬化。如果是的話，則研磨煞車盤（需在磨耗限度內）或更換來令片（來令片材質的好壞是產生煞車刺耳聲最主要的原因）。

另一種減少煞車刺耳聲的方法是：在煞車片的背面及消音墊片之間塗上碟式煞車黃油以減少刺耳聲。

(2) 鼓式煞車

當踩下煞車踏板時，煞車蹄片和煞車鼓產生的摩擦力，使煞車蹄片產生振動或煞車鼓與煞車底板產生共振而產生噪音。檢查煞車蹄片材質是否硬化或磨損不均及煞車鼓摩擦面是否磨損不均或失圓，如圖 5-9.2(b) 所示。此外，強度不夠、損壞或不正確的蹄片定位彈簧；或太鬆或損壞的定位銷和彈簧；及底部定位銷孔突出部損壞都會產生煞車異音，但不是刺耳聲。

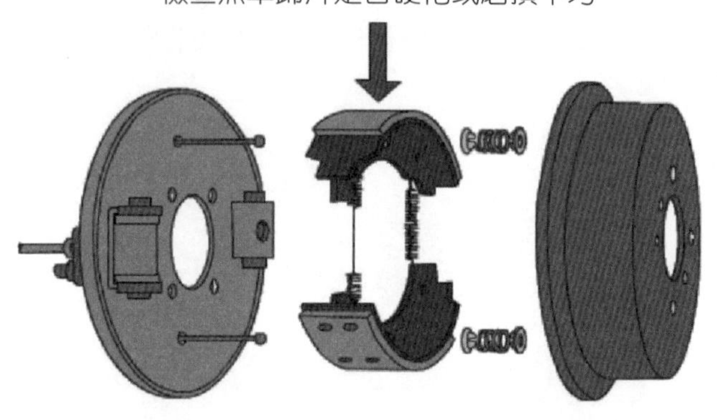

圖 5-9.2(b)　檢查鼓式煞車蹄片

5-10 起步

5-10.1 離合器抖動 [3]

(A) 徵狀

離合器抖動發生在離合器嚙合，而車輛剛要起步時，由於離合器不均勻的摩擦力使車輛前後搖晃。當離合器完全嚙合時，抖動現象便停止。離合器抖動通常發生在車輛承受很大的負載時，或離合器踏板長時間只踩一半時。離合器抖動在交通阻塞時爬坡或在低速換檔的過程中最明顯，感覺有點類似氣動扳手鎖緊螺帽時所產生的振動。

(B) 產生原理

手排變速箱的離合器構造主要是由釋放軸承、壓板及離合器片所構成，產生抖動的主要原因有離合器片磨損、離合器片失圓度太大、壓板的膜片彈簧彈力衰減及老化後造成壓板高度不平均（膜片彈簧尖端不均）及傳動系統產生共振。每當駕駛者換檔完畢放掉離合器踏板時，因離合器片磨損及壓板與離合器片作用力不平均，導致接合面不平整而產生間歇性的滑動現象，使引擎扭力的傳輸產生波動，動力輸出不平穩而產生斷斷續續的動力輸出，此扭力的變化在傳動系統發生扭轉振動，當此扭力的波動和扭轉振動產生共振時，扭力波動加大。這些增大後的扭力波動被傳輸到輪胎，造成車輛產生前後搖動的現象，如圖 5-10.1(a) 所示。

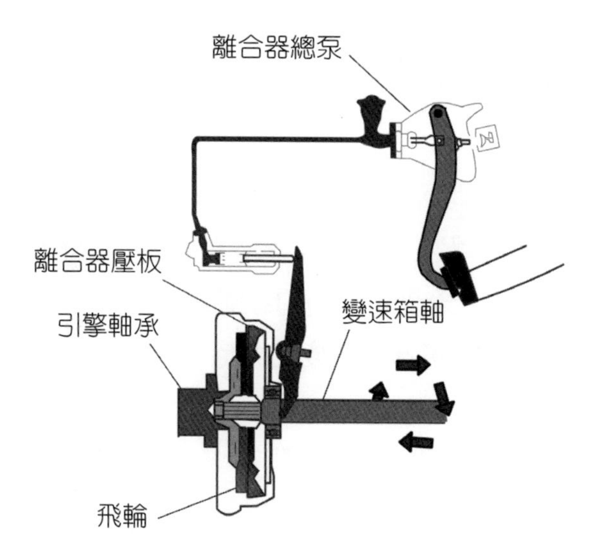

圖 5-10.1(a)　離合器抖動

(C) 故障排除

遇此狀況須先排除由引擎故障所引起的抖動，再將變速箱拆下，檢查離合器片及壓板，如果不合標準更換即可。組裝時需注意離合器片及壓板必須保持清潔，不可沾到油泥，如圖 5-10.1(b) 所示。

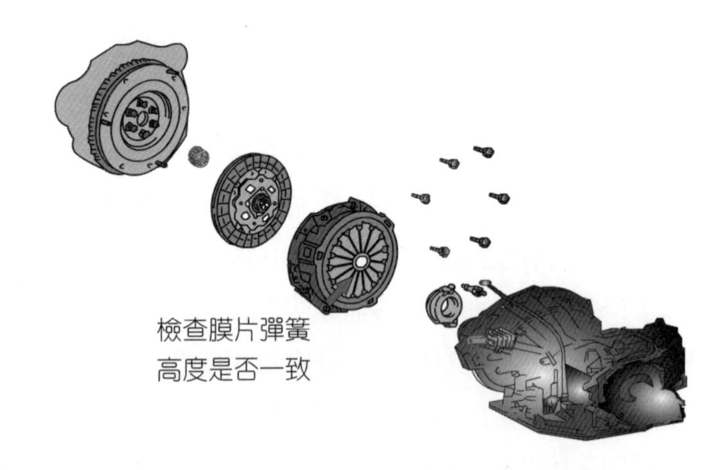

圖 5-10.1(b)　檢查離合器片及壓板

5-10.2 起步振動 [3]

(A) 徵狀

起步振動指車輛起步時，車身、儀表板、方向盤會產生輕微振動。起步振動發生於引擎保持在低轉速，離合器嚙合後車輛加速時，尤其是在車輛以 1 檔起步，而節氣門在 3/4 至全開位置時這振動最明顯。除了上述的振動外，排檔桿、前座亦會產生振動。將腳放在後底板時，也能感受到這種輕微的振動。

(B) 產生原理

造成起步振動的主要原因有下列幾點：

(1) 引擎扭力的變化

車輛剛起步離合器嚙合時，因負荷改變引擎轉速下降，此時引擎扭力的變化加大，使引擎繞其轉軸振動，這些振動經引擎固定架傳輸至車身，導致儀表板和方向盤產生振動，如圖 5-10.2(a) 所示。

(2) 三接頭式傳動軸的接頭角度

傳動軸的銜接角度的變化，使扭轉力矩作用於萬向接頭上，因而產生振動。突然起步時，其驅動扭力使此扭轉力矩增大，中間軸承與此扭轉力矩產生共振，將此振動增大，並傳輸至車身。

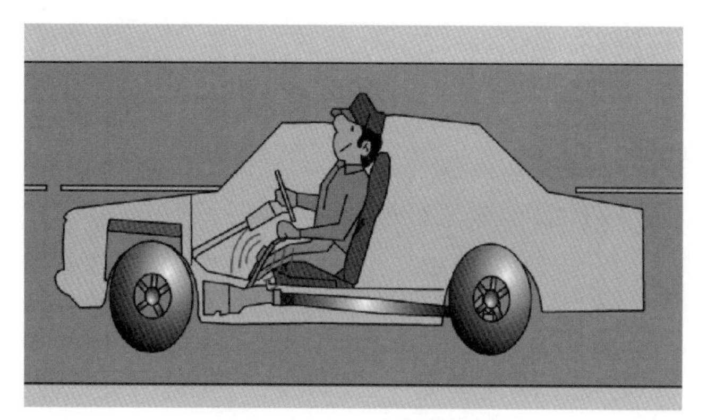

圖 5-10.2(a)　起步振動

(C) 故障排除

當起步振動造成駕駛及乘客的乘坐不舒適時，須先檢查其振動源來自何方，再依振動源周邊的零組件來判斷該換的零組件。例如：加速時振動源從前方的引擎室傳來，則需檢查引擎固定架的橡膠墊是否已損壞或斷裂，如圖 5-10.2(b) 所示。

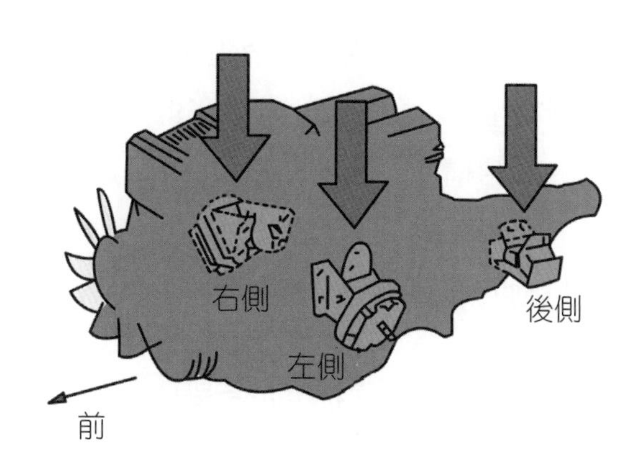

圖 5-10.2(b)　檢查引擎固定架的橡膠墊

5-11　實例

本節列舉一些實際的例題，可增進讀者對汽車噪音與振動問題故障診斷與排除的瞭解。

5-11.1 方向盤抖動問題

(A)徵狀描述

車主反應，更換新輪胎後，車輛行駛到某一速度，方向盤便出現抖動現象。

(B)診斷

1. 與車主試車發現車輛在速度 90 km/h 時方向盤出現抖動現象，但車速超過該速率後此現象便消失。
2. 根據試車結果，判定應與轉動件有關。頂起車輛先檢查前輪軸承、輪圈及胎面，先做初步故障排除。
3. 檢查輪胎平衡情形，如果 OK 則前後輪對調，重新試車。

(C)維修

1. 檢查輪軸承、輪圈及胎面都正常。
2. 檢查輪胎平衡，發現平衡結果也 OK（5 克以內）。
3. 前後輪對調後試車，發現方向盤抖動消失。
4. 由此可知是輪胎本身品質不良所造成。在低速時輪胎平衡良好，高速時（90 km/h）內部結構產生變形，而此時車速所對應的激振頻率造成共振，引起方向盤抖動。一般來說，不同的輪胎因輪胎本身品質不良，所造成發生抖動的速率也不一樣。

5-11.2 汽車異音或異常振動問題

(A)徵狀描述

當車速超過 80 km/h 公里時，在崎嶇不平的道路或柏油路面上，就會聽到 C 柱區域有異音出現。

(B)診斷

1. 在作路試時，若是把 C 柱飾板靠近後窗部位的位置壓住時，這種聲音就會暫時的消失。
2. 判斷這種噪音可能是 C 柱飾板和收音機天線線束互相摩擦造成的。

(C)維修

1. 把後面座椅總成都拆卸下來。
2. 接著把防水及車門開啓鑲邊拆卸下來。
3. 再把 C 柱飾板背後貼上毛氈膠帶。
4. 再把拆卸下來的零件裝好。
5. 再進行一次路試，異音消失。

5-11.3 汽門異音問題

(A)徵狀描述

某車之引擎在運轉的過程中，出現明顯的「嗒、嗒、嗒」金屬的敲擊聲。當引擎的轉速較低時，響聲均勻清晰；轉速增大時，響聲也隨之增大，並且採用斷火或改變點火提前角度都不能消除響聲，也不容易判斷響聲所在部位。

(B)診斷

1. 使用聽診器仔細辨別異音最大的部位。
2. 用手心將螺絲起子頂住氣缸蓋處，若感覺到振動很大，則是汽門腳發出的響聲。
3. 用厚薄規檢查汽門腳間隙，並做調整，如響聲減小或消失，則說明汽門腳間隙過大。

(C)維修

1. 如果是汽門液壓舉桿損壞所造成的異音，則直接更換液壓舉桿；如果不是，則調整汽門間隙。
2. 一般情況下，輕微的汽門異音可暫時以調整間隙來處理，但如果組件磨損很嚴重，應及時更換。

5-11.4 輪軸承異音問題

(A)徵狀描述

車輛在一般道路行駛，速度超過 30 km/h 以上時，就會從底盤輪胎側傳來低沉噪音，而且隨著車速的增加，噪音跟著增大。

(B)診斷

1. 作路試，確認是前側傳來或是後側的噪音。
2. 判斷這種噪音的頻率是隨著車速增加而增大，所以跟轉動件有關。
3. 頂起車輛檢查四輪輪胎及輪軸承是否異常。
4. 如果是胎面所造成的異音，胎面會有異常磨損的現象。

(C)維修

1. 單獨頂起其中一側輪胎，拉起手煞車，發動引擎入檔使該輪空轉，便可在原地判定輪軸承是否損壞。
2. 在兩側比較之下，損壞的一邊空轉時的噪音會很明顯。
3. 找出損壞的輪軸承，更換新品即可。
4. 軸承內、外油封，需一併更換新品。
5. 更換新品後必須再作路試，確認問題已解決。

5-11.5 皮帶異音問題

(A)徵狀描述

車輛在原地剛發動時，聽到引擎室傳來高頻的尖叫聲，引擎發動幾秒後此噪音便消失，但是只要開冷氣便又會出現此高頻噪音。

(B)診斷

1. 發動引擎，確認噪音來源是引擎室。
2. 將引擎熄火，逐項檢查壓縮機皮帶、發電機皮帶及動力方向機皮帶其緊度是否在規範內。
3. 檢查皮帶驅動面是否有龜裂現象。

(C)維修

1. 發現壓縮機皮帶緊度太鬆，只要將調整機構放鬆，重新調緊皮帶即可。
2. 如果皮帶驅動面已龜裂，則需更換新品。
3. 更換新品或機構調整完畢，需發動引擎檢視皮帶運轉是否正常及噪音是否消除。

5-11.6 避震器異音問題

(A)徵狀描述

車主反應，發生一次小車禍後，車子前輪遇到路面不平便有「扣扣聲」。

(B)診斷

1. 實際路試後，發現車子在低速時，行經不平路面，會從前面引擎室傳來「扣扣聲」。
2. 車子在原地不動，用聽診器在避震器上方作上下加壓動作，發現避震器傳來清脆的「扣扣聲」。
3. 頂起車身檢查底盤相關的連桿機構及三角台都正常。

(C)維修

1. 遇不平路面，底盤傳來「扣扣聲」，很明顯是由避震器或連桿機構所造成的故障。
2. 經過原地加壓測試避震器，發現避震器傳來清脆敲擊聲，很明顯是因避震器故障所造成的。
3. 頂起車身檢查底盤可進一步排除是否是其它機件所造成。
4. 更換前避震器總成後，異音便消失。

5-11.7 連桿異音問題

(A)徵狀描述

車主反應，連續行駛不平路面，車子底盤前面傳來「扣扣聲」，但避震效果正常。

(B)診斷

1. 實際路試後，發現車子在低速時（40 km/h），行經不平路面，會在前面底盤傳來「扣扣聲」。
2. 車子在原地不動，在避震器上方作上下加壓動作，避震器作用正常。
3. 頂起車身檢查底盤相關的連桿機構，發現平衡桿的控制連桿球接頭已鬆動。

(C)維修

1. 遇不平路面，底盤傳來扣扣聲，很明顯是由避震器或連桿機構所造成的故障。
2. 經過原地加壓測試避震器，排除避震器損壞的可能。
3. 頂起車身檢查底盤相關連桿，發現平衡桿的控制連桿球接頭鬆動產生間隙，當避震器上下跳動時，球接頭兩端碰撞產生扣扣聲。更換球接頭後，重新試車異音便消失。

5-11.8 排氣噪音問題

(A)徵狀描述

車輛在運轉的過程中，出現明顯的排氣共鳴聲。當引擎的轉速較低時，響聲均勻清晰；轉速增大時，響聲也隨之增大，聲音明顯來自底盤。

(B)診斷

1. 發動引擎頂起車輛，由前段排氣管依序檢查到後段，看是由那一段所造成的漏氣現象。如果現象不明顯，可加大油門增加排氣量，較易觀察。

(C)維修

1. 如果是排氣管接合處漏氣，更換新墊片之後再重新上緊螺絲。
2. 如果不是排氣管接合處漏氣，而是在管路上，則更換該段排氣管。
3. 更換完畢需重新發動檢查排氣管是否已恢復正常的音量。

5-11.9 底盤抖動問題

(A)徵狀描述

車輛行駛不平路面時，方向盤異常抖動，行駛過坑洞時，車身底盤異常晃動。

(B)診斷

1. 試車確認抖動現象及晃動來自前面底盤。
2. 頂起車輛檢查輪軸承底盤零配件是否有鬆動現象，如避震器、下三角台、連桿機構等。

3. 檢查連桿機構及下三角台等的橡膠襯套是否受損。
4. 發現右下三角台的橡膠襯套座已斷裂脫膠。

(C)維修

1. 更換新橡膠襯套座之後重新試車，發現之前的抖動現象已消除，行駛過坑洞時車身異常晃動也完全改善。

5-11.10 異常振動問題

(A)徵狀描述

某廂型車以車速約 80 km/h 行駛時，方向盤開始產生異常的振動，車速超過 80 公里以上其狀況就消失了，而車速低於 80 km/h 以下也是正常的狀況。

(B)診斷

1. 以診斷儀器來檢測引擎運轉，測試均正常，進而檢查輪胎及底盤或傳動系統，看問題出在那裡。
2. 檢查輪胎及作平衡來處理，底盤部分則對三角台及拉桿球接頭及方向機等作檢查。
3. 最後檢查傳動部位，此廂型車本身是以後輪驅動，最後的檢修判定是傳動軸十字節固定減振橡皮造成的異常振動。

(C)維修

1. 更換傳動軸、減振橡皮，測試車輛正常。
2. 此傳動軸是以二節方式設計，前方接變速箱，後端以四支螺絲固定在差速器，中間部份則以二支螺絲固定減振橡皮，而內部裝有十字節，減振橡皮損壞才會產生異常振動現象。

5-11.11 金屬敲擊聲

(A)徵狀描述

當車子發動不行駛時，或在深夜、較安靜的地區，左前 A 柱傳出敲擊聲，時好時壞，聲音有時像橡膠互相摩擦聲，有時像金屬敲擊聲，且聲音有一定的頻率。

(B)診斷與維修

1. 檢查引擎室內是否有固定不良的地方，一一檢視沒發現不妥之處。
2. 檢查 A 柱內裝及儀表板內部並未發現有可疑之處。
3. 利用膠帶固定法，將可能引起聲音的地方全部都密封，進行試車，聲音依然存在。
4. 拆下左前車門內飾，拆除左 A 柱裝飾板，利用噪音分析儀，進行試車，果眞聲源不在駕駛室內，排除駕駛室內共振的可能。
5. 將車子開到空曠安靜的地方，事先拆下引擎室內不必要的飾板，等待異音出現，但一直未出現異音。在引擎輕負荷，轉速 1500～3000 rpm 內回油後的聲音便出現了，原來是 EGR 電磁閥作動的聲音，檢查 EGR 電磁閥的電阻值及作動情況，並無不良之處，但爲何會引起異音呢？拆下固定座，並在底座加入一層緩衝膠，此異音便消失。

(C)事後檢討

電磁閥固定設計過硬，無法降低電磁閥作動時所產生的振動，而固定座直接固定在輪弧的鈑金上，當電磁閥作動時聲音便會傳遞到駕駛室內，引起擾人的異音。

習題

本習題提供一些實際的汽車噪音與振動問題，讓學生思考如何作故障診斷與排除。

測驗題一

徵狀：某車每天一早冷車啓動，引擎室就發出「嘰嘰」之異音，熱車後異音就消失。請問爲何熱車就沒有異音，唯獨冷車才有？

請由下列選項選擇故障源：

1. 如果故障在汽車引擎時，又是下列哪一部分？

(1) 引擎本體　(2) 燃料系統　(3) 冷卻系統　(4) 潤滑系統

2. 如果故障在汽車電系時，又是下列哪一部分？

(1) 發電系統　(2) 起動系統　(3) 燈光系統　(4) 點火系統

3. 如果故障在汽車底盤時，又是下列哪一部分？

(1) 轉向系統　(2) 傳動系統　(3) 懸吊系統　(4) 煞車系統

選擇故障系統後，請思考可能是那個元件造成的？

測驗題二

徵狀：某部小貨車直線行駛至 50 km/h 左右，車子經過不平處時車輪出現擺振，方向盤左右嚴重擺動，鬆油門也不停止。

請由下列選項選擇故障源：

1. 如果故障在汽車引擎時，又是下列哪一部分？

(1) 引擎本體　(2) 燃料系統　(3) 冷卻系統　(4) 潤滑系統

2. 如果故障在汽車電系時，又是下列哪一部分？

(1) 發電系統　(2) 起動系統　(3) 燈光系統　(4) 點火系統

3. 如果故障在汽車底盤時，又是下列哪一部分？

(1) 轉向系統　(2) 傳動系統　(3) 懸吊系統　(4) 煞車系統

選擇故障系統後，請思考可能是那個元件造成的？

測驗題三

徵狀：當車子進入保養場做完保養之後，在慢車時車主會覺得引擎有異音，但在保養之前並沒有此異音。

請由下列選項選擇故障源：

1. 如果故障在汽車引擎時，又是下列哪一部分？

(1) 引擎本體　(2) 燃料系統　(3) 冷卻系統　(4) 皮帶

2. 如果故障在汽車電系時，又是下列哪一部分？

(1) 發電系統　(2) 起動系統　(3) 燈光系統　(4) 點火系統

3. 如果故障在汽車底盤時，又是下列哪一部分？

(1) 轉向系統　(2) 傳動系統　(3) 懸吊系統　(4) 煞車系統

選擇故障系統後，請思考可能是那個元件造成的？

測驗題四

徵狀：某部前置引擎、前輪驅動之汽車行駛轉彎時底盤有異音，如「啪啪」之斷裂聲。

請由下列選項選擇故障源：

1. 如果故障在汽車引擎時，又是下列哪一部分？

(1) 引擎本體　(2) 燃料系統　(3) 冷卻系統　(4) 潤滑系統

2. 如果故障在汽車電系時，又是下列哪一部分？

(1) 發電系統　(2) 起動系統　(3) 燈光系統　(4) 點火系統

3. 如果故障在汽車底盤時，又是下列哪一部分？

(1) 轉向系統　(2) 傳動系統　(3) 懸吊系統　(4) 煞車系統

選擇故障系統後，請思考可能是那個元件造成的？

測驗題五

徵狀：某部汽車行駛路面輕微不平的地方時，右前方有異音（類似打鼓聲）。

請由下列選項選擇故障源：

1. 如果故障在汽車引擎時，又是下列哪一部分？

(1) 引擎本體　(2) 燃料系統　(3) 冷卻系統　(4) 潤滑系統

2. 如果故障在汽車電系時，又是下列哪一部分？

(1) 發電系統　(2) 起動系統　(3) 燈光系統　(4) 點火系統

3. 如果故障在汽車底盤時，又是下列哪一部分？

(1) 轉向系統　(2) 傳動系統　(3) 懸吊系統　(4) 煞車系統

4. 其它系統

選擇故障系統後，請思考可能是那些元件造成的？

測驗題六

徵狀：某前驅車在平地或不平的路面行駛，在後輪方向會聽到相當有規律之「嗡嗡」聲，且車速愈快，聲音愈大。

請由下列選項選擇故障源：

1. 如果故障在汽車引擎時，又是下列哪一部分？

(1) 引擎本體　(2) 燃料系統　(3) 冷卻系統　(4) 潤滑系統

2. 如果故障在汽車電系時，又是下列哪一部分？

(1) 發電系統　(2) 起動系統　(3) 燈光系統　(4) 點火系統

3. 如果故障在汽車底盤時，又是下列哪一部分？

(1) 轉向系統　(2) 傳動系統　(3) 車輪系統　(4) 煞車系統

選擇故障系統後，請思考可能是那個元件造成的？

測驗題七

徵狀：某車直線行駛於不平路面時，右側出現「扣扣」聲。

請由下列選項選擇故障源：

1. 如果故障在汽車引擎時，又是下列哪一部分？

(1) 引擎本體　(2) 燃料系統　(3) 冷卻系統　(4) 潤滑系統

2. 如果故障在汽車電系時，又是下列哪一部分？

⑴ 發電系統　⑵ 起動系統　⑶ 燈光系統　⑷ 點火系統

3. 如果故障在汽車底盤時，又是下列哪一部分？

⑴ 轉向系統　⑵ 傳動系統　⑶ 懸吊系統　⑷ 煞車系統

選擇故障系統後，請思考可能是那些元件造成的？

附錄一 振動常用的基本名詞

由於振動的範圍相當廣泛，附錄一介紹振動常用的基本名詞，並將部分內容製成動畫，以幫助讀者的瞭解及學習。動畫內容放在光碟上或網站 http://faculty.stust.edu.tw/~ccchang/nvh/ 內。若讀者想進一步瞭解這些名詞和術語，可參考本章之敘述或相關的書籍。本節按照英文字母，將振動常用的基本名詞及術語大致整理如下：

(1)加速規（Accelerometer）

測量振動加速度的換能器，通常由壓電材料製成，如圖 1 所示。加速規又稱加速度計。

圖 1　電壓型加速規

(2)疊混（Alising）

因採樣頻率低造成將高頻信號誤認為低頻的現象。

(3)振幅（Amplitude）

振動時質量塊 m 與平衡位置的距離。

(4)反共振（Antiresonance）

頻率響應函數曲線的反峰值。

(5)自相關函數（Autocorrelation function）

同一信號在時間 t 和 t^{+} 時之值的乘積的平均值，它是隨機振動中描述自身相關性的量。

(6)自譜密度（Autospectral density）

每單位頻帶寬度之均方值的極限。

(7)平衡（Balance）

(a)靜平衡（Static balance）
加配重或鑽孔將質心與旋轉中心重合，以消除離心慣性力的過程。圖 2 所示之曲軸離心力互相抵消，故為靜平衡，但兩個離心力構成力偶，故動不平衡。

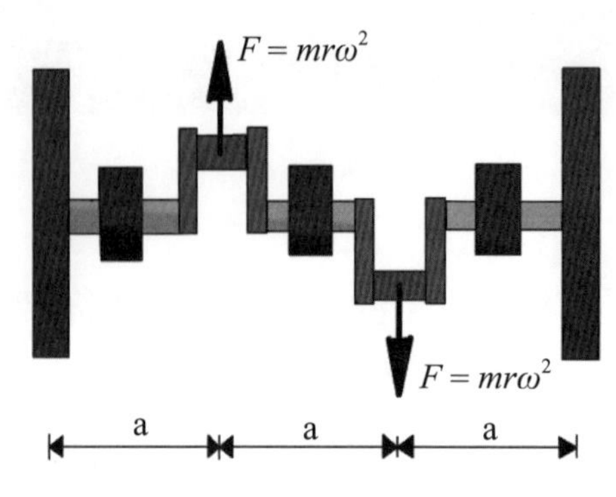

圖 2　曲軸靜平衡但動不平衡

(b)動平衡（Dynamic Balance）
加配重或鑽孔，以消除慣性力偶的過程，如圖 3 所示。

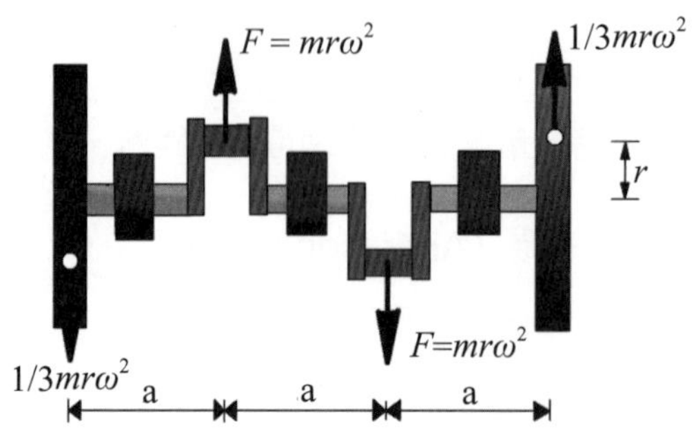

圖 3　曲軸飛輪加配重後動平衡

(8)拍（Beat）

兩個頻率相近的簡諧振動量相加而形成的週期性變化現象。

(9)校準（Calibration）

應用校準儀器測量出加速規實際靈敏度的過程。

(10)校準系統（Calibration system）

用來對換能器（如加速規）校準的儀器設備。

(11)電荷放大器（Charge amplifier）

將電荷式加速規的輸出信號放大並作阻抗匹配的放大器。

(12)電荷式加速規（Charge type accelerometer）

輸出為電荷的加速規。

(13)圓頻率（Circular frequency）

以 rad/s 為單位表示的頻率。

(14)相干函數（因果函數）（Coherence function）

振動測試時，描述輸出和輸入相干程度的函數。

(15)連續系統（Continuous system）

自由度無限多的系統，如樑、板等。

(16)耦合模態（Coupled modes）

非單一模態，例如同時有平移和轉動的模態。

(17)隆起因子（Crest factor）

峰值與均方根值的比值。

(18)臨界阻尼（Critical damping）

振動系統在給予初始位移和速度後，能

在不振盪的情形下，以最短時間回到平衡位置的阻尼值。

(19)互相關函數
（Cross-correlation function）

隨機振動中表示兩個隨機變量相關情形的函數。

(20)阻尼自然頻率
（Damped natural frequency）

阻尼系統自由振動的頻率。

(21)阻尼（Damping）

振動時消耗能量的原因。

(22)阻尼比（Damping ratio）

阻尼值與臨界阻尼值之比。

(23)自由度（Degrees of freedom）

完整描述系統運動的獨立廣義座標數目。

(24)離散傅立葉變換（DFT）
（Discrete Fourier Transform）

將傅立葉變換離散化。

(25)動態範圍（Dynamic range）

換能器所能量測的最小信號值到沒超負荷的最大信號值的範圍。

(26)工程單位（EU）
（Engineering Unit）

可以是任何工程上所用的單位結合而成的單位。

(27)等效黏性阻尼
（Equivalent viscous damping）

根據一個週期內非黏性阻尼與等效黏性阻尼所消耗的能量相等這一原則計算出的阻尼。

(28)激勵（激振）（Excitation）

振動系統的輸入。

(29)快速傅立葉變換（FFT）
（Fast Fourier Transform）

傅立葉變換快速電腦算法。

(30)力換能器（Force transducer）

能將測量的力轉換成電信號的換能器。

(31)強迫振動（Forced vibration）

系統在外激勵力作用下所產生的振動。

(32)自由振動（Free vibration）

系統受初始條件所產生的振動，或原有外激振力取消後的振動，可分為

(a)無阻尼自由振動（Free vibration with no damping）
系統無阻尼存在之自由振動。

(b)阻尼自由振動（Free vibration with damping）
系統有阻尼存在之自由振動。

(33)頻率 f（frequency）

每秒振動的次數，單位為 Hz。

(34)頻率響應函數（FRF）
（Frequency Response Function）

響應和激勵在各種不同頻率之比值，如圖 4 所示。

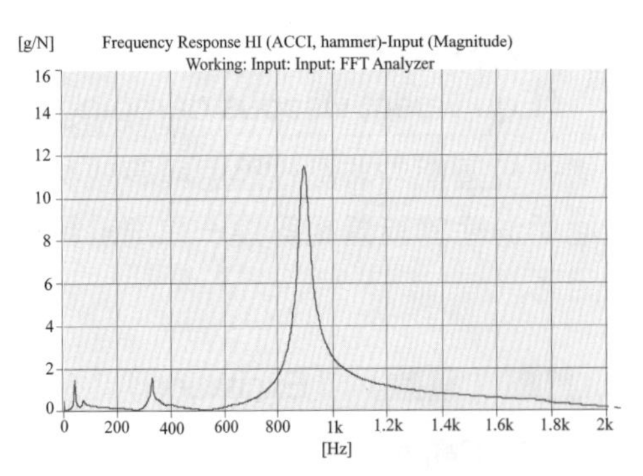

圖 4　頻率響應函數

(35)基頻（Fundamental frequency）

系統最低的自然頻率。

(36)基礎模態（Fundamental mode of vibration）

最低自然頻率所對應的模態。

(37)掌上型振動噪音分析儀（Handheld vibration and noise analyzer）

輕巧易於攜帶的振動噪音分析儀。

(38)手錘（Hammer）

振動或模態測試用來激振的設備，形狀像錘子，尖端含有力換能器，可測量輸入之力，如圖 5 所示。

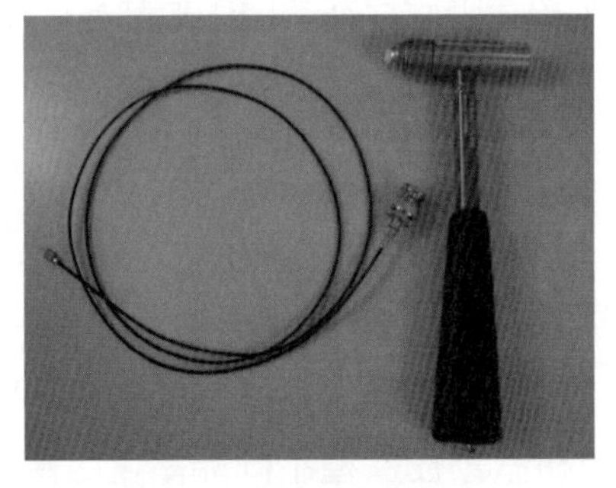

圖 5　手錘及電纜線

(39)衝擊響應函數（Impulse response function）

單位衝擊力作用時的時域響應函數。

(40)阻抗（Impedance）

力除以加速度。

(41)洩漏（Leakage）

信號分析時，因採樣窗的關係，造成在頻域內能量從一個頻帶流至相鄰的頻帶。

(42)對數縮減率（Logarithmic decrement）

低阻尼自由振動中連續兩個峰值的自然對數比。

(43)導納（Mobility）

阻抗的倒數，即速度除以力。

(44)模態分析（Modal analysis）

研究振動的頻率、模態參數、模態形狀等的學問。

(45)模態形狀（Mode shape）

系統以自然頻率振動時，各點之間的相對位移形狀。

(46)自然頻率（Natural frequency）

系統不受外力時自由振動的頻率。

(47)節點（Node）

振動時位移為零的點。

(48)正規模態（Normal mode of vibration）

模態向量長度為 1 的模態。

(49)階次（Order）

旋轉機件轉速的 n 倍。n=1 稱為一階次（first order），n=2 時稱為二階次（second order），其餘依此類推。

(50)階次分析（Order analysis）

分析振動和轉速的階次之關係。

(51)週期（period）

振動一循環所需的時間。

(52)壓電換能器（Piezoelectric transducer）

以壓電材料為感測元件所製成的換能器。

(53)功率放大器（Power amplifier）

模態測試時，將信號產生器的輸出信號放大以推動激振器的裝置。

(54)功率譜密度（Power spectral density）

每單位頻帶寬的極限均方根值。

(55)隨機振動（Random vibration）

位移不能以時間函數表示，必須用統計性質描述的振動。

(56)實時分析（Real time analysis）

分析儀計算的時間比採樣時間紀錄短，即在一個新的採樣時間結束前，分析儀已將前一次的採樣計算完畢。

(57)共振（Resonance）

當外加激振力的頻率接近於系統的自然頻率時，強迫振動的振幅達到最大值，這種現象稱為共振。

(58)共振頻率（Resonance frequency）

發生共振時的頻率。

(59)響應（Response）

振動系統的輸出。

(60)採樣（Sampling）

信號分析中將連續的類比信號進行數位化的過程。

(61)靈敏度（Sensitivity）

1單位的輸入會產生換能器的輸出值。例如某加速規的靈敏度為 100 mV/g，表示當加速規測得的加速度為 1 g（重力加速度）時，將產生 100 mV 的電壓輸出。

(62)激振器（Shaker）

振動或模態試驗時用來產生激振力的設備。

(63)信號調節放大器（Signal conditioning amplifier）

將換能器（如加速規）的輸出信號放大，並作阻抗匹配的放大器。

(64)簡諧振動（Simple harmonic motion）

振動的位移、速度或加速度和時間的關係為正弦或餘弦函數。簡諧振動相關名詞，如圖 6 所示。

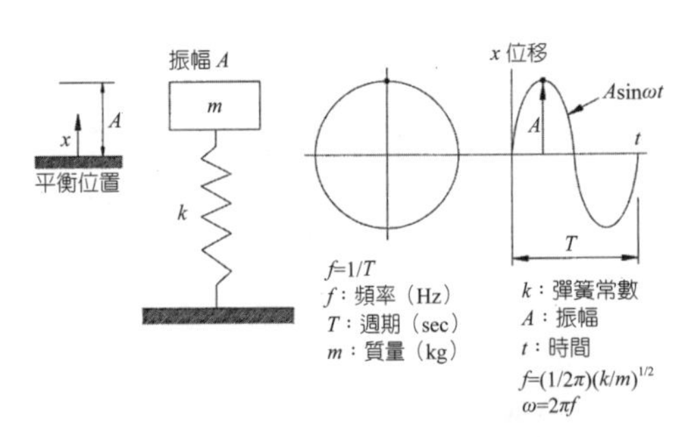

圖 6　簡諧振動相關名詞

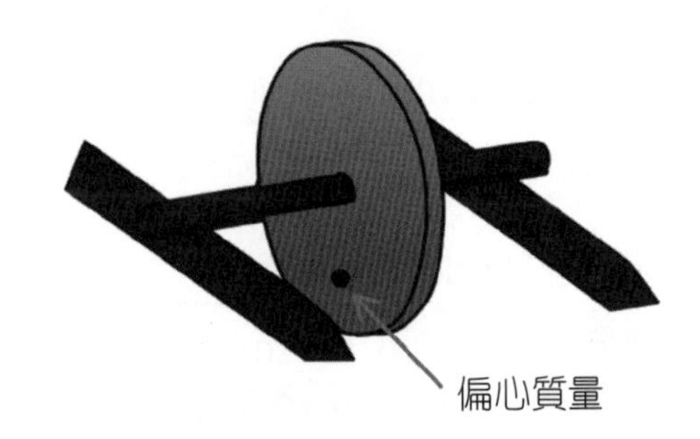

圖 7　靜不平衡

(65)**頻譜圖**（Spectrum）

以頻率為橫軸，幅值為縱軸的圖。

(66)**穩態振動**（Steady-state vibration）

強迫振動經過一段時間後的響應稱之。

(67)**換能器（傳感器）**（Transducer）

將機械量（如加速度、聲壓等）轉換成電信號（如電荷、電壓）的測量裝置。

(68)**暫態振動**（Transient vibration）

存在時間很短，隨時間增加而消失的振動。

(69)**傳遞率**（Transmissibility）

穩態振動時響應的振幅與激勵的振幅之比值。

(70)**不平衡**（Unbalance）

(a)靜不平衡（Static unbalance）
轉動件旋轉時，有離心力而造成之不平衡，其產生原因為偏心質量造成質心未在旋轉軸中心上，如圖 7 所示。

(b)動不平衡（Dynamic unbalance）
轉動件存在慣性力偶，可參考前述之圖 2。

(71)**振動加速度位準**（Vibration acceleration level）

振動加速度與某參考加速度的比值取對數再乘以10。

(72)**減振**（Vibration dampening）

加質量或彈性體（減振器）以改變系統的自然頻率，而避開共振，減少振動。

(73)**隔振**（Vibration isolation）

在系統與振動源之間加上橡膠墊等隔振材料，以減少振動的傳遞。

(74)**隔振器**（Vibration isolator）

用來阻隔振動的彈性支撐體（如橡膠墊）。

(75)**細化分析**（Zoom）

對感興趣的頻率範圍，用較少的數據點而得到較高頻率解析度的 FFT 方法。

附錄二 噪音常用的基本名詞

由於噪音的範圍相當廣泛，附錄二介紹噪音常用的基本名詞，並將部分內容製成動畫，以增進讀者的瞭解及學習。動畫內容放在光碟上或網站內（http://faculty.stust.edu.tw/~ccchang/nvh/）。若讀者想進一步瞭解這些名詞和術語，可參考本章之敘述或相關的書籍。本節按照英文字母，將噪音常用的基本名詞及術語大致整理如下：

(1)聲學校準器（Acoustical calibrator）

用來校準麥克風、噪音計的儀器。

(2)環境噪音（Ambient noise）

在環境中所有聲源產生噪音的總和。

(3)無響室（無迴音室）（Anechoic room）

邊界能幾乎吸收所有的入射聲波而形成室內是自由聲場的封閉空間。

(4)波腹（Antinode）

駐波內振幅最大的點、線或面。

(5)A 加權（A -Weighting）

模擬人耳對各種不同頻率的聲音感覺不一樣的加權方法。

(6)背景噪音（Background noise）

在測量系統中，和量測信號無關的一切噪音。

(7)頻帶聲壓位準（Band pressure level）

在某一特定頻帶（如八音度頻帶）從下限頻率至上限頻率的聲壓位準。

(8)拍（Beat）

設兩聲波具有相同的聲壓，但頻率不同（例如車前引擎室內的兩個冷卻風扇發

出的噪音），如果頻率彼此接近，則這兩聲波相遇時會產生拍現象。拍聽起來聲音忽大忽小，但有規律性。

(9)恆定百分比帶寬（CPB）

CPB 是Constant Percentage Bandwidth的簡寫，它表示每一個相鄰頻帶的寬度比是固定的百分比。

(10)**分貝（Decibel）**

某個物理量（聲壓、聲功率、振動加速度等）與某個相應的參考值相比，取以 10 為底的對數，再乘以 10 或 20，所得之值的單位就是分貝。

(11)**擴散聲場（Diffuse sound field）**

在各傳播方向呈無規則分布且能量密度均勻的聲場，如圖 8 所示。

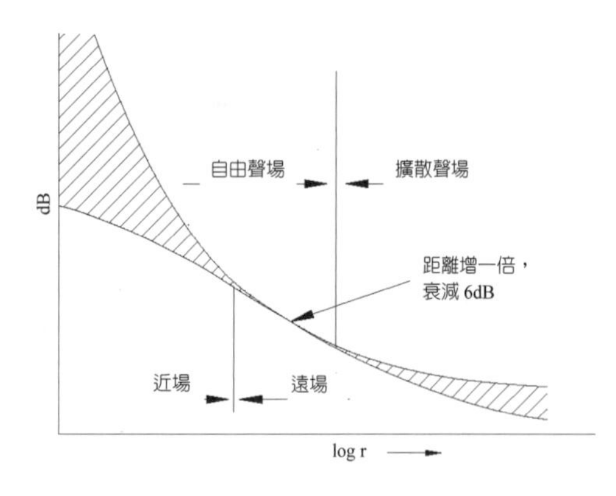

圖 8　擴散聲場、遠場及自由聲場

(12)**繞射（Diffraction）**

因為空間形狀的改變使得聲波傳播方向改變的現象，稱為繞射。當障礙物的尺寸比入射聲波波長小時，聲波會經過障礙物，而形成聲影區，如圖 9 所示。

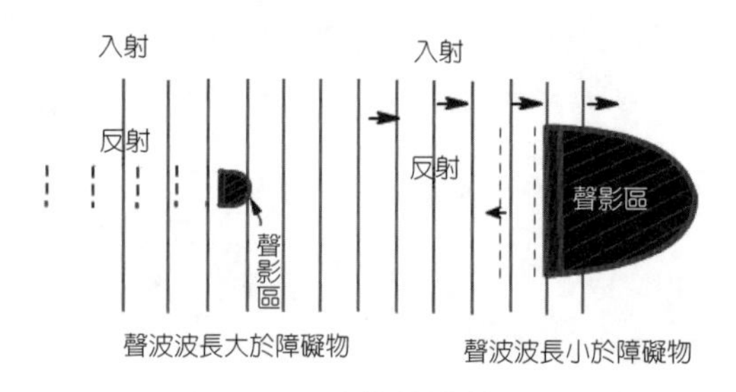

圖 9　繞射

(13)**頻散（Dispersion）**

聲音的速度隨頻率而變化的現象。

(14)**等效連續聲壓位準（L_{eq}）（Equivalent continuous noise level）**

A 加權聲壓位準在某一特定時間內的平均值。

(15)**等響曲線（Equal loudness contours）**

在聲壓位準頻率圖上，各種不同頻率但聽起來同樣響之點所連成的曲線。

(16)**遠場（Far field）**

自由聲場中離聲源距離加倍，則聲壓位準減少 6 分貝的聲場，如圖 8 所示。

(17)**自由聲場（Free field）**

邊界對聲波的影響可以忽略不計的聲場，如圖 8 所示。

(18)**快檔（Fast response）**

噪音計的動回應常數為 0.125 秒。

(19)**赫茲（Hertz）（Hz）**

頻率的單位，代表聲波每秒鐘振動的次

數。

(20)衝擊檔（Impulse response）

噪音計的動回應時間常數為 0.035 秒。

(21)入射波、反射波及透射波（Incident wave, refracted wave, and transmitted wave）

入射聲波遇到物體時會有部分反射、部分透射過物體。

(22)縱波（Longitudinal wave）

若聲波傳播方向和質點振動方向相同，稱為縱波。

(23)響度（Loudness）

人類聽聲音感覺其響亮的程度。

(24)響度位準（Loudness level）

某頻率的純音和 1000 Hz 的純音相比，聽起來一樣響時，則 1000 Hz 純音的聲壓位準稱為該純音的響度位準。

(25)麥克風（Microphone）

將聲音轉換成電信號的換能器。

(26)消音器（Muffler）

消音器是一種允許氣流通過而使聲壓降低的裝置，例如在輸氣管道中或在進氣或排氣口上安裝合適的消音元件，即可降低進、排氣口及輸送管道中的噪音傳輸。

(27)近場（Near field）

在自由聲場中聲源附近，瞬時聲壓和質點速度不同相位的聲場，如圖 8 所示。

(28)波節（Node）

駐波內位移為零的點、線或面。

(29)八音度（倍頻程）（Octave）

這個名詞是從音樂中借用而來，例如鋼琴的中音 C 到下一個音階（高八度）的 C，其頻率比正好是 2 的一次方倍稱為八音度，如圖 10 所示。將八音度分成三份，每一份叫作 1/3 八音度或 1/3 倍頻程。將八音度分成 12 份，每一份叫做 1/12 八音度或 1/12 倍頻程。八音度兩個相鄰頻帶帶寬、中心頻率及上、下限頻率比皆為 2 的一次方。

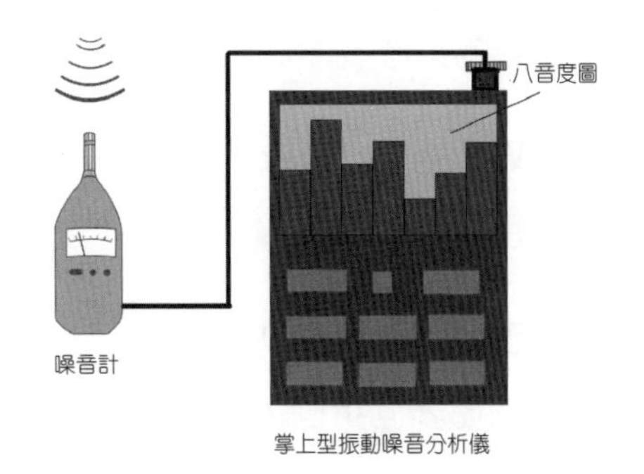

圖 10　八音度

(30)1/3八音度（1/3-Octave）

兩個相鄰頻帶帶寬、中心頻率及上、下限頻率比皆為 2 的三分之一次方。

(31)方（Phon）

響度位準的單位。

(32)粉紅噪音（Pink noise）

用正比於頻率大小的頻寬測量時，頻譜連續且均勻的噪音。

(33)**音調（Pitch）**

表示聲音的高低。

(34)**活塞式聲音校準器（Pistonphone）**

一個已知頻率的純音聲源裝在一個圓柱腔內，可產生已知的聲壓來校準麥克風。

(35)**前置放大器（Preamplifier）**

通常和麥克風連在一起，可將麥克風的輸出信號放大。

(36)**純音（Pure tone）**

單一頻率的聲音。

(37)**接收者（Receiver）**

接受噪音的人或儀器。

(38)**反射（Reflection）**

聲波從物體表面折回，其入射角等於反射角。

(39)**折射（Refraction）**

聲波的傳播方向因介質變化而改變的現象。

(40)**殘響（Reverberation）**

聲源停止發聲後，由於反射或散射而延續的聲音。

(41)**殘響室（Reverberation room）**

室內所有的表面聲音反射能力良好並能使聲場儘可能擴散，而有較長的殘響時間。

(42)**殘響時間（Reverberation time T60）**

在一密閉室內，聲源停止發聲後，聲壓位準降低 60 分貝所需的時間。

(43)**散射（Scattering）**

聲波向許多方向作不規則反射、折射或繞射。

(44)**半無響室（或稱半無迴音室）（Semianechoic room）**

除了地面，其餘邊界和無響室相同，即只有地面反射聲波外，而其它五面均吸收入射聲而無反射聲的房間稱為半無響室或半無迴音室。測量汽車噪音通常在半無響室進行。

(45)**慢檔（Slow response）**

噪音計的動回應時間為 1 秒。

(46)**宋（Sone）**

響度單位。

(47)**吸音（Sound absorption）**

當聲波投射至多孔材料表面時，部分透入的聲波與纖維或顆粒間產生內摩擦，由於空氣的黏滯性與熱傳導效應，使聲能轉化為熱能而耗損，稱為吸音。

(48)**吸音係數（Sound absorption coefficient）**

材料吸收的聲能與入射聲能之比值。

(49)**聲場（Sound field）**

聲波所波及的空間。

(50)**隔音（Sound insulation）**

由空氣傳播的聲音，經阻擋體如牆體、門、窗、隔音罩、隔音屏等固體物，使聲音大部分被反射而不通過，只有少量聲音透射至阻擋體的另一側空間，此一過程稱為「隔音」。

(51)**聲強（Sound intensity）**

單位時間內在某點通過與某方向垂直的單位面積的平均聲能。聲強為向量。

(52)**聲強位準（聲強級）（Sound intensity lever）**

聲音的實際聲強與參考聲強之比，取以 10 為底的對數再乘以 10，單位為分貝（dB）。

(53)**聲強探針（Sound intensity probe）**

由兩支麥克風及支架構成測量聲強的換能器。

(54)**噪音計（Sound level meter）**

一種最常用的可攜式噪音測量儀器。

(55)**聲功率（Sound power）**

聲源在單位時間發射出的總能量，單位為瓦（W）。

(56)**聲功率位準（Sound power level）**

某聲功率和參考聲功率的比值取以 10 為底的對數再乘以 10，單位為分貝（dB）。

(57)**聲壓（Sound pressure）**

聲波在空氣中以疏密波的形式傳播，因此聲場中每一點的壓力在平衡壓力的基礎上疊加一個瞬時變化的微小壓力。聲壓為純量，單位為 Pa。

(58)**聲壓位準（聲壓級）（SPL）（Sound pressure level）**

聲音的實際聲壓與參考聲壓之比，取以 10 為底的對數再乘以 20，單位為分貝（dB）。

(59)**聲波（Sound wave）**

聲音在振動介質中的傳播稱為聲波，如圖 11 所示。

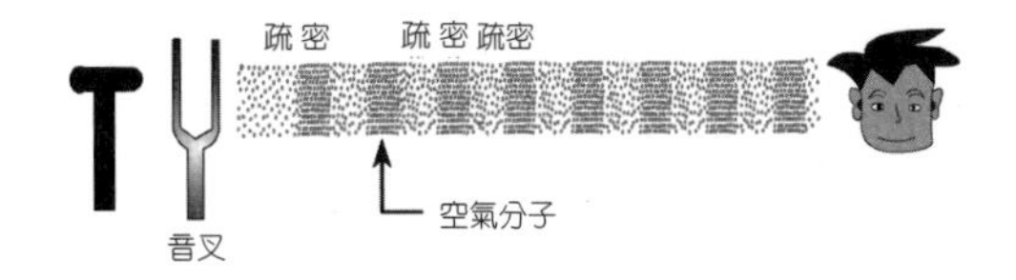

圖 11　聲波

(60)**駐波（Standing wave）**

當具有相同頻率的兩個聲波以相反方向傳播時（例如一個聲波與從牆壁反射回來的聲波相遇時），在聲場會產生駐波，如圖 12 所示。

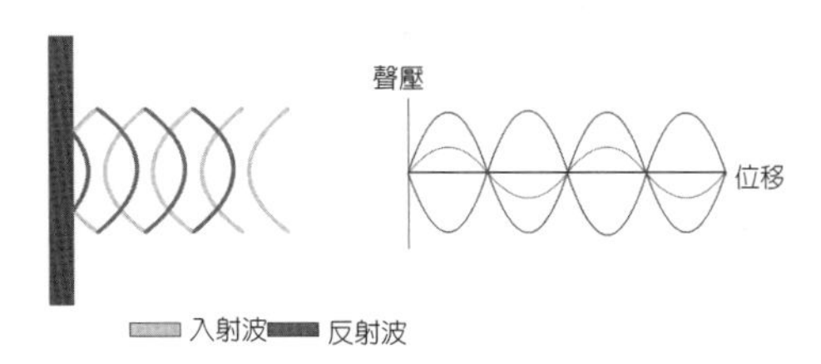

圖 12　駐波

(61)最低可聽閾（Threshold of hearing）

人耳可聽到聲音的最小聲壓位準。

(62)橫波（Transverse wave）

若聲波傳播的方向和介質質點振動的方向互相垂直，稱為橫波。

(63)波長（Wavelength）

聲波傳播過程中，兩相繼的同相位點的空間距離稱為波長。

(64)加權聲位準（Weighting sound lever）

人們根據人耳對不同頻率的聲音有不同靈敏度的特性，在許多聲學測量儀器中設計了一種加權濾波器。經過這種儀器測量的聲位準，已經考慮了人耳的頻率特性。一般聲學測量儀器中設有 A、B、C 三種濾波器，所測得的聲位準分別表示為 dB（A）、dB（B）、dB（C）。

(65)白噪音（White noise）

頻譜均勻連續且頻率範圍很廣的噪音。

附錄三

描述汽車噪音之常用術語聽起來的近似感覺

(1) Boom 嗡嗚聲

滾筒滾動的連續低音；遠距離雷聲。

(2) Click 卡搭聲

照相機快門聲；可按式原子筆聲。

(3) Clunk 喀喀聲

用力關門聲。

(4) Drone 嗡嗡聲

單調而低沉的聲音；蜜蜂飛的聲音。

(5) Grind 磨聲

磨聲；金屬在砂輪上磨的聲音。

(6) Growl 噑聲

狗生氣時發出的聲音。

(7) Hiss 嘶嘶聲

空氣從輪胎洩出的聲音；水箱洩出之蒸氣聲。

(8) Howl 哭嚎聲

狼或狗哭嚎聲。

(9) Knock 重擊聲

重擊門的聲音。

(10) Moan 悲沉聲

低沉悲傷的聲音。

(11) Rattle 晃動聲

金屬罐內裝石頭來回搖動的聲音。

(12) Roar 獅吼聲

獅吼聲或瀑布聲。

(13) Rumble 轆轆聲

保齡球在球道的滾動聲。

(14) Squeal 煞車尖叫聲

指甲刮黑板的聲音。

(15) Squeak 吱吱聲

穿網球鞋在木質地板行走的聲音；門栓

缺乏潤滑油時發出的聲音；老鼠的叫聲。

(16) Whine 哀鳴聲

電鑽馬達聲或蚊子飛的聲音。

(17) Whistle 哨音

水壺煮沸發出之聲音；用力擠玩具發出之聲音。

附錄四

汽車噪音與振動問題之常用術語

(1)輔助件轟轟聲（Accessory rumble）

引擎輔助件如發電機等所發出的低頻噪音。

(2)輔助件嘎嘎聲、嗖嗖聲（Accessory whine）

引擎輔助件如發電機等所發出的中頻噪音。

(3)空氣傳音（Airborne noise）

汽車工業界定義凡是不經過結構傳遞力至車身而產生之噪音為空氣傳音。常見的風切聲、進排氣聲、風扇噪音，都屬於空氣傳音。空氣傳音主要包含(1)振動體表面輻射的噪音，穿透車身的隔音裝飾（Sound package）而傳到乘座艙；(2)空氣打在汽車上，因空氣流場變化所造成之噪音（例如因有孔、縫隙等，則氣流通過因流場變化而產生的噪音）。

(4)車軸噪音（Axle noise）

後軸齒輪所發出之噪音。

(5)拍噪音（Beat noise）

輪胎的均勻度不良，其高階次成分引起的噪音和引擎、傳動系噪音互相干涉而產生的噪音，在車內後座聽得較明顯。

(6)上下跳動（Bobble）

前驅車之等速萬向接頭激振，所造成的低頻搖動。

(7)車身嗡鳴聲（Body boom）

傳動系或道路激振所造成的低頻聲音，特別是指因驅動軸不平衡所造成的 30～100 Hz 嗡鳴聲。

(8)煞車振動（Brake judder）

煞車時扭矩變動所激起的振動。

(9)煞車噪音（Brake noise）

煞車所造成的噪音。

(10)煞車尖銳聲（Brake squeal）

煞車時碟片與圓盤摩擦所發出的高頻聲音。

(11)**喀喀聲**（Clunk）

傳動系中因齒輪間隙所造成的聲音。

(12)**轉向柱抖動**（Column shake）

轉向柱的振動，頻率範圍約15～35 Hz。

(13)**引擎怠速抖動**
（Engine idle shake）

怠速時引擎激振力所引起的抖動。

(14)**引擎噪音**（Engine noise）

引擎輻射的噪音，通常其頻率範圍為350～3000 Hz。

(15)**排氣嗡鳴聲**（Exhaust boom）

排氣系統共振引起的嗡鳴聲（25～100 Hz）。

(16)**排氣噪音**（Exhaust noise）

從排氣系統輻射的噪音，大部份來自尾管。

(17)**油泵噪音**（Fuel Pump Noise）

油泵發出的中頻至高頻的微弱單音。

(18)**齒輪噪音**（Gear noise）

齒輪嚙合時所產生的噪音，其頻率範圍約 300～1500 Hz。

(19)**齒輪晃動聲、咯咯聲**
（Gear rattle）

齒輪嚙合時因兩齒間的間隙碰撞而產生的噪音。

(20)**齒輪嘎嘎聲、哀鳴聲**
（Gear whine）

高頻單音，通常在滑行時感覺最明顯。

(21)**衝擊噪音與振動**（Harshness）

輪胎高速經過路面接縫或突起物時所引起的短暫噪音和振動。

(22)**高速抖動**（High speed shake）

因車輪不平衡或偏差率而產生的抖動，它的程度隨車速增加而增大。

(23)**怠速嗡鳴聲**（Idle boom）

怠速時發出的低頻嗡鳴聲，其頻率範圍約 25～35 Hz。

(24)**進氣噪音**（Induction noise）

引擎進氣系統所輻射的噪音，其頻率範圍約 100～600 Hz。

(25)**怠速抖動**（Idle shake）

怠速時感覺的抖動。

(26)**怠速振動**（Idle vibration）

引擎怠速時所產生的振動。

(27)**衝擊嗡鳴聲**（Impact boom）

輪胎經過凸出物所發出之嗡鳴聲。

(28)**車內噪音**（Interior noise）

汽車內部噪音。

(29)**輕搖**（Jiggle）

道路引起的低頻搖動，通常包含引擎的剛體運動。

(30)引擎重負荷嗡鳴聲（Lugging boom）

在低轉速、高扭矩時引擎激振力引起的嗡鳴聲。

(31)中車抖動（Mid-Car shake）

乘座艙內的低頻振動，尤其是指座椅和腳踏處的振動。

(32)呼嘯聲、悲沉聲（Moan）

80～200 Hz 的低沉聲音，通常包括一個單頻音或兩個單頻音。

(33)方向盤旋振（Nibble）

因車輪振動所引起的方向盤旋轉振動。

(34)開孔噪音（Open hole noise）

高頻的路面噪音，聽起來像氣流流經孔而發出的噪音。

(35)傳動系嗡嗡聲（Powertrain drone）

傳動系單調而低沉的聲音。

(36)傳動系呼嘯聲、呻吟聲（Powertrain moan）

如同 Powertrain Drone，只是聲音較小。

(37)晃動聲、咯咯聲（Rattle）

兩機件間有間隙，因碰撞而產生的噪音。

(38)啪啪聲（Reed noise）

空氣流經狹窄通道引起空氣振動，從而引起唇部振動而產生的噪音。它是風切聲的一種。

(39)乘坐性（Ride）

車身整體的低頻上下振動，頻率小於 5 Hz。

(40)崎嶇不平噪音（Roughness）

因輪胎的均勻度不良，其 2 階次或 3 階次成分引起壓迫感強的噪音。

(41)擠壓聲、吱吱聲（Squeak）

兩個接觸的機件或零組件，因相對滑動或擠壓而產生的噪音。

(42)抖動或搖振（Shake）

駕駛或乘客可感覺到的低頻振動。抖動通常包含下列幾類：

(a)After Shake 後抖動：車經過凸出物後，仍感覺車身會再作 2 到 3 次的低阻尼振動後才平穩。

(b)Rough road shake 粗糙路面抖動：行駛粗糙路面所產生的抖動。

(c)Jitter 劇跳：因車輪不平衡所產生的連續振動，通常在車速 90～110 km/h 之間感覺最明顯。

(d)Shudder 顫動：因傳動系的傳動軸不平衡、萬向接頭角度不對或驅動軸的磨損，激發數個模態而產生的抖動。

(e)Idle shake 怠速抖動：引擎怠速時感覺的抖動。

(43)結構振動噪音（Structure-borne NVH）

指激振力經過結構的傳遞而到達車身，引起車身或其附屬元件振動，而發出噪音。對結構振動噪音，如果只指噪音的部分，則可稱為結構傳音（Structure-borne noise）。

(44)振動聲（Vibration noise）

它是車內噪音的一種。兩物體間本來就接觸，因外力造成兩物體有相對振動而產生的噪音。

(45)哨音（Whistle）

因氣流流經狹窄通道、空隙、孔，造成氣流加速而發出的聲音。

(46)風振噪音（Wind flutter）

汽車行駛中打開窗，因空氣進入車內發生共振而產生的噪音。

(47)風切聲（Wind noise）

當風或空氣流經車輛，因車身斷差、間隙或凸起零組件，導致亂流而產生的噪音。

部分習題解答

第一章

2. (a) 100 次；(b) 0.01 秒；(c) 628 rad/s

3. (a) $\frac{1}{k_e}=\frac{1}{k_1}+\frac{1}{k_2}$ ，$k_e = 75$ N/m；(b) $k_e = k_1+k_2 = 400$ N/m

4. (a) 0.6 m；(b) $\omega = 20$ rad/s；(c) $f=\frac{20}{2\pi}$ Hz；(d) 0.5 rad

5. (a) $\omega_n = 10$ rad/s， $f_n =\frac{10}{2\pi}$ Hz；(b) 0.25；(c) $\ddot{x}+5\dot{x}+100x=20\sin 30t$

6. (a) 10 m；(b) 2 Hz；(c) 0.5 sec

7. (a) $\frac{1800}{1.5\times 4}= 300$ rpm, $\frac{300}{60}= 5$ Hz ；(b) $v_a = 0.377\,\frac{0.31\times 1800}{1.5\times 4} = 35$ km/h

第二章

1. (a) Noise；(b) Vibration；(c) Harshness

4. (a) 103 dB；(b) 104.8 dB；(c) 98.3 dB

5. 75 dB

7. 80 dB

第三章

1. $f_k=\frac{2400\times 4}{60\times 2}\times 1 = 80$ Hz

2. 10 Hz

第四章

3. (a) $r=\dfrac{205\times 0.75+\dfrac{14}{2}\times 25.4}{1000}=0.332\text{ m}$；(b) $2400/60=40\text{ Hz}$

(c) $v_a=0.377\ \dfrac{0.332\times 2400}{1.3\times 4}=57.8\text{ km/h}$

(d) $\omega=\dfrac{v}{r}=\dfrac{v_a}{3.6r}=\dfrac{57.8}{3.6\times 0.332}=48.37\text{ rad/s}$

(e) $f=\dfrac{\omega}{2\pi}=\dfrac{48.37}{2\times 3.14}=7.7\text{ Hz}$

第五章

測驗題一的解答：汽車底盤的轉向系統

說明：如果是轉向系統之動力方向泵壞了，不管冷車或熱車都會有異音，所以判斷應該不是動力方向泵的問題。異音應該是與皮帶有關，皮帶太緊或太鬆都會產生異音。當冷車時皮帶與皮帶輪溝槽之間的摩擦力較小造成皮帶太鬆，會有滑動而發出異音，等熱車後皮帶膨脹就沒有滑動，於是異音消失；若皮帶太緊則皮帶輪軸承受力太大，用久後軸承會產生磨損，發出異音，熱車也不會消失。故此測驗題之異音是轉向系統動力泵皮帶太鬆所造成的。

測驗題二的解答：汽車底盤的轉向系統

說明：我們判斷這種擺振屬於低速擺振。大部分獨立懸吊系統車輛的低速擺振都是轉向系統之零組件間隙過大引起的。因此我們用千斤頂頂起汽車後，搖動車輪，發覺車輪會左右晃動。檢查後發覺惰桿球接頭磨損造成間隙太大，經修理後問題解決。

測驗題三的解答：汽車引擎系統的皮帶

(1) 診斷：

其實這種毛病也可以說技師工作不夠仔細所造成。如果車主說保養之前並無異音，但之後就有。那麼，看保養之工作內容你會發現他有把皮帶調緊（因為皮帶太鬆），但調整之後因軸承本來狀況就不太好，經皮帶張力增加之後就有或大或小的異音出現。

(2) 修護：更換皮帶盤軸承，徵狀消失。

測驗題四的解答：汽車底盤的轉向系統

(1) 診斷：

1. 試車時轉彎發出「啪啪」聲，轉彎弧度越大，聲音越大，行駛時方向盤打到底聲音最大，猶如機件斷裂聲，聲音由車前底盤傳出，向左轉時左邊大聲，向右轉時右邊大聲。
2. 將車頂高檢查底盤螺絲及各橡膠襯墊均無異狀。上下搖動傳動軸時其間隙很大，且防塵套已破裂，黃油溢出。
3. 判斷傳動軸轉向節已磨損。

(2) 修護：

將前輪拆下並鬆開螺絲取出傳動軸，將防塵套取下，發現轉向節磨損已不堪使用，更換傳動軸，再進行試車，已無異音，完成修護。

測驗題五的解答：汽車的冷氣系統

(1) 診斷：

可能原因：1. 避震器上方彈簧座可能裂開；2. 避震器本身故障；3. 平衡桿的連桿接頭磨損；4. 平衡桿本身固定座橡膠損壞；5. 儀表板是否有零組件鬆動；6. 三角台螺絲是否鬆脫；7. 冷氣系統之零組件。

(2) 修護：

1. 將避震器拆下完全分解檢查，但無異狀，又裝回車上。
2. 平衡桿的固定螺絲拆開檢查，緊度也正常無間隙，又裝回。
3. 將車子的底盤螺絲全部上緊一次，檢查還是有異音。
4. 大膽假設將冷氣系統之鼓風機拆下更換新品，結果故障排除。

測驗題六的解答：汽車底盤的車輪系統

(1) 診斷：

1. 本車為前輪驅動車輛，後輪為被動輪，不負責動力傳遞，故判斷故障源為輪胎或輪軸承。
2. 目視輪胎有無凸起或不規則形狀，再用手摸輪胎表面有無呈現規則之凹凸狀，因其會產生如前述之噪音，但皆無此現象產生。故判斷故障源為輪軸承磨損，因其滾珠軸承內滾珠磨耗，轉動才會產生噪音。

(2) 修護：

拆下輪胎，釋出軸承，連同輪胎螺絲固定器，一同更換後，試車再無此徵狀產生。

測驗題七的解答：汽車底盤的懸吊系統

(1) 診斷：

1. 與顧客一同試車，以確認顧客所反應之問題點。
2. 判斷聲音來源為右前懸吊系統附近。
3. 將車頂起，檢查底盤各固定螺絲皆鎖緊。
4. 檢查避震器固定螺絲也鎖緊。
5. 拆除右前葉子板，再試車，發現異音源位於避震器上座。

(2) 修護：

1. 分解避震器，更換避震器上座。
2. 試車後，異音消除。

參考文獻

1. 張超群、劉成群，應用力學–動力學，新文京開發出版股份有限公司，1995。
2. 劉成群、張超群，汽車振動與噪音，新文京開發出版股份有限公司，2002。
3. Toyota NEW TEAM 第三階段訓練手冊，Vol. 8，NVH（噪音、振動、共鳴），和泰汽車公司，台北，1992。
4. Toyota 檢診工具組操作手冊，和泰汽車公司，1992。
5. 噪音與振動，華菱汽車公司，1998。
6. 裕隆汽車公司講師手冊，裕隆汽車公司，1999。
7. 張超群、許哲嘉、吳宗霖，「汽車異音與異常振動之故障診斷」，汽車工程，第16期，頁121-135，2002。
8. 張超群、許哲嘉、吳宗霖、陳文川，「如何較有效率地作汽車噪音與振動問題之故障排除」，汽車工程，第17期，頁79-92，2003。
9. 張超群、彭守道、陳文川，「車輪擺振原理與故障排除」，第十二屆振動噪音研討會，台北，2004。
10. 鄭長聚，環境噪音控制工程，科技圖書公司，1995。
11. 黃靖雄，現代汽車學，正工出版社，1990。
12. 汽車全書，讀者文摘，1995。
13. 何喻生，汽車噪聲控制，機械工業出版社，1996。
14. 周新祥，噪聲控制及應用實例，海洋出版社，1999。
15. 蘇德勝，噪音理論及控制，臺隆書店，1991。
16. 王栢村，振動學，全華科技圖書公司，1996。
17. 白明憲，聲學理論與應用，全華科技圖書公司，1999。
18. 國中自然與生活科技，康軒文教事業，2008。
19. 吳佳璋，振動學，新文京開發出版股份有限公司，2006。
20. 馬大猷、沈嶸，聲學手冊，科學出版社，2004。
21. 陳瑞盈，「機器振動異常診斷技巧簡介」，機械工業雜誌，第68期，頁123-138，1988。
22. 舒歌群、高文志、劉月輝，動力機械振動與噪聲，天津大學出版社，2008。
23. 張超群，「汽車噪音與振動問題的診斷和修護之研究結案報告」，國科會計畫編號90-2516-S-218-001。

24. 張超群，「汽車噪音及振動問題之故障診斷與修護之研究結案報告」，國科會計畫編號 91-2516-S-218-002。
25. 張超群，「汽車噪音與振動問題之故障排除多媒體教材的編寫及製作結案報告」，國科會計畫編號 NSC 92-2516-S-218-002。
26. 張超群，「汽車噪音與振動問題之故障排除多媒體教材的編寫及製作 (II) 結案報告」，國科會計畫編號 NSC 93-2516-S-218-002。
27. Speaks, C. E., *Introduction to Sound: Acoustics for the Hearing and Speech Sciences*, Singular Publishing Group, 1992.
28. Goldman, S., *Vibration Spectrum Analysis: A Practical Approach*, Industrial Press Inc., 1991.
29. Stockel, M. W. and Stockel, M. T., *Auto Service and Repair*, 5th ed., GoodHeart-Willcox, 1998.
30. *Chilton's Auto Repair Manual* 1981-1988, Chilton Book Company, 1987.
31. Crouse, W. H. and Anglin, D. L., *Automotive Mechanics*, 10th ed., McGraw-Hill, 1993.
32. *Bosch Automotive Handbook*, 3rd ed., Robert Bosch GmbH, 1996.
33. Thomson W. T. and Dahleh, M. D., *Theory of Vibration with Applications*, 5th ed., Prentice-Hall, 1993.
34. Harris, C. H., *Shock and Vibration Handbook*, 4th ed., McGraw-Hill, 1996.
35. Fahy, F., *Foundation of Engineering Acoustics*, Elsevier Science, 2001.
36. Norton, M. P., *Fundamentals of Noise and Vibration Analysis for Engineers*, Cambridge University Press, 1989.
37. Halderman, J. D., *Automotive Steering, Suspension, and Alignment*, Prentice-Hall, 1995.
38. Crocker, M. L., *Handbook of Acoustics*, John Wiley and Sons, 1998.
39. Harrison, M., Vehicle Refinement: *Controlling Noise and Vibration in Road Vehicles*, SAE International, 2004.
40. Chang, C. C., "Measurement of Torsional Natural frequencies, Moments of Inertia and Torsional Stiffness of Shafts", SAE Paper 2005-01-2273, 2005.
41. Raichel, D. R., *The Science and Applications of Acoustics*, 2nd ed., Springer, 2006.
42. Sheng Kung Girls High School, *Physics and Chemistry* (1), 2008.
43. *Noise Control: Principles and Practice*, B & K, 1986.
44. *Acoustic Noise Measurements*, B & K, 1988.
45. Hall, D. E., *Musical Acoustics*, 2nd ed., Brooks/Cole, 1991.
46. Palm III, W. J., *Mechanical Vibration*, Wiley, 2006.
47. Inman, D. J., *Vibration with Control*, Wiley, 2006.
48. Tse, F. S., Morse, I. E. and Hinkle, R. T., *Mechanical Vibration: Theory and Applications*, 2nd ed., Allyn and Bacon, 1978.
49. Lord, H. W., Gatley, W. S. and Evensen, H. A., *Noise Control For Engineers*, McGraw-Hill, 1980.
50. Sheng, G., *Vehicle Noise, Vibration, and Sound Quality*, SAE International, 2012.

索引

A

B

C

D

E

F

M

N

O

P

Q

R

S

T

U

V

W

Z

NSC

NSC科教叢書
推薦書

南臺科技大學機械工程系

張超群 教授

執行本會94年度科學教育研究成果應用推廣計畫編著之

【汽車噪音與振動問題之故障診斷及排除】一書

經學術審查通過推薦出版

並授權使用「NSC科教叢書020」標章

行政院國家科學委員會

主任委員

陳建仁

97年2月

國家圖書館出版品預行編目資料

汽車噪音與振動問題之故障診斷及排除／張超群，陳文川編著. ——二版. ——臺北市：五南圖書出版股份有限公司，2013.03
面； 公分
ISBN 978-957-11-7019-0（平裝附光碟片）

1.汽車維修 2.噪音 3.振動

447.166 102002775

5S02

汽車噪音與振動問題之故障診斷及排除

編　　著— 張超群 陳文川
發 行 人— 楊榮川
總 經 理— 楊士清
總 編 輯— 楊秀麗
主　　編— 高至廷
封面設計— 莫美龍
出 版 者— 五南圖書出版股份有限公司
地　　址：106台北市大安區和平東路二段339號4樓
電　　話：(02)2705-5066　　傳　　真：(02)2706-6100
網　　址：https://www.wunan.com.tw
電子郵件：wunan@wunan.com.tw
劃撥帳號：01068953
戶　　名：五南圖書出版股份有限公司
法律顧問 林勝安律師事務所 林勝安律師
出版日期 2013年3月二版一刷
2022年10月二版三刷
定　　價 新臺幣360元